# 掉在地上的餅乾還能吃嗎？

## 有關細菌、病毒和黴菌的必要知識與常識

The Five-Second Rule
and Other Myths about Germs

What Everyone Sould Know about Bacteria, Viruses, Mold, and Mildew

Anne E. Maczulak 安妮‧馬克蘇拉克｜著　蔡承志｜譯

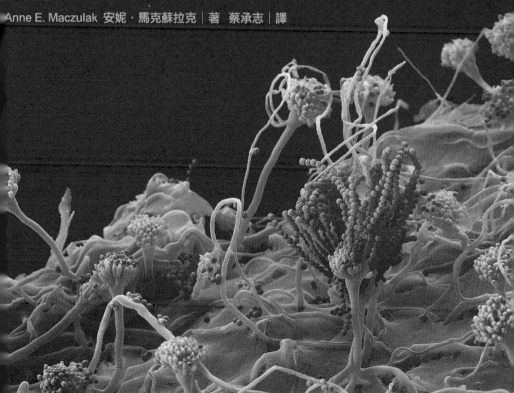

〈出版緣起〉

# 開創科學新視野

何飛鵬

　　有人說，是聯考制度，把台灣讀者的讀書胃口搞壞了。這話只對了一半；弄壞讀書胃口的，是教科書，不是聯考制度。

　　如果聯考內容不限在教科書內，還包含課堂之外所有的知識環境，那麼，還有學生不看報紙、家長不准小孩看課外讀物的情況出現嗎？如果聯考內容是教科書佔百分之五十，基礎常識佔百分之五十，台灣的教育能不活起來、補習制度的怪現象能不消除嗎？況且，教育是百年大計，是終身學習，又豈是封閉式的聯考、十幾年內的數百本教科書，可囊括而盡？

　　「科學新視野系列」正是企圖破除閱讀教育的迷思，為台灣的學子提供一些體制外的智識性課外讀物；「科學新視野系列」自許成為一個前導，提供科學與人文之間的對話，開闊讀者的新視野，也讓離開學校之後的讀者，能真正體驗閱讀樂趣，讓這股追求新知欣喜的感動，流盪心頭。

　　其實，自然科學閱讀並不是理工科系學生的專利，因為科學是文明的一環，是人類理解人生、接觸自然、探究生命的一個途徑；科學不僅僅是知識，更是一種生活方式與生活態度，能養成面對周遭環境一種嚴謹、清明、宏觀的態度。

　　千百年來的文明智慧結晶，在無垠的星空下閃閃發亮、向讀者招手；但是這有如銀河系，只是宇宙的一角，「科學新視野系列」不

但要和讀者一起共享大師們在科學與科技所有領域中的智慧之光；「科學新視野系列」更強調未來性，將有如宇宙般深邃的人類創造力與想像力，跨過時空，一一呈現出來，這些豐富的資產，將是人類未來之所倚。

我們有個夢想：

在波光粼粼的岸邊，亞里斯多德、伽利略、祖沖之、張衡、牛頓、佛洛依德、愛因斯坦、蒲朗克、霍金、沙根、祖賓、平克⋯⋯，他們或交談，或端詳撿拾的貝殼。我們也置身其中，仔細聆聽人類文明中最動人的篇章⋯⋯。

（本文作者為城邦文化商周出版事業部發行人）

〈專文推薦〉

# 一本最友善的「微生物學」

陳皇光

　　台灣幾乎每隔一陣子就會出現「疫情」新聞，弄得社會沸沸揚揚。有時候眞的極度緊急，例如 SARS 或腸病毒重症疫情，立刻引起有關單位高度重視；有時候國內明明並沒有明顯疫情，只有某些零星的外電消息，但在媒體密集的報導下，使得民眾陷入恐慌，在輿論的壓力下政府往往被迫投入大量金錢作防疫的工作，但終究雷聲大雨點小，徒勞無功。

　　更常出現的新聞往往是又有專家研究報告顯示身邊的某個日常用品比馬桶還髒，或者網路上謠傳某人使用了貼身用品結果得到恐怖的傳染病，或某人疑似在公共場所感染特殊疾病……，諸如此類造成恐慌的訊息及片段不正確的知識不斷出現在民眾週遭，未經查證或理性思考就在媒體及網路世界大量流傳，不但民眾深感困擾，連政府單位或醫療專業人員都感到十分頭痛，不知道如何去澄清或圍堵這一大堆不實的傳染病訊息。

　　在民眾缺乏學習微生物及傳染病知識的管道之下，面對病患的傳染性疾病，臨床醫師常常很難讓病患或家屬充分了解不同病原（例如細菌和病毒）之間構造、症狀、傳染途徑或治療方式的差異，甚至預防方法的不同。這些誤解都會增加治療或預防傳染疾病的困難。

　　今日即便已經發明很多有效的疫苗、殺死致病原的抗生素、無

菌技術及消毒的方法，民眾面對完全陌生的傳染病大流行還是會產生極度的恐慌，因為那是出乎民眾意料之外：在科學昌明的今日，竟然還有未能解決的傳染性疾病！這種恐慌是與生俱來的，而且會大到造成社會的動盪不安……。但如果民眾有充分的傳染疾病及微生物知識，這種恐慌很容易就會迎刃而解。但微生物的知識要從哪裡獲得？安妮‧馬克蘇拉克的這本新書《掉在地上的餅乾還能吃嗎？──有關細菌、病毒和黴菌的必要知識與常識》提供了一個非常友善及淺顯易懂的學習途徑，讓一般民眾也可以很輕鬆無壓力地了解微生物及傳染病知識。

乍翻開此書，從高中時代就熟知的偉大人物再度一一浮現：發明顯微鏡的雷文‧霍克、「細菌學之父」路易‧巴斯德、推廣手術器械消毒減少術後感染的約瑟夫‧李斯特、建立起致病因果關係理性思考「寇克氏法則」（或譯作柯霍氏準則）的羅勃‧寇克及發現盤尼西林救命無數的亞歷山大‧弗萊明……。作者由淺入深地從歷史角度帶領讀者進入微生物學的世界，然後分章介紹最基礎的微生物分類及微生物構造，病原菌的認識，家中、工作環境及公共場所的微生物知識，飲水及食品中的致病病原，消毒殺菌的正確知識，抗生素使用的原理等重要知識。

作者在書中末端幾個章節，則深入介紹醫學上相關的病原體傳染機制，免疫系統的運作，疫苗使用的原理及的優點，民眾熟知卻難以理解的重大世界性傳染病如流行性感冒、禽流感、性病、愛滋病、肺結核及新型致病病毒，環境污染與微生物之間的關係，公共場所易罹患之傳染病，特殊細菌在科學及工業上的用途及病毒與基因療法。最後作者貼心地整理民眾最常提出的二十五道有關微生物的疑惑及解答，作為本書的結尾，相當地實用。

即便讀者未具有自然科學的相關背景，閱讀此書實際上應該不會遇到什麼障礙，因爲作者已將困難的微生物知識轉換成一個個很生活化的實例，讓讀者在很友善及無痛苦的環境下，學習到很多正確及實用的傳染病學問；很多常見的傳染病專有名詞，都會在本書中得到解答。同樣的，醫學院學生及醫療相關從業人員，也可以從此書理解到很多以前從未在課程中出現的環境或食品微生物重要知識。非常感謝作者及譯者的用心，這實在是一本很值得推薦給大眾的科普書籍。

（本文作者爲台大預防醫學博士、家庭醫學科專科醫師）

〈專文推薦〉

# 發黴的年糕能吃嗎？

黃顯宗

　　我常問學生：「發黴的年糕能吃嗎？」，學生常被這個看似簡單的問題愣住，這其中藏著許多層次的問題，諸如：發黴多還是少？長了什麼樣的黴菌？這些黴菌有毒嗎？只是表面有毒還是整塊都有毒？削去表層後是否可以吃？在物資匱乏的年代，根本不理會這樣的問題，發了黴的年糕洗洗蒸蒸後就下肚了。這個問題剛好跟西方社會上「五秒守則」（The Five-Second Rule）相似──食物掉到地上在五秒內撿起來還是可以吃。我們會懷疑掉在地上的蘇打餅乾和蛋糕，兩種情形一樣嗎？或掉在中式廚房和餐廳的地面一樣嗎？「發黴的年糕能吃嗎？」和「五秒守則」的背後都藏者許多微生物知識！

　　商周出版的這本科普書《掉在地上的餅乾還能吃嗎？──有關細菌、病毒和黴菌的必要知識與常識》，便是以「五秒守則」為序幕，看完全書後便能細辨該法則中各種狀況！書中分成八個章節，第一章：「微生物學研究什麼？」介紹各類微生物，如細菌、真菌、病毒，和核酸、培養、染色、顯微鏡觀察等幾項基本觀念。第二章：「上了新聞的微生物」，介紹新聞上常見的大腸桿菌、金黃色葡萄球菌、沙門氏菌等細菌。第三章：「我們全都住在微生物世界」，介紹家居和工作等場所中的各類微生物，如廚房、砧板、浴室、洗滌槽、排水管、海棉、洗衣間、地毯和牆壁、工作場所、公共場所等。第四章：「桀驁不馴的微生物」，從廢水處理至飲水處理過程

中，介紹生物膜、食品病原菌、食品處理、益生食品、海鮮、發酵菌等。第五章：「如你所願洗個乾淨」，介紹各類殺菌劑、抵抗微生物用品的基本原理和管理等。第六章：「感染和疾病」，則從天花談起，介紹各類感染病菌、微生物毒素、致病機制、病菌的傳播方式與免疫力等。第七章：「微生物時代一探究竟」，介紹了新疾病、死灰復燃的疾病與新興場所的病菌等。第八章：「遠眺地平面」，介紹微生物生物技術的產品，如黃原膠、枯草桿菌蛋白酶、麴菌的解脂酶等在生活上的應用。

　　科普書籍的難處在於如何吸引讀者讀下去，且在讀完後能有所獲益，前者需要趣味、具生活性，及感性的流暢文筆，後者則需要豐富而明確的科學內容。有許許多多微生物存在於你我周遭，為我們帶來飲食、健康與疾病，雖然我們多少都知道一些微生物知識，但是渺小微生物因為平常是看不見的，要一般讀者描述可說困難無比。這本書可以提供讀者生活上豐富的微生物知識，更穿插無數我們所關心的議題，提供專業的答案。例如：頭皮屑和體臭與微生物的關係、如何自行處理飲水、「綠色環保」家庭清潔劑、生物技術與刑事鑑定、疫苗接種安全性等。

　　除此之外，本書還特別針對一般大眾最常關心的二十五個問題，以Q＆A的方式一一解答，如：消毒狗屋的最佳作法為何？坐馬桶會不會染上任何壞東西？使用電話會不會染上任何病症？……。唯一讓我稍感擔心的，是一般讀者可能容易被部份艱澀難懂的科學資料和數據困惑，如水質硬度和消毒劑的相互作用，如何認定清潔劑效能等部份。

　　筆者特別感興味的是作者在書中提供了歷史上天花、流感、鼠疫等傷感的瘟疫簡述，以及「傷寒瑪莉」（傷寒菌帶原者）的典故，

還站在時代尖端，關心紋身、肚皮穿洞時可能遇上的微生物問題，也不忘以開放的態度介紹西方民俗治療感冒和流感的紫錐菊。還蒐錄二十世紀初大流感疫情時期的一首童謠：「我有隻小小鳥，他名叫流感。我打開窗子，流感飛進來。」像是預言了近年全球關注的禽流感。

在這本書中有豐富的微生物知識，同時也有許多趣味的生活知識和典故，一個大學教授少有時間能做這些資料的蒐集與整理。本書作者安妮・馬克蘇拉克是美國一家顧問公司的顧問專家，提供美國食品藥物管理局、美國環保署、各大藥品與生技公司各種諮詢與訓練，在藥品公司與消費應用產品公司累積了二十年的工作經驗，主要負責微生物相關的衛生管理工作，怪不得能夠舉重若輕地介紹生活上種種微生物知識。

作為微生物研究者與教育者，對科普著作一直存在著挑剔態度，對本書亦然。也為我輩沒有為台灣寫出這樣的專書而感到慚愧！本書討論到各類型的微生物（細菌、真菌、藻類、原生蟲、病毒、朊毒體），若能再介紹於形態與結構上如何分辨、在生物分類體系佔有什麼樣的角色則會更好。另外，書中介紹了極端環境的微生物，這是屬於古細菌（Archea）微生物，與常見細菌不同。此外本書的寫作背景在美國，生活環境及形態、流行的病菌和衛生管理都和台灣有些許不同，提醒讀者注意，在台灣流行的病菌是海產的致病菌如腸炎弧菌，而非美國的沙門氏菌和 O157 型大腸桿菌。

但總體而言，這本書確實能夠充實讀者於日常生活上的微生物知識，提供理性判斷的基礎。此外，從古代中國歷史中一些酒池肉林的故事，說明了數千年前已經有高明的釀造技術，《尚書》裡便有麴的描述，這就是微生物的應用。從《天工開物》和《齊民要述》

裡都能窺知當時已經注意到環境清潔，注意到技術的改進，可惜從〈祝麴文〉可知，古人相信的是背後的神靈而非探究麴裡的微生物，致使今日我們所讀所教的都源自西方學識。作爲教育者，期待本書對於年輕學子的啓發，提升我們微生物學研究的能量！

（本文作者爲東吳大學微生物學系教授）

〈專文推薦〉

# 值得尊敬的偉大造物

薛博仁

　　微生物廣泛存在各個角落，空氣中、人體內、任何物體表面等等都有各式各樣的微生物存在，目前由於知識的普及、資訊的發達，多數人對於預防感染都有一定程度的認知，但是一知半解的狀況、媒體過份炒作或者廣告的誇大往往造成許多偏差及誤解，安妮・馬克蘇拉克以深入淺出的方式介紹各種重要微生物的基本知識、致病機制、傳染途徑及預防感染的正確觀念。書中也提到在日常生活、居家環境或者食物中病原體密度較高的地方及其容易生長的條件，還有常見的錯誤清潔觀念和作法，讓一般民眾能夠從生活的例子中更貼近正確消毒、殺菌和清潔的概念。

　　近幾年來有感染規模甚大的傳染性疾病爆發，像是 SARS、禽流感等等，交通的便利增加了傳染的機會，早期抗生素的濫用增加了具抗藥性的病原菌，微生物的種類與數量是如此龐大，目前的微生物學所知仍然有限，往後還有許多目前未知的病原體會造成料想不到的新威脅，因此，除了醫師在用藥上的仔細考量外，也需要大眾在病原散播和防範感染上能夠有基本的認知。

　　在人們的周遭本來就存在著無數的微生物，但並非全部都有致病的能力及危險，人體仍然需要其幫忙維持體內的正常運作及基本的保護，許多病原菌僅在人類壓力大或者免疫力下降時才會有被感染的機會。另外，在許多工業、環保、研究、遺傳工程或基因療法

等，也都必須依賴微生物的幫助。

　　肉眼無法看見的微生物實爲值得尊敬的偉大造物，人類要與其和平共處，隨時注重個人衛生、維持好的衛生習慣爲不二法門。

　　　（本文作者爲台灣微生物學會理事長、台灣大學醫學院教授）

# 目　錄

## 第1章：微生物學研究什麼？　001
### ——有關微生物學的幾項基本觀念

微生物是肉眼看不到的類群，也是地表數量最多的生物。微生物包括細菌、酵母菌和原生動物，有些藻類也屬於單細胞類型。而病毒是種微粒，不是生物，但往往也被納入微生物學研究範疇中。

## 第2章：上了新聞的微生物　023

日常活動空間混雜了各種細菌、黴菌和黴菌孢子，這些微生物的專有名稱無關宏旨，真正重要的是它們在生活中所扮演的角色，像是容易引發腹瀉的大腸桿菌、與腸胃炎有關的諾沃克病毒、引發香港腳的髮癬菌……等。

## 第3章：我們全都住在微生物世界　053

微生物學家具備察覺顯微世界的本事，深知我們每次碰觸事物，每一次呼吸，都會受到何等影響。只要對身處的周遭環境具有敏銳的觀察能力，也能養成「見到」細菌的好本事！

## 第4章：桀驁不馴的微生物　093
### ——食物和飲水中的微生物

微生物適應人類抵制策略的速率，這比人類適應它們更快。單憑這項理由，想要體徹底消滅病原，讓它們在食品和水中完全絕跡，恐怕永遠不可能實現。但殺滅致命微生物的科學研究仍努力不懈，不斷學習如何與微生物共處。

# 緒論：日常生活中的微生物

　　世界上到處都是病菌。我們的日常衛生清潔習慣和合宜社交儀節，都是為了維繫健康的生活而設。我們和許多病菌共同生活，其實病菌更精確的稱法叫做微型有機體，簡稱微機體或微生物。微生物是細菌和酵母菌一類的單細胞生命，不只生存在環境中，也長在你的身體外表和體內。家中所有物品表面都有微生物，連在工作、通勤途中，還有小孩在學校中觸摸的所有物件，上面全都染有微生物。微生物長在食物中、飲水中，微生物也生存在大氣中和黝暗的海洋深處。微生物可以在冰河中存活幾百年，從地底深處噴發的蒸騰熱氣裡面，也有它們的蹤跡。難道還有人要懷疑，在太陽系中的偏遠地點，找得到微生物的蹤跡？倘若（或者當）科學家在其他行星上找到生命，他們所發現的生命，大有可能就是種微生物。

　　微生物是地球上所有生命體的演化先驅。我們透過研究微生物的酶和 DNA，便可以得知人類等動物的生物學知識。我們斟酌微生物因應環境的自然適應作法，從而深入理解動、植物如何匹配納入生態體系。培養細菌是以指數高速成長，適合於觀察演化進程，解答自然汰擇方面的問題。

　　我們借助微生物來解答生命方面的重大疑難，然而這類生物卻十分細小，必須用顯微鏡才見得到。一般在觀察時放大六百倍，是常有的事。怪不得，這種必須運用先進設備才見得到的強健生物，往往要為人忽視並受人誤解，因為我們平常只以肉眼來看待微生物。

不過別擔心，你對微生物學的認識，遠超過你所認知的。在展開一天活動之前先刷牙、使用漱口水、沐浴，這就是遵照微生物學原理的習性。當清洗蘋果、煮蛋，把盒裝牛奶擺回冰箱，便是奉行微生物學技巧的良好作法。還有，當洗手、咳嗽時以手掩口，或在預備餐飲之後把料理台抹擦乾淨，其實這麼做你就是學以致用的微生物學家。

然而，儘管你對微生物帶來的影響已經有許多了解，這類生物還會以其他幾百種更微妙的方式，對你產生作用。於是就在其中出現了眾多微生物迷思，當然有許多也蘊涵了金科玉律，「五秒守則」就是其中一個好例子。所有校園學童都能告訴你這條守則的意思：餅乾掉到地上，只要在五秒鐘內撿起來，還是可以吃。這條「守則」只是一種說法，不算是個生物學原則。不過，本書要告訴你，五秒守則彰顯出環境微生物學的六項基本原理。這些原理可以幫你了解微生物的相關事實，還有如何在它們的世界中過活的自保訣竅。

本書描述各式各樣的重要微生物：好的、壞的，還有醜惡的。內容點出你從其中眾多種類得到的好處，並討論其他除非予以控制，否則就要帶來危害的種類。《掉在地上的餅乾還能吃嗎？》的宗旨要幫你了解，該如何融入自然世界，並明白微生物影響我們身心健康的作用方式。同時你還可能順便得知若干有趣事實，學到幾項有用的秘訣。

# 微生物學研究什麼？

# 第一章

## ——有關微生物學的幾項基本觀念

你只有兩種生活方式：一種是認爲萬物平凡無奇，另一種則認
爲萬物盡是奇蹟。
　　　　　　　　　　　　　　　——艾伯特‧愛因斯坦

　　此時此刻，「它們」就在你的皮膚上！在日常飲食中，你會同時
也把它們吃進肚子裡，而且體內原本就有好幾兆個它們。它們在你
的衣服上、你的床上，而且每次呼吸，都會吸入它們。還有些正咀
嚼著你手上這本書的書頁呢！

　　「它們」就是指微機體，或稱爲微生物，是肉眼看不到的類
群，也是地表數量最多的生物。微生物是生物學術語，因爲只有一
顆細胞，所以也泛稱所有單細胞生物。微生物包括細菌、酵母菌
和原生動物（簡稱原蟲），有些藻類也屬於單細胞類型。而病毒是
種微粒，不是生物，但往往被納入微生物學研究範疇。在微生物
學領域中，「微生物」（microbe）、「有機體」（organism）和「微機
體」（microorganism）等詞彙是相通的。讓人生病的微生物通常被稱
爲「病菌」（germ），有時候在英文文章裡也會用「bug」來代表「病
菌」。所以英文 "I've caught a bug." 的意思是指「我感冒了」或「我
胃腸不舒服」，而非「我逮了隻蚱蜢」！

　　微生物幾乎遍佈居家用品的表面，藏身食物當中，還會跟著
水從水龍頭流出來，此外還有幾億隻的微生物棲居在人體的消化道
裡，住在皮膚和頭皮外表，黏附在嘴巴內。這些與人共同生活的微
生物，多半對人有益，它們會幫忙調節體表和體內的各種活動，幫
助人體消化食物，甚至還會供應一、兩種維生素，保護人體防範更
危險的微生物侵襲。

　　但不幸的是，有害微生物偶爾能夠穿透身體防護屏障，有時候
可能只會帶來些許不快，不過有時卻會瓦解無形壁壘，導致身體不

適或生病。然而在一般狀況下，身體內外的常態微生物族群可以幫助人體維持健康。

　　有些微生物的生命周期只短短二十分鐘光景，隨後便會分裂成兩顆新細胞，或埋進土裡，或藏身木乃伊墳中休眠，幾百年之後再恢復生機。細菌在有利條件下可以大量增殖，幾小時內便繁衍好幾千代。細菌能以這般高速增長，加上在細胞間轉移遺傳物質的本領，讓它們更有利於適應環境，迅速演化。病毒雖然不同於細菌，但同樣能輕易地突變、演化。不過它們也因此帶來了惡果，因為它們會產生出讓抗生素失靈的耐藥突變品種。

　　有些微生物能生存在哺乳類無法存活的場所。舉例來說，有細菌生存在美國黃石國家公園的蒸氣噴發口，還有微生物學家曾由礦坑溢流酸液和死海鹹水中分離出細菌，有些細菌甚至還含有細小磁體，能不斷讓身體維持朝北極定向，確立行進方向。而細菌和真菌還完整配備了必要的生化裝備和護身甲胄，得以在這類嚴苛環境下存活。

　　儘管微生物的體型細小，卻有頑強的生命力。它們能夠在極端條件下生存、繁殖，本領遠遠超過人類這等高等生物。事實上，和人類共同生活的微生物種類，日子算是過得相當豪奢，其他還有棲居荒瘠沙漠，甚至住在半導體製造業使用的純淨水中的微生物，它們過的日子才真的是險象環生呢！

## 實驗室中的微生物學

### 微生物學家

　　微生物學家是受過專業訓練，懂得如何培育細菌和真菌的學

者。真菌學家只專研真菌，研究對象包括多細胞的黴菌，以及單細胞的酵母菌。細菌學家專研細菌。研究微生物的分子生物學家的研究重心則在微生物細胞內部成分，特別是核酸研究微生物的（DNA和RNA）。

## DNA 和 RNA

DNA（去氧核糖核酸）是種大型分子，由兩股稱為核苷酸的糖、氮化合物構成。DNA 還包含磷分子，每顆磷分子四周都環繞好幾顆氧分子。這兩股分子互繞構成鬆散螺旋，各核苷酸之間則以化學鍵接合起來。DNA 有兩股核苷酸，加上串聯的橋段，看來很像扭絞的梯子，梯底朝順時鐘方向旋轉，而梯頂則朝逆時鐘方向旋轉。DNA 構造完整包含必要的基因，讓黑猩猩長成黑猩猩，馬匹長成馬匹，櫟樹長成櫟樹，牛蛙長成牛蛙。所有生物都有DNA，所有生物都仰賴專屬的獨特 DNA，才擁有製造同種新生代的指令。

RNA（核糖核酸）具有單股核苷酸。RNA 和 DNA 不同，糖類骨幹有別，核苷酸組也略有差異。當 DNA 在細胞內複製，RNA便發揮重大功能。就所有生物來講，DNA 複製都不可或缺。這是親代把基因傳給後裔的第一步。

微生物學家的職責是釐清微生物的成長條件。接著便可以運用這項資訊來開發產品，或以之殺死有害的微生物，或藉此幫助有益的微生物成長。就醫學領域，微生物學家研究感染型微生物的生長作用，從而解答疾病相關問題，並投入開發有效藥物和療法。

由於多數微生物的成長、分裂速率都很高（分裂時間從幾分鐘到幾小時都屬於常態），微生物學家必須不斷供應新鮮養料，還要經常清除廢物。

圖 1-1：（左圖）把細菌或黴菌接種在淺盤培養皿的洋菜上，或試管內液態培養劑中。洋菜加熱便呈液態，冷卻後轉為固態。（著作權人：David B. Fankhauser）（右圖）培養液接種了細菌之後，液體在培養過程轉為渾濁。（著作權單位：2006 ATS Labs and Voyageur L.T.）

## 如何培養微生物

細菌的細胞並不會越長越大，大到把房子填滿，它們會成長到所屬種類的特有常態尺寸。它們藉由分裂來「成長」，長一陣子，然後再分裂。這個歷程會一再發生，很快便達到幾十億的數量。

在實驗室中培養微生物有兩種做法。第一，微生物可以在裝有一層加入養分的洋菜培養基的培養皿表面生長。洋菜是海藻製成的凝膠狀物質，又稱瓊脂或石花菜，就像是非常堅硬的吉露果凍（Jell-O）。第二，微生物也可以養在裝乘富含養料的液體的試管或燒瓶中，以「清湯」（培養液）來培養。（圖 1-1）

等成熟培養菌（接種體）分生出好幾個細胞之後，再把新培養菌放在洋菜表面或擺進培養液，蓋上蓋子擺進培養箱中。培養箱是指帶有擱板和箱門，裝有加熱電源的簡單箱子，培養溫度通常維持在攝氏二十二到三十七度，但多種特化的微生物，都可以在遠超

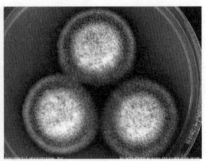

圖 1-2：細菌和黴菌在培養之前，以肉眼是見不到的。（左圖）培養期間，單一細菌細胞在洋菜上繁殖出幾十億顆，結果便構成可見的細胞群落，這些細胞全都與原始細胞一模一樣。（著作權單位：2006 ATS Labs and Voyageur I.T.）（右圖）葡萄穗黴菌在培養期間長出一叢絨毛狀團塊，樣子和其他多種黴菌相仿。（著作權提供單位：Aerotech Laboratories, Inc.）

過這個範圍的溫度中成長。與人體相關的微生物在攝氏二十二到三十七度範圍內都長得很好。

　　使用洋菜或培養液來培養細菌、酵母菌或黴菌，必須花一天到數天時間才能培養出合用數量。就像烘焙師父烤餡餅時打開烤爐從門縫窺視狀況一樣，微生物學家也會這麼做，觀察培養菌是否「烤熟」了。當最初的幾顆細胞歷經多次增殖，到了肉眼看得見它們的身影時，就算大功告成。細菌在洋菜上長出的細小斑點，稱為菌落（colony）。以洋菜培養真菌，結果便是長出絨毛叢塊，就像麵包放久發霉的樣子（圖 1-2）。細菌在培養液中繁衍出幾百萬顆新的細菌細胞，讓原本澄清的液體改變顏色，而且往往發出惡臭！

　　但是，一般住家並沒有培養箱，微生物是如何在家中的壁櫥、車庫等清涼場所生存呢？

　　培養箱內的溫度很高，加上洋菜、培養液的豐富養分，構成了最適合微生物生長的環境。不過就算溫度在適合微生物生長的範圍

## 表1-1：不同領域的微生物學家和他們的專長

| 專長 | 職掌——研究或生產 |
|------|------------------|
| 臨床 | 在醫院內鑑識病原體（致病微生物） |
| 環境<br><br>分支專長：<br>海洋<br>土壤<br>水<br>地外生物學 | 極端環境；生物薄膜（biofilm）；戶外和室內微生物<br><br><br>海洋和淡水微生物<br>土壤細菌和土壤真菌<br>飲水處理；污水處理<br>其他行星上的生命 |
| 細菌學（細菌學家） | 細菌 |
| 病毒學（病毒學家） | 病毒 |
| 食品 | 麵包、啤酒、乳酪等；食品保存 |
| 產業：<br>生物降解（bioremediation）<br>生物技術<br>消費者產品<br>微生物生產的製品 | 用來清除污染的微生物<br>經生物工程處理的微生物、酶和藥物；發酵作用<br>消毒劑；個人保養產品之保存<br>各式酶產品，包括：洗滌劑、紙張漂白劑、釀造劑、嫩肉劑和鞣皮劑等；維生素和合成複方；化糞池處理劑 |
| 分子 | 微生物基因組 |
| 形態學 | 細胞結構 |
| 真菌學（真菌學家） | 真菌和蘑菇 |
| 原生動物學（原生動物學家） | 原生動物 |
| 藥學 | 疫苗；抗生素；類固醇；助消化劑；皮膚和傷口用藥 |
| 系統學 | 微生物系統分類和命名 |
| 分類學 | 微生物分類法 |
| 釀造酒 | 用來釀酒的酵母菌 |
| 研究 | 以上所有項目 |
| 學術 | 微生物學訓練 |
| 政府 | 國防；環境；應用技術；公共衛生 |

之外，而且養料供給非常有限，微生物也確實能夠生長。當它們被迫在庭院土壤或地毯深處等嚴苛環境中生活，微生物會放慢成長步調，反而長得更為強健。相形之下，與皮膚、口腔和腸道有關的微生物，生存條件就比較舒適了，溫暖的人體，還能提供水份和形形色色的餐點，如維生素、礦物質、糖分與胺基酸等這些維繫人體健康所需的養料。

# 微生物學沿革

微生物學發展史可分就三個範疇來探討：透鏡、生物染劑和微生物。

## 透鏡

最早的透鏡是裝在一具顯微鏡上，出現於十七世紀，按照安東尼・凡・雷文霍克（Antoni van Leeuwenhoek）的描述，那是用來觀察雨水和海水中「非常非常多的細小動物」。科學家根據早期觀察結果，製造、發展出精密顯微鏡，用來觀察並畫下這些單細胞生物的細部構造。現在，顯微鏡學已經相當進步，科學家不但能夠研究細胞，還能觀察細胞的內部結構和所含的分子。從掃描式電子顯微鏡（觀察細胞外表）到穿透式電子顯微鏡（能產生內部結構的影像），微生物世界似乎不再保有什麼祕密了（圖 1-3）。

## 革蘭氏染劑

和顯微鏡學相比，微生物染色算是種低科技學問。鑑識微生物時，微生物學家把對象細胞的特定部位染上顏色，由此取得初步線

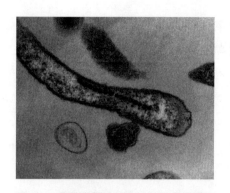

圖1-3：穿透式電子顯微鏡是用來觀看細胞內部的技術裝備。以此觀察趨磁水螺菌（學名：*Aquaspirillum magnetotacticum*）體內，可以見到一串十五顆磁體；放大倍率×3,535。（著作權單位：Dennis Kunkel Microscopy, Inc.）

索。若不使用專業用染劑，直接以顯微鏡來觀察細菌，只能看到懸浮液滴中的模糊斑點。

革蘭氏染劑是第一種重要的染色法，迄今依舊是類別鑑識和疾病診斷的基石。一八八四年，丹麥科學家漢斯‧革蘭（Hans Christian Gram）開發出這項技術來區辨細菌種類。他根據細胞壁能保留一種紫色染料的特性，來區隔細菌種類。能吸收染劑的細菌，在顯微鏡下呈紫色，後來被稱為革蘭氏陽性細菌。而有些細胞在這個過程中並不會染上顏色，細胞壁仍可以保持無色，這群菌種便稱為革蘭氏陰性細菌，而且除非接觸了第二種染劑，否則便無法被觀察到。這個第二種染劑稱為番紅，可以把細胞染成粉紅色。把細菌區分為革蘭氏陽性和革蘭氏陰性兩類，在微生物學的醫學、環境和產業分支領域是十分重要的。

偶爾我們可以在社區水質報告中讀到革蘭氏陽性或革蘭氏陰性等字眼，或者也可能在醫師診療室聽到這種說法。革蘭氏反應之所以這麼重要，那是因為有時候這可以當成一種警告。舉例來說，醫院病患皮膚上往往出現眾多革蘭氏陽性細菌，這很常見，不過若是在傷口附近或體腔插管內部出現大量革蘭氏陰性微生物，就是個警訊，表示很可能就要出現感染。在醫院、淨水處理機構、製造工

廠，還有在食品處理生產線上的微生物學者，對此都非常警覺，特別會注意是否出現革蘭氏陽性和革蘭氏陰性細菌。

## 病菌理論

微生物學的第三個部份是微生物細胞本身，也就是所謂的「病菌」。不過，明白「細胞」這個概念，是破解生物學謎團和疾病起因的重大進展。病菌理論被廣受接受之前，幾百年來民眾都相信疾病是自然發生的。當時的人認為，疾病是偶然從無生命物體長出來的，接著便是莫名其妙選定毫無防範的受害者。還有些人採取哲學視角來看待疾病，認定疾病是種懲罰，一個人犯了罪或做了邪惡勾當就得生病。顯微鏡發明後兩百年，路易·巴斯德（Louis Pasteur）引進病菌的觀念，為現代微生物學奠定基礎。巴斯德的研究，大都牽涉到該如何防止啤酒變質，他對微生物學的若干貢獻如下：

- 證明污染是微生物造成的
- 證明微生物可藉空氣傳播
- 舉證顯示無生命物品的表面和內部都有微生物
- 舉證顯示高溫可以殺死微生物

約瑟夫·李斯特（Joseph Lister）曾構思病菌和感染的關係。他深信只要洗手並以石碳酸（phenol，即苯酚）溶劑來消毒醫療設備，便可以減少他的手術研究室中的感染現象。不久之後，羅勃·寇克（Robert Koch，或譯科霍）便確立微生物和疾病有關，他提出四項步驟，把特定微生物和所引發的疾病串連起來。寇克氏法則勾勒出如今所採用的可靠科學原理，醫師依循這些原理，便能證明疾病

診斷的因果關係。這幾項法則在一八八四年到一八九○年間構思成形，而且就像科學史上的多數核心發現，幾條簡單明瞭的原理便有出色的成效。

依據寇克氏原理，致病微生物必然：（1）出現在病患體內，（2）存在於病患體內，可以藉分離作法來證明，（3）若是又把微生物接種到另一人體內，必然會再次引發病症，（4）可以再次分離來確認微生物就是病症的起因。

生物學的一切規則，幾乎都有例外。從寇克時代以來，已經產生許多新的診斷。有些微生物符合寇克氏法則學理，但不能完全照本宣科，以現有作法來培養。就目前所知，愛滋病病毒一類的病原體只能在人類和猿猴寄主體內生長，若是為了證明寇克氏法則，對健康個體進行再接種，便可能造成死亡，實屬不道德之舉。

巴斯德為防止變質進行的液體加熱實驗，後來便演變為今日廣受使用的「巴斯德滅菌法」（pasteurization），採用這種程序能有效保存牛奶、啤酒、果汁和水果製品。若好奇李斯特是否也是因為泡製出新的漱口藥水，才將這個新產品冠上自己的姓氏，答案是否定的，有些產品名稱只是行銷部門的巧思。

還有一項重要報告促成大眾接受病菌理論，這份報告是亞歷山大‧弗萊明（Alexander Fleming）醫師根據先前幾次黴菌研究結果寫成，並在一九二八年發表。弗萊明的幾組細菌培養，在實驗期間受了黴菌污染。就在他打算把搞砸的洋菜淺盤丟掉時，弗萊明注意到凡是長了黴菌菌落的位置，周圍的細菌成長都受到抑制。後來發現這種黴菌就是青黴菌（屬名：Penicillium），而抑制細菌成長的副產品稱為青黴素（即盤尼西林），隨後由此便開發出今日所用的抗生素。

現代微生物學將重心擺在微生物的內、外結構，也研究這些結構和微生物成長、感染、疾病和疾病預防的關係。麗蓓嘉・蘭斯菲爾德（Rebecca Lancefield）在一九三四年論文中描述了細胞的外側實體構造（抗原），後來發展成免疫學領域。而華生、克里克和威爾金斯（Watson, Crick, and Wilkins）於一九六二年發表的論文，被公認為描述 DNA 結構、揭開分子生物學序幕的力作。卡里・穆利斯（Kary Mullis, 1993）則發明了可以複製並迅速增加 DNA 數量的作法，這是一項促成今日生物技術研究的重大進展，環境科學家運用這項知識，開發微生物來排除陸地和水中的毒素。

## 微生物細胞的結構

細菌生存所需的所有部位，全都塞在直徑約五微米（一微米等於百萬分之一米）的範圍中。它們的造型依種類互異，每種細菌各有特定的形狀和大小，而且永遠不變。於是微生物學家借助這些獨有特徵，使用顯微鏡來觀察、辨識經過染色的細菌。

當醫師選擇抗生素來對抗細菌感染前，必須先知道感染病原的種類（屬和種），這項知識對選擇有效藥物、發揮療效非常重要。不過，單使用顯微鏡來觀看細菌，還不足以徹底鑑識種類。除了物理特徵之外，還必須進行其他化驗，才能辨明究竟是哪種病菌讓喉嚨疼痛，或者讓傷口出現感染。專家會採用幾種簡單的實驗室化驗法，檢定各別菌種可以或無法運用哪些糖類和胺基酸來生長。較先進的分析法，還可以探測細菌的獨特 DNA、RNA 和脂肪成份，更利於確認細菌的屬、種歸類。

細菌、原生動物和其他所有生物，都各有自己的拉丁學名，

以標示它們的屬別（寫在前面）和種別。舉例來說，奈瑟氏淋病雙球菌（*Neisseria gonorrhoeae*）會引發一種性病，學名中的 *Neisseria*（奈瑟氏菌）為屬名，而 *gonorrhoeae*（淋病）則是「種加詞」（種小名）。屬名通常會縮寫成單一大寫字母，如以 *N. gonorrhoeae* 來表示。

## 微生物的形狀和結構

細菌有好幾種標準形狀（圖 1-4）：（1）球菌，或圓形的；（2）芽孢桿菌，或香腸形狀的；（3）弧菌，像是彎形香腸；（4）螺旋菌，硬挺的螺絲鑽；還有（5）螺旋體，不那麼硬挺的長形螺絲鑽。舉球菌而論，有些種類偏好單細胞生活，另有些則兩兩構成雙球菌，而鏈球菌則串連起來，像是一串珍珠。引發鏈球菌型喉炎的細菌便是鏈球菌屬的種類，在顯微鏡下觀察，看來就像長串項鍊。有些球菌集結共同生活，如四聯球菌（四顆細胞）、八疊球菌（八顆構成立方體），還有葡萄球菌（葡萄狀球菌集群）。「葡萄球菌感染症」是葡萄球菌屬的細菌種類引發的病症。

細菌具有特殊外壁，能適應於你的身體，和你的周圍環境。許多細菌都具有一、兩根長尾（鞭毛），細胞得運用鞭毛才能在水、湯等液體或胃內物中游動。弧菌、螺旋菌和螺旋體都極擅長游泳，號稱「運動型」細菌。它們揮舞鞭毛並扭動身體來移動，這類菌種包括引發霍亂的霍亂弧菌（*Vibrio cholerae*），和引發萊姆病的伯氏疏螺旋體（*Borrelia burgdorferi*）。有些細菌長有纖小的毛髮狀突出物，稱為菌毛（fimbria）。細菌可藉由菌毛黏附在物品表面。大腸桿菌（*Escherichia coli*，簡寫 *E. coli*）就是一例，它們用菌毛黏附在腸道內壁，而奈瑟氏淋病雙球菌則是附著於黏膜上。

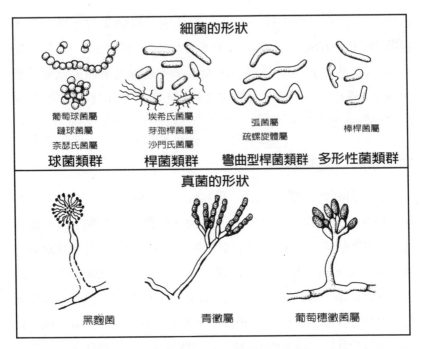

圖 1-4：微生物依所屬類群各具獨特外形，這種特性利於辨別種類。插圖作者：
Peter Gaede。

　　細胞壁和細胞內部的其他結構相形較為複雜。除了包納細胞
所有內容物之外，細胞壁還可以阻絕有害的東西。人類有腎、肝和
膽囊等臟器各司其職，但細菌的細胞壁則包辦了攝入養分、排除廢
物、生成能量等功能，細菌的代謝作用大半要仰賴細胞壁，並負責
在動、植物內外和無生命物表面「停靠」的使命。有些微生物學家
投入整個專業生涯，來研究細菌的多功能細胞壁。地表上所有生
物，只有細菌擁有這樣的細胞壁。

　　細菌的細胞結構還有一種重要特性，那就是芽孢。有些細菌在
碰上嚴苛的環境考驗時，會轉變型式（構成芽孢）並生成堅固不可

## 微生物術語

球菌的單數詞寫作 coccus，指稱圓形或橢圓形的細胞形狀；其複數型寫作 cocci。芽孢桿菌的單數詞寫作 bacillus，指稱桿型細胞(包括彎曲桿形、一端尖細的桿形，還有修長橢圓形的菌種)；其複數型寫作 bacilli。葡萄球菌、鏈球菌和芽孢桿菌都是泛稱，依次分別指稱多種球菌集群、球菌鏈，還有桿菌類群。

侵入的外壁。這種例子很多，包括引發嚴重的食源型疾病、壞疽和破傷風的梭狀芽孢桿菌（屬名：*Clostridium*，簡稱梭菌）種類，還有芽孢桿菌屬的類種。梭狀芽孢桿菌和芽孢桿菌並非近親，不過由於它們都能形成芽孢，因此都有本領耐受極端氣溫、濕度和高侵蝕性化學物質。梭菌還有一項本領，它們是「厭氧菌」，能夠在完全無氧的大氣中興盛繁衍的菌類。

芽孢桿菌屬的幾十個種類當中，最惡名昭彰的要算炭疽桿菌（*Bacillus anthracis*，簡寫為 *B. anthracis*），這是炭疽病的病原菌，也是一種生物恐怖攻擊的武器。在實驗室中高速加熱炭疽桿菌，便可以讓細胞轉為芽孢（圖 1-5）。接著把生成的芽孢冷凍乾燥，製成非常細緻的粉末，顏色從白色到深棕色都有（就看細胞是在哪種培養液中生長，還有芽孢是與哪種粉末混合而定），成品可以貯存好幾年。

炭疽芽孢被發現存於土壤中，曾有人在幾百年來未受干擾的古代遺址發現它們的蹤影。一旦讓開放性傷口接觸到炭疽芽孢，或者吸入甚至攝入炭疽芽孢，便會染病。炭疽病十分罕見，美國每年最多只有兩起病例報告。這種病在二十世紀初期比較流行（每年約

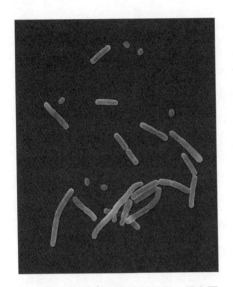

圖 1-5：炭疽桿菌的細胞和芽孢。圖中可見長桿生長、繁殖的細胞稱為生長型，不生長的休眠芽孢較小、較圓。放大倍率：×700。（著作權單位：Dennis Kunkel Microscopy, Inc.）

一百三十件病例），主要是因為當時民眾經常在地上處理牲口皮革，這些物品受到土壤中的炭疽芽孢污染所致。美國疾病防治中心從一九五五年到一九九九年，總共收錄兩百三十六件炭疽病例報告，其中有一百五十三件和處理動物皮革或剪羊毛有關。

細菌和病毒是西方社會的兩大感染病原，原生動物、酵母菌和其他真菌則扮演較不重要的角色。真菌是遍佈室內的家居訪客，有時候只會帶來不快，但偶爾也會帶來健康顧慮。微生物可以在人類住家找到偏愛的藏身居所，若不予理睬，它們便各顯本事，干擾我們的日常作息。

## 真菌、藻類、原生動物和病毒

真菌、藻類、原生動物，和細菌不同，細菌被歸入稱為「原核生物」（prokaryote）的生物「域」（domain），真菌、藻類和原生動物則類歸「真核生物」（eukaryote）域。真核生物具有內部細胞結構，和哺乳類的細胞相仿，而且比原核生物域的細菌結構更複雜。相對而言，病毒並不屬於這兩域，結構也最為單純。

**真菌界**由各式各樣的類群構成，各個種類分具不同大小和形狀。眞菌包括單細胞酵母菌類和單胞的黴菌孢子，以及多細胞的蘑菇類和絲狀黴菌類群。

絲狀黴菌長出細絲狀長條細胞並彼此相連，這些細絲會向遠處蔓延伸展，所以肉眼能看得見，麵包上長的黴菌就是個實例。一九九二年在密西根州水晶瀑布市（Crystal Falls）外圍發現了一株龐大的黴菌，這株球蜜環菌（*Armillaria bulbosa*，一種野生蕈類）的菌絲在土壤中蔓延，長遍了周圍郡縣，覆蓋範圍至少達十五公頃。既然水晶瀑布市的觀光客食用「眞菌漢堡」和「眞菌乳脂軟糖」來強健體魄，想必他們確實斟酌了這株黴菌的生機估計值。這株著名的球蜜環菌的重量至少達一百公噸，質量相當一條成年藍鯨相當，而它的年齡相信至少達一千五百歲，還有些人認為它或許有一萬歲那麼老。

**藻類**有形形色色的體態造型，矽藻的形狀更像是精美細緻的藝術品。自然環境中有兩類特別普遍的單細胞藻類，分別為綠藻和渦鞭毛藻（dinoflagellate）。綠藻就是常見的池塘浮藻，而渦鞭毛藻屬於浮游生物。

**原生動物**是微生物界的即興舞者。它們並不像細菌那樣擁有硬挺的細胞壁，因此它們在水生環境中移動時，身體會變形成各種形狀（圖1-6）。變形蟲（amoebae，單數詞寫成 amoeba）是課堂上常用來做顯微鏡觀察研究的原生動物，它們覓食、包覆攝入食物微粒的動作十分流暢、優雅。

**病毒**並不是眞正的微生物，它們並沒有能產生複製、分裂的構造，也無法自行繁殖。它們必須在活組織內部才能生活，寄主包括各種動、植物，甚至細菌。

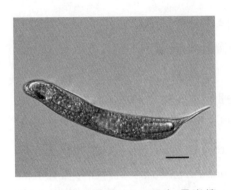

圖 1-6：眼蟲（屬名：*Euglena*）是半植物半動物的原生動物類群。眼蟲能自行推行移動，因此屬於動物，不過它還能營光合作用，因此也是種植物。眼蟲常見於淡水池塘，對人類無害。圖中線段長度等於二十微米。（著作權人：Jason K. Oyadomori）

病毒十分細小（約二十五到九百七十奈米；一奈米等於零點零零一微米，或等於一億分之一公分）。病毒只是種蛋白質封包，裡面裹著 DNA 或 RNA，它們的形狀很奇特，在自然界十分罕見（圖 1-7）。

病毒十分怪誕，雖然構造很單純，但卻擁有稱得上凶殘的本事，能夠滲入活細胞，並接管細胞的作用機制，就像一支部隊發動政變推翻政府。不過，人類的細胞擁有強大的防衛力量，足以擊退病毒攻勢。若是把病毒與人體細胞的攻擊和對抗過程拍成電影，恐怕要讓《星際大戰》相形見絀了。

發生這種細胞戰爭時，病毒會附著於特定目標細胞身上（例如：人類免疫缺陷病毒附著於 T 淋巴球），接著病毒便任由宿主細胞把自己吃下去（吞噬）。吞噬作用是一種常態防衛作法，白血球把外來異物吞入內部摧毀。但是，病毒並不會因此被摧毀，它們反而會利用吞噬作用來牟利。病毒一進入細胞體內之後，便褪去蛋白質衣殼，並接管寄主的繁殖器官，脅迫細胞為它們生產千萬顆新的病毒。寄主細胞成為病毒工廠，製造出敵人殺害其他同類細胞。

**朊毒體**（prions，全稱為 proteinaceous infectious particle，即蛋白質感染因子）的構造比病毒更簡單。朊毒體是能進行複製與侵染的單股蛋白質，由於數量實在太少，科學界長久以來都不相信

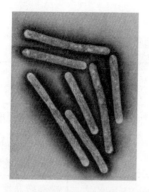

圖 1-7：流感病毒種類繁多，左圖為引發鳥禽類流行性感冒（簡稱禽流感）的典型
種類。它們從鳥類動物儲存宿主（又稱感染源）「跳躍」到人類身上。（著
作權單位：Dennis Kunkel Microscopy, Inc.）（右圖）冠狀病毒（屬名：
*Coronavirus*）是感冒和嚴重急性呼吸系統綜合症（SARS）的病原體。
冠狀病毒周身長滿棒錘狀蛋白質突出構造，長相就像王冠（拉丁字源為
*corona*）。（著作權單位：Pussell Kightley Media）

有這種東西。朊毒體會在中樞神經系統、眼部和扁桃腺內聚集，
能引發「狂牛症」（牛海綿狀腦病）和人類的庫茲菲德─雅各氏
症（Creutzfeldt-Jakob Disease，簡稱庫雅二氏症）。朊毒體是生物界
最難摧毀的粒子，能夠耐受煮沸、冷凍、消毒，還不怕強烈化學物
品。近來生技界發明了一種可以讓朊毒體喪失機能的酶，不過迄今
這種酶的用途還很有限。

## 摘要

微生物的種類大小、形狀殊異，生活方式也千變萬化。而分辨
疾原體品種是治療感染型疾病的第一個重要步驟，這些差異正好有
利於我們鑑識微生物種類。

病菌理論是認識細菌細胞的重大進展，微生物學能有今日成

## 表1-2：新聞中常見的病菌及病毒

| 微生物 | 類別 | 引發病症 | 注意事項 |
|---|---|---|---|
| 炭疽桿菌<br>（*Bacillus anthracis*） | 細菌<br>芽孢 | 炭疽病 | 未治療可致命 |
| 流感病毒 H5N1 亞型 | 病毒 | 禽流感 | 可能感染人類 |
| O157 型大腸桿菌<br>（*E. coli O157*） | 細菌 | 食源型疾病 | 腹瀉、嘔吐、發熱、腎官能障礙 |
| 冠狀病毒 | 病毒 | SARS、感冒 | 潛在致命性 |
| 耐藥型「分枝桿菌」<br>（屬名：*Mycobacterium*） | 細菌 | 結核 | 藥物治療效果有限 |
| 抗甲氧西林金黃色葡萄球菌（MRSA） | 細菌 | 感染、敗血症 | 藥物治療效果有限 |
| HIV（人類免疫缺陷病毒） | 病毒 | 愛滋病 | 目前無法治癒，療效有限 |
| 葡萄穗黴菌<br>（屬名：*Stachybotrys*） | 黴菌 | 受污染的建築 | 呼吸系統不適 |
| 沙門氏菌<br>（屬名：*Salmonella*） | 細菌 | 食源型疾病 | 發熱、噁心、腹瀉 |
| 化膿性鏈球菌<br>（*Streptococcus pyogenes*） | 細菌 | 壞死性筋膜炎 | 急性感染 |
| 伯氏疏螺旋體<br>（*Borrelia burgdorferi*） | 細菌 | 萊姆病 | 似流感徵狀和皮疹 |
| 金黃色葡萄球菌<br>（*Staphylococcus aureus*） | 細菌 | 細菌 | 噁心、嘔吐、腹部抽搐、腹瀉 |
| 西尼羅河病毒 | 病毒 | 西尼羅河熱 | 熱、噁心、神經型症候群 |
| 難治梭狀芽孢桿菌<br>（*Clostridium difficile*） | 細菌 | 醫院感染型腹瀉 | 兒童發病率高 |

| 漢他病毒 | | 病毒 | 肺症候群 | 常能致命 |
|---|---|---|---|---|
| 資料來源：美國疾病防治中心（Centers for Disease Control and Prevention） | | | | |

果，必須歸功於這項觀念，而生物染色的應用和顯微鏡的完備發展也都很重要。

　　家中所有表面，還有人體體表，幾乎都找得到微生物的身影，這是五秒守則的第一原則，若失手把餅乾掉落地面，餅乾大有可能沾上各種細菌，或好幾種黴菌。

# 第二章

# 上了新聞的微生物

看，卻不觀察。這之間的差別是很清楚的。

────阿瑟‧柯南‧道爾爵士（Sir Arthur Conan Doyle）

　　我們往往認為微生物是一群神祕的「病菌」，它們細小得看不見，有時又很危險。只有當它們讓牛奶變質，或引發難聞惡臭時，它們才不再神祕。我們很少深思微生物在我們的環境生態中扮演了哪些角色。當微生物發揮機能且讓人得知行蹤的時候，經常會被視為有害生物。

　　人類很少賦予這種細小生物該享有的敬重。微生物介入地表所有生物反應，而且在人類出現前三億多年期間，都不斷發揮這類功能。它們在地球上碳、氮、硫等成份的再循環過程發揮重大影響，也為所有高等生物補充必要養分，它們還消化廢物、中和環境毒素。美國麻州伍茲霍爾海洋生物學實驗室（Marine Biological Laboratory at Woods Hole）的微生物學家茉莉‧胡伯爾（Julie Huber）做了一個總結說明：「微生物是地球的驅動力量。」

　　而微生物的數量同樣未受應有重視。和地球上所有多細胞生物總重相比，微生物的總重約達二十五倍之譜！

　　主要的微生物類群不只展現多采多姿的形狀，大小也有天壤之別（圖 2-1），同時它們的代謝作用（指養分運用，和維持生存必須進行的種種生物活動）也各具不同類型。針對每個類別了解些許知識，可以幫我們作出較正確的決定，也才得以與身邊的病菌和平共處。例如：若民眾不明白細菌和病毒的基本結構和生物學差異，他們或許就會要求醫師開立抗生素處方，但實際上他們卻是受了流感病毒的侵染，抗生素可以抑制病菌生長，卻對病毒無效。過去五十年間抗生物的濫用與誤用，已經讓細菌發展出許多抗生素耐藥品

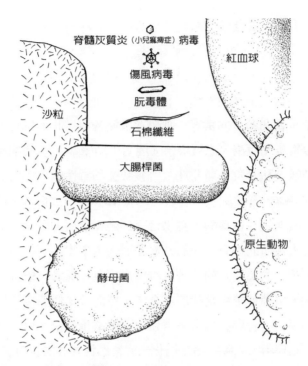

脊髓灰質炎 (小兒麻痺症) 病毒

傷風病毒

朊毒體

石棉纖維

沙粒

大腸桿菌

紅血球

原生動物

酵母菌

圖 2.1：微生物有大有小，差別很大。（插畫作者：Peter Gaede）

種。此外，感染型疾病的症狀和根本病因的關連，微妙難定，就連醫師偶爾都會誤診疾病。從學得微生物的生活形態相關知識，到得以指認致病嫌犯，還有一段遙遠的路程。

於是臨床微生物學家和醫師必須全面動用他們對微生物學的分類知識，才能正確鑑定病原體，接著開出處方來殺死病菌。同樣地，食品微生物學家也必須知道有可能污染食品的微生物類別，才有辦法設計出有效的防腐保存系統。微生物學所有分支專家都必須更深入了解微生物，單只浮泛認為它們是「病菌」還不夠。而就個人而言，認識不同類別的微生物，明白它們如何以不同作用影響日

常生活，這項知識也有好處。

# 細菌

　　細菌是新聞題材的常客。細菌會引發各種症狀，包括：腸道菌類導致腸胃炎和腹瀉，志賀氏菌（屬名：*Shigella*）引發痢疾，鏈球菌引致咽喉炎和耳炎，葡萄球菌引發肺炎和毒性休克症候群，奈瑟氏菌導致淋病，密螺旋體（屬名：*Treponema*）引致梅毒，此外細菌還會引發其他幾百種疾病。食物含有好幾類致病細菌，從令人不快的，到要人性命的都有。人體外表和消化道中也都有細菌，除非受了干擾，讓它們出現新的情況，否則是沒有害處的。舉金黃色葡萄球菌為例，這種球菌平常棲居鼻孔中，然而若是偶然接觸到身體其他部位的傷口，它們就會引發很難治療的嚴重感染。另一種常見的案例是大腸桿菌，大腸桿菌是消化道的常態住客（固有菌群），但若在其他地方發現它們的蹤跡，這就代表衛生措施不當，有可能因身體接觸感染致病，或吃了受污染食物而生病。

　　身體各處的原生微生物都有偏愛的生長位置，如：腸、鼻孔、外耳道、頭皮、生殖器、雙腳、皮膚外表和指甲。另外有些則在住家內部和四周定居：地毯和窗簾、浴室的潮濕表面、排水管、自來水、庭院土壤、寵物，甚致從雜貨店買回來的所有食品幾乎都包括在內。只要有水，溫度合宜，再加上養分，細菌就可以在居室中長期生存。若是溫度、食品和水份條件妥當，它們會迅速增殖。就食品所含的病原體而言，這往往只需要幾個小時就夠了。

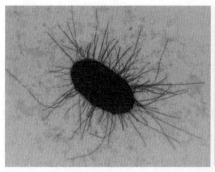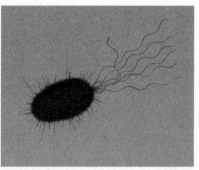

圖 2-2：（左圖）大腸桿菌外表長了幾百根菌毛，可以用來附著於腸道內襯；放大倍率：×6150。（右圖）假單胞菌（屬名：*Pseudomonas*）是常見的水生細菌，它藉菌毛和大型鞭毛運動；放大倍率：×3515。（著作權單位：Dennis Kunkel Microscopy, Inc.）

## 大腸桿菌

這裡就直接探討微生物界最熱門的新聞角色——大腸桿菌。大腸桿菌是細菌界明星，最常上報紙頭條。在近年的轟動熱潮之前，大腸桿菌早在實驗室中扮演實驗推手角色，科學家透過研究這種微型生物，學到許多其他細菌的知識。儘管素富惡名，大腸桿菌在自然界並不扮演重要角色，它只棲居人類和動物消化道中，在其他地方找不到。就生長機能和感染能力而論，大腸桿菌並沒有特殊本領，因為很容易在培養皿中生長，才成為實驗室的熱門研究對象。

大腸桿菌的樣貌像根粗肥的香腸（狀似芽孢桿菌），體長約為一微米，體表長滿凸出構造（圖 2-2），這種延伸物稱為菌毛，可以幫助它附著於各式黏膜（諸如鼻道和腸道的內襯構造）。每顆大腸桿菌細胞外表都長了幾百根更小的毫毛，稱為性菌毛（pilus，複數寫成pili），大腸桿菌個體可藉由性菌毛來轉移遺傳資訊。大腸桿菌屬於革蘭氏陰性菌，很容易以消毒劑殺死。大腸桿菌會消耗氧氣，不過

不需氧氣也能生存，大腸桿菌可以從消耗氧氣的有氧代謝切換到另一種方式，也就是不需氧氣也能生成能量的厭氧代謝（也稱無氧代謝），因此當環境無氧，它也能生存。大腸桿菌等腸道細菌對人體有益，原因之一是它能供給維生素 K（可幫助血液凝結）和某些維生素 B（參與提供能量）。

研究人員使用大腸桿菌進行遺傳工程作業，讓它採擷其他細菌的 DNA，生成獨特的新品系。大腸桿菌的 DNA 是種圓形分子，包含兩千多個基因，人類 DNA 則擁有兩萬到兩萬五千個基因。大腸桿菌很容易培育，只需水、葡萄糖、鹽（氯化鈉）、磷酸銨（氮源）、磷酸鉀和硫酸鎂就能生長。若培育溫度設定為攝氏三十七度，大腸桿菌約每隔半小時會倍增細胞數量，因此微生物學家只要培育幾百顆細胞，隔天上午便能得到幾百萬顆（圖 2-3）。

所有細菌都具備若干大腸桿菌型特徵，它的近親菌類包括沙門氏菌（屬名：*Salmonella*）、沙雷氏菌（屬名：*Serratia*）和志賀氏菌，全都屬於腸類細菌（見於腸道內部），行為也都相仿。較疏遠的親屬種類（革蘭氏陰性菌）的結構和生長要件也與大腸桿菌雷同，不過它們具備了大腸桿菌沒有的特點，這類例子包括弧菌（運用彎曲形狀在水中游動）和硫珠菌（屬名：*Thiomargarita*，在含硫磺的泥中生長，大小達零點七五毫米，肉眼可見）。此外還有與大腸桿菌更疏遠的種類：梭菌會形成芽孢；根瘤菌（屬名：*Rhizobium*）幫植物吸收空氣中的氮；綠菌（屬名：*Chlorobium*）能營光合作用。

## 微生物多樣性

科學家並不清楚地球大學上有幾種細菌，估計種數少說達六

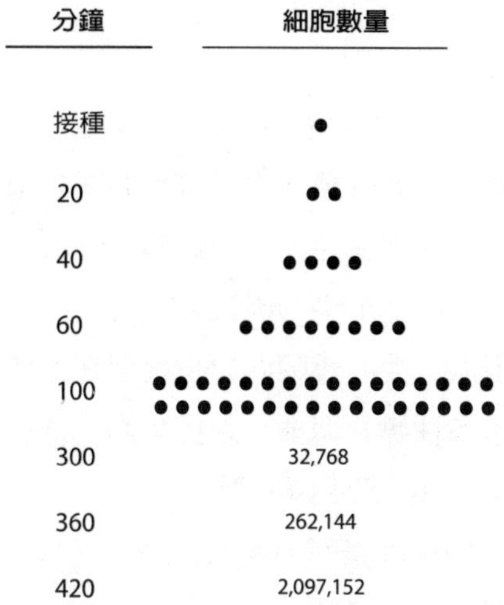

| 分鐘 | 細胞數量 |
|------|---------|
| 接種 | ● |
| 20 | ●● |
| 40 | ●●●● |
| 60 | ●●●●●●●● |
| 100 | ●●●●●●●●●●●●●●●●●●●●●●●●●●●● |
| 300 | 32,768 |
| 360 | 262,144 |
| 420 | 2,097,152 |

圖 2-3：若一顆細菌每隔二十分鐘倍增數量，則過了七個小時便可以得到 2,097,152 顆細胞。（插畫作者：Peter Gaede）

位數，多可達數兆種。普林斯頓大學一位地球科學家曾經估計，區區一小勺土壤裡面，就有超過五十萬種細菌。地球上的微生物並沒有完全經過鑑識、命名，事實上，經過微生物學家辨識的種類，遠不及總數的百分之一。目前我們認識的微生物約計六千到一萬種，環境科學家仍不斷發現新種微生物，認識它們的特性，累積相關知識，了解發生在我們環境中的生物歷程。

單從統計資料上學不了多少重要的微生物知識。家中廚房料理台上不會只棲居單一種類，其他地方更是混雜了各種細菌、黴菌和黴菌孢子，這些微生物的專有名稱無關宏旨，真正重要的是它們在日常生活當中所扮演的角色。不過我們還是有必要記住其中幾個名字。

# 重要的細菌

## 沙門氏菌

沙門氏菌是桿狀運動型細菌，也是常見的消化道固有菌類，尤其在家牛和家禽的體內特別普遍，沙門氏菌也棲居在寵物陸龜和爬行類身上。人類通常是從受污染的肉類和家禽製品，直接染上沙門氏菌並罹患病症。不過，沙門氏菌偶爾也出現在其他食品當中，最近幾次疫情就是藉由多種媒介傳播，包括牛奶、冰淇淋、含奶油餡的點心、花生醬、蛋、海鮮和牛肉乾等。

一旦沙門氏菌污染廚具表面、水或食品，就會帶來危害。棲居腸道襯覆的沙門氏菌死亡、分解之後，會釋出一種毒素，這種毒素會引發沙門氏菌病症候群，包括噁心、嘔吐和腹絞痛等症狀，還可能導致發熱、頭痛和腹瀉。美國每年有兩百萬到四百萬起沙門氏菌病案例。

沙門氏菌中有一群稱為傷寒沙門氏菌（*Salmonella typhi*），會導致特別嚴重的沙門氏菌病——傷寒。一九〇六年，一位活潑好動，行蹤不定，名叫瑪麗·馬龍（Mary Mallon）的壞脾氣女子，受雇在紐約市郊擔任廚娘，而這位馬龍小姐的衛生習慣恐怕不是很好。不久，紐約市內外區域的傷寒病例開始增加，公共衛生官員費了不少力氣，偵查追蹤流行爆發的源頭，發現所有線索都導向瑪麗。他們查核瑪麗過去十年的經歷，發現她曾為八個家庭料理餐飲，其中七戶人家都有人罹患傷寒。瑪麗被解僱，官員也動手緝捕，於是她離城遁逃，再也沒人見過她的蹤影。她改用不同姓氏，在各城市間往來搬遷，期間偶爾打些零工，接著在一年之後悄悄回到紐約。

不久之後，或許是新身分發揮功能，她找到一份工作。「瑪

麗」進入一家醫院擔任廚娘。三個月間，二十五位醫師、護士染上傷寒，其中兩位病故。負責這起案例的一位公共衛生調查員著手追蹤病源，把這家醫院廚房列入第一批勘查目標。試想這位調查員親自見到瑪麗時，他會有多驚訝！報紙給她取了「傷寒瑪麗」綽號，讓她更惡名昭彰。於是瑪麗又遭解僱並被迫離家。只要有人肯聽她說明，她都辯稱自己和傷寒毫無瓜葛，吃了她烹調的食物的人，全是因緣湊巧才生病的。紐約政治家知道眼前正醞釀一起公眾災難，他們卻左右為難，不知道該如何公平對待瑪麗。經過激烈爭辯，他們把傷寒瑪麗放逐到伊斯特河（East River）上的一座小島，往後二十三年她都住在那裡，和外界隔絕，直到死亡為止。

瑪麗為何沒有染上傷寒？這個問題始終沒有得到解決。傷寒瑪麗留名青史，屬於罕見病例，她是傷寒沙門氏菌帶原者，本身卻不曾遭受這種微生物的侵害。

## 葡萄球菌

金黃色葡萄球菌（*Staphylococcus aureus*，有時也簡寫為 *Staph aureus*）是葡萄球菌屬的著名成員（圖 2-4），這種葡萄球菌在乾燥環境可以活得很好，而它幾乎只見於鼻中。它可以藉食物攜帶造成感染，不過較常污染皮膚創傷和割傷的傷口。由於過去幾十年來大量使用抗生素，金黃色葡萄球菌已經出現抗生素耐藥變種，稱為抗甲氧西林金黃色葡萄球菌。儘管冠上「抗甲氧西林」之名，其實它也能耐受其他抗生素。這個問題特別常見於醫院、安養院和日間托育機構。

一九八〇年，金黃色葡萄球菌曾引發一種稱為「毒性休克症候群」的新疾病，微生物透過在某些衛生棉條的吸收纖維上迅速增

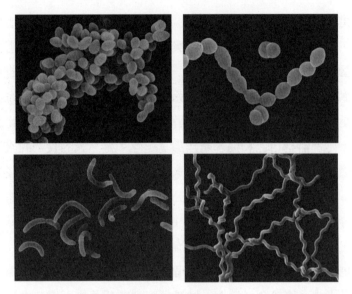

圖 2-4：病菌各具不同形狀，展現它們擁有的基因性狀。形狀、革蘭氏染色表現、
　　　　DNA 組成，還有是否消耗糖類和胺基酸，都是鑑定種類的要素。（左上
　　　　圖）金黃色葡萄球菌；放大倍率：×3025。（右上圖）肺炎鏈球菌；放大倍
　　　　率：×3750。（左下圖）霍亂弧菌；放大倍率：×2050。（右下圖）端螺旋
　　　　體（*Leptospira interrogans*）；放大倍率：×4000。（著作權單位：Dennis
　　　　Kunkel Microscopy, Inc.）

長，進而感染使用的消費者。當時受污染的棉條雖然立刻從市場下
架，卻也已經有八百名婦女受到了感染，其中有四十名不幸喪生。

## 大腸桿菌

　　就在此刻，你的消化道中就有無數大腸桿菌的身影，但是自己
的大腸桿菌並不會讓自己生病，因為免疫系統認得它，知道它是自

己體內常態居民之一。不過，來自其他人或他種動物的大腸桿菌就會引發重病了。大腸桿菌以食物傳染最為人熟知，其實它和某些尿道感染也有關係，而且還常有人認為，大腸桿菌是旅行者腹瀉症的起因，可藉由食物或飲水感染。

大腸桿菌又區分為好幾個特化亞種，各採不同方式造成破壞。它們的致病方式包括：（1）釋出毒素破壞腸道內襯，（2）侵入腸細胞內，或（3）兩種兼具，侵入腸上皮細胞並釋出毒素造成嚴重傷害。

近來有個稱為 O157:H7 型大腸桿菌（簡稱 O157，字母和數字都是用來描述細菌外表面的結構）的亞種，成為生鮮食品和肉品（如漢堡肉）的安全威脅。O157 會侵入人體的腸內襯細胞，在那裡釋出毒素，引發嚴重發炎和出血，這種病症稱為腸道出血性感染症（enterohemorrhagic infection）。

## 鏈球菌

鏈球菌（屬名：*Streptococcus*，有時只拼寫為 *strep*）體型呈圓形，它們導致的疾病種類多過所有其他微生物。咽喉炎是其中一種常見輕症。

鏈球菌還會造成蛀齒、扁桃腺炎、猩紅熱和風濕熱。近年來，壞死性筋膜炎案例增加，其病原體就是化膿性鏈球菌（*Streptococcus pyogenes*），別稱「噬肉細菌」。電視節目「芝麻街」的布偶發明人吉姆‧漢森（Jim Henson），便是因為染上一種會釋毒且能以高速增長的鏈球菌，於一九九〇年病逝。

## 李斯特氏菌

單核細胞增生性李斯特菌（*Listeria monocytogenes*）經常污染軟乳酪等乳製品。這種李斯特氏菌（屬名：*Listeria*）偏愛寒冷氣溫，在冰箱內冰冷環境中，仍可以在食品上活得很好，若在戶外則能存活好幾年。李斯特菌被攝食消化之後，便進入體內淋巴液和血液中，引發李斯特菌症。輕度感染特徵為噁心、嘔吐和腹瀉。較嚴重病例可能導致敗血症（血液感染）、腦脊膜炎、腦炎和子宮頸感染。

## 彎曲菌

這是會引致食源型疾病的生物類群，最常見於肉類製品。生雞肉和生牛肉幾乎全都受了彎曲菌（屬名：*Campylobacter*）污染。

## 志賀氏菌

志賀氏菌（*Shigella*）是大腸桿菌的近親類群，不過只見於體內。這種細菌的毒素稱為志賀毒素，能引發嚴重腹瀉，或就是痢疾。非常小劑量的志賀毒素也會帶來危害，因此被認為是種潛在的生物恐怖行動威脅。

## 梭狀芽孢桿菌（梭菌）

有些微生物在嚴苛環境下能轉換為幾乎無法摧毀的芽孢，這類菌群分歸兩大屬，其中之一就是梭菌屬。肉毒桿菌（*Clostridium botulinum*）是能致命的微生物，在酸鹼值呈微酸的罐頭食品中經常找得到它們。肉毒桿菌會分泌神經毒素（攻擊神經細胞的毒性化合物），所引發的疾病稱為肉毒中毒，主要症狀是造成癱瘓。這

種神經毒素也被納入「美妥適素」（Botox）成為整形美容活性成份，造福許多愛美人士。其他類梭菌包括引發破傷風的破傷風桿菌（*Clostridium tetani*），和引發壞疽的產氣莢膜桿菌（*Clostridium perfringens*，另譯氣性壞疽梭狀芽孢桿菌）。

## 芽孢桿菌

芽孢桿菌（*Bacillus*）是另一類會形成芽孢的主要菌屬。當環境變得太熱或太乾，或當它們感測到危險化學物質，它們的細胞就會轉為芽孢。有些芽孢桿菌種類會污染食品，由於它們能轉為芽孢，因此特別不容易殺死。另外有些種類已經納入農業用途，還用來清除環保超級基金（Superfund）各轄區的毒性，這些區域是美國風險最高，而且經國會強制規定清理的廢棄物堆積場。

## 幽門螺旋桿菌

幽門螺旋桿菌（*Helicobacter pylori*）和胃潰瘍、十二指腸潰瘍以及胃癌都有關聯，這個發現也讓它聲名大噪。這種桿菌的細胞都呈彎曲形，不過在一群菌落當中，往往有各式形狀交雜（這種現象稱為多形性）。它們運用短鞭毛在消化液中游動，能適應胃內的極端酸性環境，多數細菌在這裡都會喪命，但幽門螺旋桿菌能進入胃中，穿透胃壁防護內襯並引發潰瘍，接著便在那裡繁殖。

## 嗜肺性退伍軍人桿菌

就像螺旋桿菌，嗜肺性退伍軍人桿菌（*Legionella pneumophila*）也在看似並不合宜的地方安居。這種生物會導致退伍軍人症和龐蒂亞克熱（Pontiac fever）等肺部病症。嗜肺性退伍軍人桿菌能在溪水

中存活，不過也見於醫院和遊輪上的輸水管道，而且在增濕器和空調組件等潮濕處所都找得到它們的蹤影。嗜肺性退伍軍人桿菌生性狡詐，它們會棲身水生變形蟲細胞內部，因此很難在水樣檢體中被找到，而且處理難度很高。

## 乳桿菌

乳桿菌（屬名：*Lactobacillus*）為食品業做出許多貢獻，可以用來製作德國酸菜、醃漬食品、白脫牛奶和優酪乳等種種食品。乳桿菌成長時會製造乳酸，這種酸性製品會抑制其他細菌生長，創造出沒有競爭敵手的優良環境，供乳桿菌興盛繁衍。酸性也利於食品的保存。

## 分枝桿菌

結核桿菌（*Mycobacterium tuberculosis*）是結核病的病原體，屬於分枝桿菌類群（屬名：*Mycobacterium*），它發揮巧思入侵身體，暫時藏身白血球中，並隨之轉移到肺部，接著就在那裡大肆破壞。分支桿菌的外壁富含脂肪，這對它們有兩種好處：脂肪幫分支桿菌抵禦抗生素，而當細胞暴露在空氣中，脂肪還能防範脫水。由於這種微生物是藉空氣傳染，因此它在穿越鼻腔時，依舊具有致病能力。

## 大腸菌群

大腸菌群泛指一群細菌，不專指某個種類。它們見於植物表面和土壤中，動物消化道中的糞生大腸菌群包括大腸桿菌。各城鄉寄到自來水用戶家中的水質報告書中，都會列出總大腸菌類指數。高

大腸菌數代表水中或許也含有其他更危險的菌類。美國環境保護總局明令，已經經過處理的飲用水，每一百毫升（約七調羹液量）的大腸菌含量數必須為零，但偶爾也可能發現水中含有少量大腸菌（低於檢定出的總細菌數之百分之一）。至於娛樂場所用水，則每百毫升水量所含糞生大腸菌數不得超過一百九十九，若含量數高於這個標準，那麼你最好考慮是否要去那處海灘游泳了。

## 細菌的特殊能力

細菌採多種求生作法來適應異常情況或場所，而且由於世代繁衍很快，細菌能因應周遭環境迅速演化。然而，細菌和其他微生物起初並不是特別想傷害人類，它們藉由適應作用，偶爾便有辦法和人類或動物寄主和平共處（表 2-1）。不過，許多適應作用確實會引發嚴重病症，例如：有些葡萄球菌會製造凝固酶（coagulase），這種酶能凝結血液。萬一傷口處有凝固酶菌群聚集叢生，凝結的血塊就會構成一道屏障，阻隔身體的免疫系統，於是葡萄球菌便能肆無忌憚任意破壞。

# 黴菌和酵母菌

每克土壤（比一顆方糖還小）所含真菌細胞、孢子和群落總數可高達百萬，而且總質量遠超過所含細菌總重。它們可以減少全球有機廢棄物數量，沒有它們，我們大概都要被有機垃圾掩埋。真菌類群（真菌一詞的英文單數型寫作 fungus，複數型則寫作 fungi），包括多細胞種類和單細胞種類。酵母菌是單細胞種類的真菌，採出芽作用來繁衍新生代，新的細胞就是個芽蕾。以肉眼觀看黴菌和黴

斑，它們就像一團絨毛，這些多細胞微生物會釋出單細胞的孢子，隨空氣飄走，這是它們繁殖歷程的一環。纖細的真菌孢子比麵包黴菌和浴室內的點點黴斑對人體的影響更大，因為它們會造成感染並引起過敏反應。

真菌細胞擁有許多和人類共通的特性：都屬於真核生物，細胞都具有明確的內部結構。真菌疾病有時比細菌疾病更難醫治，這是由於真菌和哺乳類細胞雷同所致。能殺死真菌的藥物，也往往會傷害人體的某些細胞。

我們往冰箱內來瞧瞧，有時家居室內真菌會讓冰箱內彷若危機處處的狩獵場所。冰箱內的寒冷環境和庭院的土壤，都是真菌的優良生存棲所，它們會盡其所能的善用周遭些許濕氣，從土壤、鹽水和淡水吸收養分，也能由動物、人類皮膚攝取養料。

黴菌有絲狀長條構造，稱為菌絲，能長出內含孢子的孢子囊，它們的孢子釋出之後便藉空氣飄往遠方（黴菌的孢子是作為繁殖用途，和芽孢桿菌、梭狀芽孢桿菌的細菌型芽孢不同）。當真菌孢子落於一處表面，而且找到利於生長的充分養料和合宜濕度，便開始長出平日常見的多細胞巨獸。由於新的孢子大量被釋入空氣中，因此黴菌可能增長得十分迅速。

我們對於酵母菌的日常影響了解較淺。它們有些是人體內的常態居民，而且只有當數量增長到足以引發感染時它們才會帶來麻煩。其他多種酵母菌都用來生產食品。儘管一般吃進肚子裡的食品中，沒有幾樣含有活體酵母菌，不過我們編列食譜時，幾乎不可能完全排除酵母菌生產的食品，像是麵包、烘焙食品、葡萄酒、啤酒和醋沙拉醬等。

以消毒劑殺死細菌比較容易，殺死黴菌就難了。酵母菌很容易

## 表2-1：細菌的幾種適應成果實例

| 細菌的名稱 | 適應成果 | 特殊能力 |
|---|---|---|
| 大腸桿菌、金黃色葡萄球菌、破傷風桿菌 | 質粒，一種細小環狀DNA | 具有耐藥基因和造毒素基因 |
| 梭狀芽孢桿菌和芽孢桿菌 | 芽孢型 | 抗熱耐冷，還能耐受化學物質 |
| 棒桿菌（屬名：*Corynebacterium*，能引發痤瘡） | 許多不同形狀（多形性） | 這是種結構反常現象，並非適應成果；目的不明 |
| 密螺旋體（能引發梅毒） | 螺旋鑽形狀 | 游動 |
| 變形桿菌（屬名：*Proteus*，能引發尿道感染） | 許多鞭毛（周鞭毛） | 快速的群泳（swarming）運動 |
| 趨磁水螺菌 | 含氧化鐵質磁體 | 運動用途或用來防範氧化物複方的侵害 |
| 假單胞菌（屬名：*Pseudomonas*） | 具黏液或生物薄膜層，即糖被（glycocalyx） | 黏附在流動液體或流水中的物件表面 |
| 轉糖鏈球菌（*Streptococcus mutans*） | 葡聚醣蔗糖酶（Dextransucrase enzyme，能引發蛀牙） | 在牙釉質上生長 |
| 納米比亞嗜硫珠菌（*Thiomargarita namibiensis*） | 尺寸（使硫產生氧化作用的細菌） | 細胞具巨大液胞，在養料匱乏時期能「忍饑耐渴」 |
| 鹽桿菌（屬名：*Halobacterium*） | 能在非常高含鹽環境中生存 | 在大鹽湖中生長 |
| 硫桿狀菌（屬名：*Thiobacillus*） | 能在酸性環境中生存 | 在礦坑排水道中生長 |
| 火球菌（屬名：*Pyrococcus*） | 能在高溫環境中生存 | 在攝氏一百度的溫泉水中生長 |
| 嗜壓微生物 | 能在高壓環境中生存 | 在深海生長 |

以消毒劑消滅，不過，一旦進入體內造成感染，這時它就像黴菌，很難根治。

研究眞菌既是一門科學也是藝術。雖然用來鑑定細菌品種的科學研究已經有進步，多數細菌卻依舊不爲人知，而我們對眞菌的認識更爲粗淺。目前仍只有幾種鑑定眞菌種類的檢測法，因此在環境中的黴菌研究是一項挑戰，某些眞菌感染可能因爲診斷艱困，而導致治療延宕。以低倍率顯微鏡觀察黴菌的技術已經問世百年光景，教人驚訝的是，一位眞菌學奇才竟然能以這種方法養成熟練本領，鑑定黴菌和它們的獨特孢子。

# 重要的真菌

## 青黴菌

青黴菌因爲能製造青黴素（盤尼西林），博得黴菌界超級巨星頭銜。青黴素被發現後不久，便在第二次世界大戰扮演樞紐角色，說不定還是因此而促使戰爭提早結束。美軍陣前傷兵都以一種新的「靈丹妙藥」來治療感染，而軸心國部隊的補給不足，傷兵因感染致死比率較高。於是，青黴素被視爲扭轉二十世紀四〇年代歷史進程的關鍵因素之一。

青黴菌在室溫和較低溫環境下成長，嗜好各式各樣的食物，包括麵包和水果。它的群落肉眼可見，顏色從藍綠、淡灰到黃綠色都有。

## 麴菌

麴菌（屬名：*Aspergillus*）是青黴菌的近親，可用來製造醬

油，不過當它污染蔬果和花生時，也會帶來麻煩。麴菌的孢子隨微風四處飄盪，若大量吸入這種黴菌的孢子，會引發輕微到嚴重呼吸系統感染。堆肥有可能隱含大量麴菌孢子，因此園丁常因吸入而引發感染。黃麴菌（*Aspergillus flavus*）會製造一種毒素，稱爲黃麴毒素（aflatoxin），資料顯示肝癌和攝食這種毒素有關。在全球許多地區，由於庄稼經常受到黴菌嚴重污染，因此居民健康深受黃麴毒素嚴重危害。在灰塵濃密的建築和穀倉室內，或者乾燥草堆、穀物堆附近，空氣中很可能含有大量空飄孢子，在這些場所工作時最好戴上面罩，把口、鼻兩個部位都覆蓋起來，以免吸入大量孢子。

家居室內的黑麴菌（*Aspergillus niger*）不難辨認，呈黑色，長在浴缸、瓷磚表面和瓷磚間隙。

## 念珠菌

白色念珠菌（*Candida albicans*）是一種酵母菌，屬念珠菌類群（屬名：*Candida*），會引發婦女念珠菌病，並導致成人或幼童的黴菌性口炎「鵝口瘡」（thrush）。念珠菌可見於皮膚表面，由於平常皮膚上便有許多細菌棲居，因此酵母菌數量受到控制。然而當服用抗生素來對抗細菌感染，細菌數量減少，念珠菌（屬於眞菌類，因此不受抗生素影響）的數量便會增長，最後長滿黏膜組織，發展成討厭的不適感染。

## 髮癬菌

提到髮癬菌（屬名：*Trichophyton*）就想到香港腳。這種黴菌最擅長侵襲人類身體並長期居留。就像皮癬菌類群（dermatophyte，侵襲皮膚、毛髮和指甲的眞菌）的許多種類，髮癬菌也很難消滅，因

此採取預防措施是比較實際的作法，例如：在體育館寄物櫃間要穿著拖鞋，就算淋浴時也別光腳。

## 葡萄穗黴菌

葡萄穗黴菌（屬名：*Stachybotrys*）曾在一處社區遭洪水肆虐之後登上新聞版面。它在洪水淹過的表面四處蔓延，還侵入潮濕牆面。身體不適常與建築遭受葡萄穗黴菌感染有關。葡萄穗黴菌俗稱「黑黴菌」或「毒黴菌」，會釋出一種黴菌毒素（這是個泛稱，指黴菌釋出的所有毒性化合物）隨空氣飄散，導致嚴重呼吸系統不適和過敏反應。葡萄穗黴菌帶來的健康威脅並沒有比以前更嚴重，不過有關「黴菌感染」建築的訴訟事例卻日漸頻繁。請注意，建築物「遭受感染」和人類受感染是不同的，正確措詞應該是葡萄穗黴菌對建築「造成損壞」。

## 黴斑

黴斑是泛稱詞，描述黴菌在潮濕表面生長的可見黴層。皮革、紙張、纖維和水果與植物最容易受黴斑侵襲，在外表留下污斑或造成永久損壞。麴菌和青黴菌是常見的住家黴菌，也成了黴斑的同義詞。

家中的黴菌幾乎全都來自戶外，而且在夏季和秋季長得最為濃密。檢測結果顯示，美國境內戶外黴菌孢子數量最多的區域包括西南部、遠西部和東南部，至於在北部、東北部和新英格蘭地區則數量較少。儘管某些真菌會造成損壞，或危害健康，其實真菌也為人類帶來了許多好處。除了消耗土壤中的廢棄物質，促成養分再循環，真菌和酵母菌還幫助製造許許多多的食物，並能用來製造藥物

和工業用酶。

# 原生動物和藻類

　　原生動物、變形蟲和藻類常被拿來當作標本，供課堂教學使用。以顯微鏡來觀察它們運動十分有趣，變形蟲在水生環境悄悄移行時會不斷變換形狀，它們的細胞內有清楚的胞器（胞器是真核生物細胞的細小特化部位，好比細胞核就是種胞器），這是細菌所沒有的結構。

　　和變形蟲相比，其他原生動物的形狀或許比較固定，不過，它們在必要時也能壓縮、延展，向想去的地方移動。原生動物並不棲居住家器物表面，魚缸內部是它們的常見室內棲所。腸內也住了好幾種原生動物，這並不會引發問題，它們能夠幫助消化食物，但效能低於腸道細菌。

　　原生動物感染較常見於若干地理範圍，包括衛生條件低落、或能攜帶原生動物的昆蟲數量密集區域。這類感染常肇因於飲用未經處理或經過局部處理的飲用水，喝下好幾種原生動物，包括：賈第鞭毛蟲（屬名：*Giardia*）、隱孢子蟲（屬名：*Cryptosporidium*）、痢疾阿米巴原蟲（或稱「溶組織內阿米巴原蟲」，學名：*Entamoeba histolytica*）、環孢子蟲（屬名：*Cyclospora*）、腸袋蟲（屬名：*Balantidium*）和耐格里阿米巴原蟲（屬名：*Naegleria*）。有些昆蟲可以攜帶原生動物，傳給人類造成感染，這些昆蟲包括攜帶利什曼原蟲（屬名：*Leishmania*）的白蛉（也稱沙蠅）、攜帶錐蟲（屬名：*Trypanosoma*）的催催蠅（tsetse fly）和攜帶瘧原蟲（屬名：*Plasmodium*）的瘧蚊（屬名：*Anopheles*），瘧原蟲是瘧疾的病原體。

## 賈第鞭毛蟲和隱孢子蟲

　　和世界其他地區相比，北美洲的原蟲型疾病比較罕見。然而，美國境內有兩類十分常見的寄生型原蟲：賈第鞭毛蟲和隱孢子蟲。兩類原蟲病都是由飲用未經過濾的溪水來傳染，這會引發嚴重的腸道不適，而且持續好幾週。原蟲來自野生動物和家牛糞便，而河狸一向是和賈第鞭毛蟲關係最密切的動物。根據資料，在多種動物排泄物中都曾發現隱孢子蟲，不過，其中最主要的源頭或許是家牛，因為民宅社區往往都朝向農牧區附近擴展。

　　賈第鞭毛蟲很難被診斷出來，不過一旦診斷出為感染病原體，便可以施用甲硝唑（metronidazole）和鹽酸喹喃克林（quinacrine hydrochloride）進行藥物治療。賈第鞭毛蟲細胞會緊緊附著於腸道內襯，若不予處理便四處蔓延，妨害養分吸收。賈第鞭毛蟲病症候群包括心神不寧、身體虛弱、噁心、脹氣、腹絞痛和體重減輕。

　　隱孢子蟲的生命周期中有個孢囊階段，它的孢囊十分強韌，能夠耐受嚴苛環境。隱孢子蟲也很能耐受氯，長時間接觸氯才會死亡（必須接觸幾小時，幾分鐘是不夠的）。一九九三年，隱孢子蟲因為讓四十萬人染病而上了新聞，還在密爾瓦基市爆發疫情，造成一百人死亡。那次疫情是在一段豪雨期之後爆發，由於水量超出當地水廠處理的負荷，導致社區飲水過濾不當才引爆流行。

　　賈第鞭毛蟲和隱孢子蟲都是大型微生物（隱孢子蟲直徑約為七微米，賈第鞭毛蟲則為十到十二微米），採過濾法就可以有效濾除這兩種原蟲，效果優於加氯法。倘若在野地健行或從事探勘，非得從林地溪河直接取水飲用，可以從露營用品店購買經過認證的過濾設備來使用。

## 藻類

　　藻類跟黴菌一樣，可以根據其身體特徵來區辨種類，同樣也區分為多細胞和單細胞類群。常見於魚缸和鳥類水盆中的藻類，多為單細胞的綠藻類和「藍綠藻類」。不過這裡有個問題，藍綠藻這個名稱會引人誤解，其實藍綠藻是一類特化的細菌，能吸收氮並藉光合作用製造氧，藍綠藻類群的專有名稱實為藍菌門（*Cyanobacteria*）。

　　綠藻生長在光照水中。玻璃杯或透明塑膠容器，像是魚缸與鳥類水盆，也很容易受綠藻污染。綠藻類非常強健，就算容器內水份乾涸了好幾週，它們依舊能夠存活。只要再添水，綠藻又會蓬勃繁衍。綠藻會產生一種毒素，有可能傷害魚類和鳥類。有些產品能殺死綠藻，不過只是暫時有效。在水盆中擺放幾個銅幣便可以抑制綠藻，而且不傷害鳥類。在魚缸中養幾隻吃藻類的魚也有幫助。另外，經常換水可以降低營養含量，讓藻類生長維持在最低程度。

　　當我們在海中游泳，其實就是泡在滿是細小藻類生物的湯水當中，而這類生物全都屬於浮游生物和矽藻種類。這兩類生物都有剛硬的細胞壁，細胞壁內含纖維素，因此浮游生物十分強健。矽藻具有矽質堅硬外壁，除了海洋之外，矽藻還可以在岩石、植物表面生長，而且在乾旱或富含石灰岩地區的中性到鹼性土壤中（也就是丁香和香草的生長範圍）也見得到它們。矽藻的樣子有點像雪花，兩者都構成自然界最細緻、精美的造型（圖2-5）。

　　尖刺擬菱形藻（*Pseudonitschia pungens*）是一種重要的藻，它會製造軟骨藻酸（domoic acid）致命毒素。攝食擬菱形藻維生的殼菜蛤體內便有這種化合物，曾有人食用這種貝類中毒喪命。美國西岸就有許多海鳥和海獅因軟骨藻酸中毒而死，情況令人擔憂。

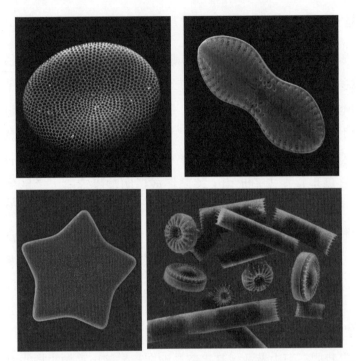

圖 2-5：矽藻屬於藻類，也是種浮游生物，可以在海水和淡水中自由漂蕩。它們的不同構造都由兩類相互匹配的組件，像鎖和鑰匙般密切扣合在一起。（左上圖）一百二十一微米。（右上圖）四十五乘十三微米。（著作權單位：Kenneth M. Bart）（左下圖）放大倍率：×345。（右下圖）放大倍率：×100。（著作權單位：Dennis Kunkel Microscopg, Inc.）

## 病毒

　　病毒的結構非常單純，細菌和原蟲體內見得到的結構，病毒大半都沒有。病毒演化至今，並沒有完備的繁殖器官，無法自行繁衍後代。它們必須侵染動、植物寄主才能繁殖（有些病毒還能侵染細菌，稱為噬菌體），因此有人認為病毒是「終極寄生生物」。病毒只是由蛋白質包覆的幾股 DNA 或 RNA，而且當它們進入寄主細胞，

連蛋白質衣殼都會褪除。一旦進入寄主體內，它們只會保留惹麻煩的必要本領。

## 病毒基本知識

病毒和細菌與原生動物不同，它們無法獨立在自然界存活。其實這種終極寄生生物，應該稱為絕對寄生生物才比較精準，意思是它們必須仰賴其他生物才能存活。當寄主把病毒釋入水中或食物中，或者沾染到水龍頭開關等無生命物體表面，這些物體就變成感染來源。

感染人類的病毒，有許多一開始都是寄生在動物儲存宿主身上。就如禽流感和豬流感實例顯示，病毒從儲存宿主轉移到抵抗力薄弱的人類寄主，這種現象稱為物種跳躍（species jump）。上呼吸道感染是最常見的病毒型輕症，接著就是感染腸胃道的病症。

有些病毒在生物體外閒置期間，依然具有感染性，其中一個例子是常在日間托育中心感染散播的輪狀病毒（rotavirus）。除了污染食物之外，輪狀病毒還可藉由玩具和地板侵染兒童。其他病毒類型在生物體外就不能存活那麼久了，愛滋病的病原體人類免疫缺陷病毒就是一例，若是具感染性的病毒意外落於浴室瓷磚上或廚房料理台上，只要使用消毒劑就能輕易殺死。少數幾種則稍顯頑強，包括感冒病毒和 A 型肝炎病毒。稍後你就會知道，倘若你懷疑附近有病毒存在，那麼遵循消毒劑罐上的使用說明就很重要了。

病毒的作用強弱不等，好比某些乳突病毒（papillomaviruse）會導致皮膚疣，另有些則是危險病原體，例如人類乳突病毒就是子宮頸癌的主要病因。有些病毒甚至會致命，例如伊波拉病毒。而潛伏的病毒更是麻煩，因為它們可以在身體組織內藏匿非常久，疾病的

潛伏期讓醫師很難推論病人究竟是在何時何地染上病毒，感染時間有可能是幾個月前、幾年前，甚至幾十年前。皰疹病毒類群會長期隱藏在神經裡，過了許久才引發帶狀皰疹、性病、口瘡、皮膚感染，或嚴重的神經系統疾病。

## 病毒小檔案

●病毒的大小為細菌的五十分之一；動物細胞的兩千分之一；針頭的一萬六千分之一。掃描式電子顯微鏡學和 X 射線晶體學等特殊技術，都能用來觀察病毒的機巧次顯微世界。

●某特定病毒導致感冒的發病率幾乎完全不可能計算。鼻病毒的種類為數超過一百，而且有千變萬化的組合方式，免疫系統真的難以招架。此外，至少有百分之三十的感冒是冠狀病毒感染造成的，這類病毒和鼻病毒並不相同。感冒具接觸傳染性，我們觸摸被他人污染的物品，隨後再以手碰觸自己的眼、鼻或口部，便會給自己接種病毒而感冒。若有受感染的人不夠體貼，打噴嚏時沒有遮掩口鼻，這時感冒病毒也會隨飛沫沾上你的臉部。一旦病毒找到黏膜入侵部位，它就進入細胞，接下來半小時內，它就忙著製造出幾千顆新的感冒病毒。

●病毒具有各種形狀，而且通常呈幾何造型（圖 2-6）。舉例來說，狂犬病病毒呈螺旋狀結構，也就是說它的 RNA 在一種圓柱狀構造內部盤繞成圈。其他幾類則由二十個三角面和十二個角組成，整個呈多面體狀。鼻病毒、皰疹病毒、B 型肝炎病毒和輪狀病毒都呈多面體造型。噬菌體的形狀複雜，看來有點像登月小艇。

●所有生物都有專門攻擊牠們的病毒類群。有些病毒專門對付人類，有些則專門針對其他動物、細菌、真菌、藻類、植物、昆蟲

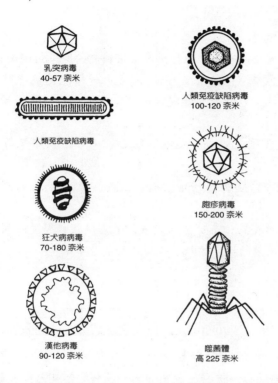

乳突病毒
40-57 奈米

人類免疫缺陷病毒

人類免疫缺陷病毒
100-120 奈米

狂犬病病毒
70-180 奈米

皰疹病毒
150-200 奈米

漢他病毒
90-120 奈米

噬菌體
高 225 奈米

圖 2.6：病毒的分類依據包括：形狀、外表衣殼，還有是否含有 DNA 或 RNA。（插
畫作者：Peter Gaede）

等等。不過，許多種類（流行性感冒病毒和人類免疫缺陷病毒）則
能夠由其他物種跳躍感染人類。

●病毒進入偏愛的物種對象之後，還會挑選它們偏愛的細胞類
別。人類免疫缺陷病毒攻擊血液中的 T 淋巴球；乳突病毒只找皮膚
細胞下手；B 型肝炎則直接攻擊肝臟。

●輪狀病毒是兒童腹瀉最常見的病原體；美國每年都有五萬
五千名兒童受到輪狀病毒感染而入院治療。

## 疾病術語

　　**疾病**：造成身體無法執行所有正常機能的健康情況改變。

　　**感染型疾病**（infectious disease）：由一種能侵染身體的微生物引發的疾病，這種微生物侵入後便待在體內執行局部或一切活動。

　　**傳染型疾病**（communicable disease）：可在人際間傳播的疾病。

　　**高度傳染型疾病**（contagious disease）：很容易在人際間傳播的疾病。

　　**感染**：微生物侵染寄主體內或體表並進行複製的現象。感染性：能引發感染的微生物類別或微生物數量水平。

　　●諾羅病毒（Norovirus）又稱爲膿融病毒，這個名稱泛指一類統稱爲諾沃克病毒（Norwalk virus）的相仿病毒。估計所有腸胃炎病例（症狀爲噁心、腹瀉、身體虛弱，偶有發燒和寒顫）有半數是這類病毒造成的。這類病症常籠統稱爲「胃感冒」。

## 摘要

　　我們的世界擁有形形色色的微生物，樣式多得幾乎數不清，而且在地表所有地方幾乎都見得到它們。細菌黏附在生物、非生物（無生命物）表面，而且多數都偏愛某種特定棲所。黴菌孢子隨著微風飄進入室內，家中所有表面幾無例外全都有孢子落腳。多數細菌和黴菌都獨立生活，能在生物體外存活。病毒則沒有選擇餘地，必須

感染動、植物寄主細胞，否則很快就會從地表消失。原生動物對周遭環境的挑剔程度，大致介於細菌和病毒之間，它們必需存在於液體環境，通常住在池塘、溪流水中。

　　若是你的身體遭受有害微生物入侵，不管那是細菌、病毒或原生動物，這時你就遇上麻煩了！

第三章

我們全都住在微生物世界

一切科學都是多麼了不起的啟示啊！

——霍華·立克次（Howard T. Ricketts）

　　你或許不知道，你的日常起居或許都遵照微生物學家的作法。唯一不同的是，微生物學家能察覺顯微世界，深知我們每次碰觸事物、每一次呼吸，都會受到何等影響。倘若你具有敏銳的觀察能力，或許你也可以養成「見到」細菌的好本事，儘管肉眼實際上是見不到它們的。

　　當早上起床後開始刷牙時，你就是在減少口中的厭氧細菌數，它們會造成蛀齒、滋生口臭。簡單淋浴一下，你便洗掉幾十億顆細菌和酵母菌，而且還能減輕體臭。當淋浴時，也許你會注意到瓷磚間隙出現古怪的粉紅色澤。預備早餐，煮蛋煎火腿，把牛奶盒擺回冰箱。工作時，你可能早就養成好習慣，堅持上廁所之後該洗手。而且你肯定很重視同事大夥兒最愛的速食店衛不衛生，對他們的廚房關注有加。這些日常舉動，其實都有微生物學根據。

# 家中的微生物

　　居家環境中的微生物都有一個共通侷限——它們都需要水。蚊子能幫病毒維持感染能力，讓它們熬過沒有寄主的階段。細菌芽孢休眠好幾年之後，只要接觸水份，就能甦醒開始成長。黴菌比其他微生物更能熬過乾旱環境，不過它們也需要水份。此外，水也是種媒介，能散播致病微生物：噴嚏飛沫、受污染的飲水、腐敗的馬鈴薯沙拉等等。有一點要隨時銘記在心，在居室周遭尋找黴菌和細菌時，第一個該探訪的就是潮濕環境。

## 浴室

多數人都會假定，浴室是最可能找到有害微生物的地方。好幾年來，洗潔劑製造商都是拿浴室作為病菌集散地的實例，並在電視廣告中以此教育消費者，告訴消費者若浴室的洗手槽、浴缸和梳妝台不乾淨，會帶來哪些危害等等。沒錯，科學家在馬桶內外、沖水壓柄和地面，確實都發現了大腸桿菌。若沖水時沒蓋上馬桶蓋，噴出的水沫便可能帶著細菌飄到六、七公尺遠的地方，這段距離足夠沾染浴室的其他表面，連牙刷都可能受到污染！不過這裡有個好消息。儘管糞便所含有機體到處都找得到，但在洗手台、馬桶坐墊和地面找到的數量卻很少。馬桶坐墊每平方公分約只含七、八顆細菌。微生物數量最多的地方是淋浴排水管內和馬桶的沖水壓柄表面。

只要定期清洗浴室，那麼除了糞生微生物之外，那種小搗蛋多半只會惹點小麻煩，很少危害健康。不過，只要環境適當，幾乎所有微生物都能從溫和淘氣轉為具威脅性。長在淋浴隔間內部、衛浴配件表面，還有馬桶水線的粉紅色東西就是一例，那是一種稱為黏質沙雷氏菌（*Serratia marcescens*）的細菌。

黏質沙雷氏菌平常無害，生長在水中，但若感染人體，它就可能變得很危險。或許這種細菌在浴室的污物找到豐富營養，藉此才變得凶狠。沙雷氏菌一有機會便會感染尿道、傷口或肺部並引發肺炎。

在浴室可以找到兩類居家微生物，包括歸類於麴菌和毛黴（屬名：*Mucor*）兩個屬別的黴菌種類。這兩類黴菌分別長出黑色和暗綠色黴斑，在浴室瓷磚間隙生長。倘若大量吸入它們的孢子，也可

能危害健康。黴菌在浴室之外也會帶來麻煩。長時間待在塵埃密佈、通風不良的地下室，吸入黴菌孢子的機會便會提高。

## 廚房

好幾項研究抽樣檢驗了幾千個家庭的廚房和浴室，探訪「典型」美國家庭如何處理微生物。他們都知道，打掃浴室是必要工作，而且多數家庭都定期使用化學洗潔劑和消毒劑來清洗馬桶和瓷磚。然而，走幾步路到了廚房，許多人便忘了該注意的要點，只用一塊老舊海棉和幾滴溫水來和病菌搏鬥。

按照微生物學標準，廚房是家中最污穢的地點。看來一塵不染的廚房，往往比表面髒亂的廚房藏納更多微生物。理由有數端，有些很明顯，有些則隱晦難解。

就大部份家庭而言，廚房是家人來往的交通要道，而且通常直接通往戶外。這裡是回家進屋的終點站，是貯藏地點，也是大批有害、無害微生物孕育根源的調製區域。這個根源就是食物。既然許多人都不想在廚房使用衛浴用化學洗潔劑，因此在廚房中散播的微生物數量，往往可能比移除的更多。一塊老舊的濕海棉或濕抹布，不旦不能殺死微生物，反而把它們帶往四面八方。所以「乾淨的」廚房，實際上卻有異常繁多的細菌和黴菌，或許還包括幾種病毒，而且是遍佈所有表面。

廚房中受微生物污染最嚴重的是海棉、抹布、洗滌槽排水管、水龍頭開關和砧板。環境微生物學家查爾斯·格巴（Charles Gerba）博士曾在論文中寫道：「在一般家庭中，砧板上的糞生細菌數，通常是馬桶坐墊菌數的兩百多倍。」

## 砧板保養要訣

● 若塑膠材質或木質砧板已經滿佈切割痕跡就該丟棄不用。

● 使用砧板後，先立刻將殘留的食料擦乾淨，隨後再清洗。砧板使用後立刻以熱肥皂水清洗，並用清水沖乾淨。

● 清洗之後，用紙巾拍壓擦乾表面，接著讓它乾透。如果砧板已經吸入各種液體，光是晾乾或許還不夠。

● 只要在使用後立刻清洗，砧板或許不必消毒，不過若想消毒，可以用稀釋漂白溶劑（一匙漂白劑對一夸脫水）浸泡三到十分鐘。（譯註：一匙相當於五毫升，一杯相當於兩百三十六毫升，液量一夸脫約為九百四十六毫升。）

● 若是可以放進洗碗機的砧板，就用洗碗機清洗。

● 剛用來切過生肉、魚類的砧板，不要拿來切生菜沙拉、水果，也別把即可食用的食品擺在砧板上。砧板每次使用過後一定要清洗，或者固定用不同砧板來切不同類的食品。

### 砧板

肉品和蔬菜通常都是在洗滌槽清洗，再拿到砧板上處理，在這些地方都可能沾染潛在病原體。清潔洗滌槽並以熱水沖洗，就可以把這類危險微生物清除大半，但砧板就很難處理了。塑膠砧板會保藏細菌，倘若塑料上有菜刀切出的密麻痕跡，這種情況會特別嚴重。深刻刀痕是微生物的良好藏身棲所，特別是當縫隙夾藏脂肪食材，這便構成一道潮濕屏障，讓微生物在裡面生活。

木料因為有很多孔隙，因此木製砧板比塑膠砧板更容易吸水，也把微生物一道吸藏進裡面。研究顯示，木製砧板接觸雞汁之後，過了十二個小時，上面還找得到活菌。木製砧板會受污染，塑膠砧

板縫隙也有細菌藏身。微生物學家證實，木製砧板的材質並不影響微生物的存留能力，不論梣木、椴木、山毛櫸、櫻桃木、槭木、櫟木或美國黑胡桃木，結果都一樣。

## 洗滌槽排水管

　　廚房洗滌槽的排水管聚集大批細菌，這點絲毫不足為奇。那裡有豐沛食物和水份，偶爾還有水把微生物排泄物沖走，造就良好環境。當洗滌槽閒置過了幾天，環境變得污濁，一群特殊細菌便在那裡生長。再過幾天，廚房排水管便可能發出腐蛋氣味等惡臭。這種臭味是微生物在低含氧、高含養排水管水中滋長的副產品。開水龍頭排水幾分鐘便可以去除氣味，把少量漂白劑倒入排水口也有幫助。

## 海棉

　　一旦廚房清潔不當，帶來的麻煩就會比解決的問題還多。在骯髒廚房中的清潔海棉、抹布和拖把，全都沾染微生物，餐後再用這些東西來抹擦物品，只會散播污染。研究發現，家庭用海棉有百分之六十七遭受糞生大腸菌群污染，每段五公分乘五公分的海棉塊，都包含約三千萬顆細菌。除了一般大腸菌群和糞生大腸菌群之外，常見於廚房各處的細菌還包括大腸桿菌、葡萄球菌和假單胞菌類群。會導致食源型疾病的沙門氏菌和彎曲菌，它們也常在廚房現身。生菜、肉品和魚類都是這些細菌的根源，唯一例外是隨處可見的水生微生物假單胞菌群。因此，餐後勤快擦洗廚房的人，若是使用舊海棉或髒抹布，只會讓廚房的微生物散佈更廣，情況比完全不去清理更糟糕。

海棉就算看來乾淨，裡面也可能藏有好幾百顆細菌。很髒的海棉（掉色、有臭味，或才剛用來擦過肉汁的海棉）肯定含有大量細菌，少則幾千顆，多則幾百萬顆。這裡提出幾項最能徹底清潔海棉的作法：（1）以兩匙半漂白劑對一杯水調製稀釋漂白溶劑，把海棉泡在裡面達五分鐘；（2）把潮濕海棉擺進微波爐加熱一至三分鐘後取出晾乾；或（3）把髒海棉丟進垃圾桶，改用新海棉。其他還有一些作法也能減少海棉的病菌量，包括放進洗碗機清洗；泡在沸水煮五分鐘；或者用百分之七十的異丙醇酒精或蒸餾白醋浸泡五分鐘，浸泡之後用清水沖乾淨才可以使用。

熱肥皂水和乾淨海棉是清潔廚房的絕佳工具，清潔後一定要用清水徹底洗淨表面。若擔心生肉汁液沾染物件，就先以肥皂和水清洗，之後再用消毒劑或衛生清潔劑來處理。最後，遵照這類產品說明使用之後，再好好以清水洗淨或以抹布擦乾表面，來去除殘存化學物質。

除非有家人受到病毒感染，並且在廚房打噴嚏、咳嗽，或者以受污染的皮膚碰觸器物表面，否則廚房並不常出現病毒。若感冒和流感病毒沾染料理台、餐桌和冰箱外側等表面，它們可以存活達三天。既然糞生細菌確實經常在廚房現身，難怪腸病毒（來自消化道的病毒）偶爾也要在碗盤附近出沒。若是正在構思下次晚餐聚會的談話題材，不妨聊聊浴室比廚房更衛生，在浴室吃開胃小菜恐怕比較有益健康喔！

## 洗衣間

你認為穿了一天的衣物已經髒了，只要把它們丟進洗衣機，倒入洗衣精，這樣應該可以洗乾淨了，對吧？多考慮一下吧。微生

物學家從洗衣機各運轉周期抽選水樣，還抽選洗好的衣物來檢測，結果發現檢體含有大腸桿菌。普通洗潔劑幾乎都殺不了微生物！洗衣機內部可能含有比例達五分之一的大腸桿菌，而包含糞便污物的更達到百分之二十五。把內衣和其他衣物或與廚房抹布擺在一起清洗，原本不含糞生微生物的衣物，用洗衣機洗濯之後，就大有可能遭受污染。

洗衣機的熱水運轉周期和洗衣殺菌添加劑，都有助於減輕洗濯衣物的受污染程度。然而，許多人為了節約電費，並不選用熱水洗濯，而且使用漂白劑或有殺菌消毒標示的洗衣精人數比例也很低。所以，雖說普通洗衣劑可以去除塵土、洗掉污垢，然而形形色色的大批細菌，甚至還有若干病毒，卻都依然留在衣物上。

乾衣機可以殺死部份較不強健的微生物，但這種微生物卻只屬少數。像是沙門氏菌和 A 型肝炎病毒就十分耐命，在機器內經過洗衣二十分鐘和乾衣二十八分鐘後還能存活。換句話說，乾衣機取出的衣物，或許還比進入洗衣機前更「髒」。

## 黴菌危害：地毯和牆壁

人們來來往往踩踏的地毯和地板，自然而然成為濕氣、液體、各式碎屑和潑灑飲品等事物的最終停駐地點，而這些都成為黴菌、黴斑、酵母菌和細菌的養料，而且是大量供應源源不絕。這類微生物日復一日待在居家裡，雖然平常不會帶來危害，不過一旦逮到時機，它們就會開始肆虐，如果是腳底有個傷口，光腳走路就可能遭受感染。經常在地板爬行的嬰兒比較容易受到感染，而開始學步的孩童往往貼近地板四處移動，他們也大有可能吸入、沾染多種微生物。

## 家庭居所小檔案

●微生物學家菲利普・提爾諾（Philip Tierno）博士檢視一般家庭居住環境，找到了五處病菌含量最多的地點和物品。這些藏菌處分別為：（1）廚房用海棉和抹布（2）吸塵器運轉時噴出的氣流（3）洗衣機（4）衛浴間馬桶沖水期間（5）廚房垃圾桶。

●提爾諾博士針對上列問題提出解決作法，包括：（1）每隔兩、三週便更換海棉或用氯（漂白劑）對水稀釋來殺菌消毒；（2）每月更換新的吸塵器集塵袋；（3）使用抗微生物洗衣添加劑來洗濯衣物；（4）蓋上馬桶蓋再沖水；（5）定期消毒牙刷；（6）每次更換垃圾袋時也消毒垃圾桶內部。

●看來最乾淨的地方或許正是最骯髒的居所，打掃時使用的海棉用了太多次，抹布太污穢，拖把太骯髒，都會四處散播微生物。

●廚房洗滌槽和排水管都有嚴重微生物污染，水龍頭開關、冰箱門把和料理台也遍佈微生物，而且往往沾染了糞生細菌。

　　地毯中的黴菌和黴斑會釋出孢子，從而引發過敏反應、呼吸困難、鼻塞和鼻竇擁塞、眼刺激症和皮疹。黴菌孢子比普通花粉粒更小，因此比花粉更容易滲入肺道深處，少量的懸浮黴菌就會影響哮喘症患者。

　　為什麼罹患過敏症和哮喘症的人數越來越多？室內的黴菌其實原本棲居在戶外環境，不過，當黴菌找到潮濕、含有豐富營養等有利條件的環境時，要趕走他們就非常困難了。事實上，戶內的懸浮細菌和黴菌數量多過戶外，較新住宅的氣密性多半優於老住宅，因此對流較差，通風不良。加上空調和暖氣系統讓戶內空氣一再循

環，也藉此把黴菌散播到各處。許多人喜歡有氣溫控制的住家，在家裡裝設了空調設備、冷藏裝置、增濕器和汽化噴霧機，這些設備都會產生濕氣，促進黴菌生長。高濕度加上通風不良，正好適合黴菌滋長。不幸這正是較新住家、校舍和辦公建築的情況。依美國環境保護總局建議，住家室內相對濕度應保持在百分之三十到五十之間，絕對不要超過百分之六十。

## 黴菌的生長和控制

凡是有機物構成的無生命材料（也就是含碳物質）表面幾乎都長有黴菌。黴菌能侵染以纖維素為基材的絕緣、防火材料，以及通風系統的過濾材料。家中的無漿乾式隔間牆通常帶有紙質內襯，而這也是以纖維素製成。無紙乾式隔間牆有助於減少牆內生長的黴菌數量，卻不能殺滅黴菌。不論哪種隔間牆，只要有水，受侵染程度就會惡化。牆板、織物等多孔建材和木料、水泥等多孔建材都有裂隙，黴菌可以在裡面生長，而且很難清除。

黴菌有可能長在明顯地點，也可能藏身牆內。漏水或泡水損壞的隔間牆內部最令人憂心，因為發現「毒黴菌」時，它們往往已經蔓延了大片面積。「黑黴菌」（葡萄穗黴菌）在暴風雨後，因風雨帶來的水份會長得特別茂密，進而損壞建築。仔細檢視內牆，或許便會發現整堵牆面都長滿了黑黴菌，但僅管葡萄穗黴菌非常著名，它並非唯一的罪魁禍首。至少還有十五種黴菌會損壞建築結構，如果是大量出現，這些種類的黴菌都會引發呼吸系統疾患和過敏症狀。主要的建築污染源品類繁多，包括鏈格菌（屬名：*Alternaria*）、青黴菌、麴菌、毛殼菌（屬名：*Chaetomium*）、枝孢菌（屬名：*Cladosporium*），還有一類稱為擔子菌（basidiomycetes）的菌群。若

家中黴菌污染情況嚴重，最好請具有證照的專業除黴公司來負責清除工作。稀釋漂白劑或抗真菌化學物質都屬於自助式藥劑，不過美國職業安全與衛生管理局（OSHA）已經不再推薦這種作法。職安衛管局的立場是，自行使用這類藥劑並無法清除所有黴菌孢子，而只是讓室內出現大量強烈化學清潔劑，反而會讓呼吸更為窘迫。專業人員則是使用特製的濕式吸塵器和過濾程序，而且他們會採安全作法來使用化學藥品。

這裡列舉幾項可以預防黴菌滋長的作法：中央空調和暖爐機具附近區域必須定期檢視是否積水。排除積水維持表面乾燥，並按照表定日期，定期更換過濾器，並清潔管道。清潔表面之後，使用抗黴斑塗料重新上漆。洗衣機和乾衣機運轉時會釋出濕氣，應把濕氣導向戶外，特別是擺放在地下室的機具。地下室裂痕很容易漏水，出現裂痕就要補好。地下室和地板下的管道維修間都有防水措施可供選擇，這些都在推薦之列。織品和小地毯都應該定期拿到室外通風處抖拍晾乾。定期把小地毯送給專業服務人員清洗，也可以減輕黴菌問題。

許多廠牌的地板材質，以及織入地毯的丙烯酸與尼龍纖維，在製造時都經過抗微生物化合物處理，因此這類產品能適度抑制黴菌和細菌生長。至於在家中使用這類經處理產品的利弊風險，科學界尚有爭議。許多科學家和非科學家論稱，沒有道理採激烈措施來對抗所有微生物，因為病原體總數只佔所有微生物的極小部份。屋主必須自行斟酌，使用抗微生物處理建材有何利弊得失。不論你的選擇為何，重點在於必須記住，家中到處都有微生物，包括你的指尖上、空氣中，還有你的腳下。

倒是有種抗微生物化學藥劑幾乎遍佈家中各處，那就是三氯

# 托兒所和安養院

　　日間托育、托兒所與老人養護等機構都具有相同特性，在這些場所活動民眾，健康風險都高於一般人。非常幼小或年邁人士的免疫系統都不健全，老人可能因為染病，或者只因老邁而導致免疫能力減弱。機構院民彼此接觸頻繁，衛生措施或有疏失，因此潛在病原體很容易在人際間轉移。日間托育機構的情況更是容易散播病菌，因為幼童通常會把共用玩具和手放進嘴巴裡。此外，學步兒童還時常接觸地面。而就像其他所有設施，日間托育機構和安養院也都有糞生微生物侵染餐飲的情況。基於這些因素，日間托育和療養機構必須十分重視感染問題。

　　抗生素耐藥型菌類的增加，健康風險也隨之提高。在這兩種機構活動的幼童與老人，長時間與其他人棲身在同一棟建築，還共用房間。這類獨特設施和生存條件構成一種微環境（microenvironment），有些抗生素耐藥型微生物便會在這類照護中心安居構成獨特群落。再加上幼童和老人不時地與棲身於這種微環境的耐藥菌類接觸，於是耐藥性菌類便感染到所有人身上，包括機構的職員。

　　美國人的工作時程大多安排得很緊湊，對兒童照管產業的需求日增，從業人員的工作壓力也更為繁重，而且這種趨勢看來還會持續下去。此外，根據美國人口普查局預測，從現在到二〇二五年間，超過五十五歲的人口比例還會大幅提昇。這些因素都只會讓專業照護技能與管理更加重要。

## 托兒所

　　腸道疾病（腹瀉）和呼吸系統疾病是日間托育機構最常面臨的嚴重問題，其次則為耳部感染和結膜炎。若托育中心收托兩歲以下幼兒，腹瀉病例數便會增長為三倍半，最大起因是在院內使用尿布。而如果中心供應飲食，感染人數也可增長為三倍。日間

托育院童腹瀉症的兩大病原體爲 A 型肝炎病毒和輪狀病毒。大腸桿菌、沙門氏菌和彎曲菌也是傳染爆發的源頭，不過影響程度較輕。

耳部感染也是個難題，特別是引發這類感染的肺炎鏈球菌（*Streptococcus pneumoniae*，簡稱肺炎球菌）的抗生素耐藥性已經越來越強。儘管幼童和學步兒童特別會以手和玩具來散播病菌，但經研究證實，日間托育中心的員工也是散佈疾病的主要媒介。最近，波士頓兒童醫院（Children's Hospital Boston）指出一項令人憂心的事實，幼童父母和機構員工對病菌傳播的原理極度缺乏認識。就幼童父母而言，不到半數的人明白負責飲食的生病員工與院童腹瀉症爆發之間的關連性。而且約有四分之一的父母和日間托育中心員工，對於雙手衛生和人際間病菌傳播沒有概念。

## 安養院

急性呼吸系統、尿道和皮膚等感染症是安養院中風險最高的感染病症。肺炎鏈球菌是普見於安養院的病原體，這點和日間托育中心相仿，不過這類細菌一旦感染了老人，就會引發肺炎。倘若老人原本就患有糖尿病、哮喘等慢性疾病，或阿茲海默症一類的認知障礙疾患，則新的感染風險就會更難測度。使用導尿管、餵食管等侵入式裝置的病患，也很容易受到感染。當我們正常老化，皮膚和黏膜也會隨之開始喪失健全機能，由於防衛屏障弱化，感染機率便會跟著提高。

就如日間托育中心的情況，安養院員工也是散播幾種疾病的媒介。他們工作時必需經常碰觸受照護的老人家，而且看護完畢往往直接前往照料另一人。若員工和廚師怠慢疏失，沒有戒慎防範病菌傳播，傳染病就可能迅速傳遍機構。

但平心而論，負責照顧幼兒或老人的專業人員，縱然睜大眼睛控管會傳播病菌的日常活動，也不可能做到滴水不漏。當務之急應是指導幼童父母和日間托育、安養院所員工，讓他們具備廣泛的衛生觀念及病菌感染知識。另外，只要幼童能夠聽懂，儘早教育他們養成良好的衛生習慣也很有幫助。

**日間托育中心和安養院的衛生注意要項：**

- 勤洗手：員工、幼童及老人都必須遵行
- 洗手時機：每次接班前、進餐前、照料院童／老人上廁所之後，還有換尿布之後
- 尿布台在每次使用後都必須消毒
- 讓較年幼和較年長的兒童分開活動
- 隔離措施：腹瀉兒童，以及罹患高傳染性病症的老人都應該隔離照顧
- 把病童送回家中或拒絕收容病童
- 讓老人日常攝取均衡營養
- 訓練所有員工、看護人認識傳染預防措施，並養成個人衛生習慣

生（triclosan，又名三氯新、三氯沙，完整化學名為：2,4,4'- 三氯 -2'- 羥基二苯醚）。這種化學抗菌劑由兩個苯環，還有環上的一個氧分子和幾個氯分子所構成。三氯生有多種商品名（包括：Microban, Biofresh, Irgasan DP-300, Lexol 300, Ster-Zac, 和 Cloxifenolum）。只要在地毯和地板材料添加三氯生，便可以抑制微生物生長。不過三氯生也是種塗料，而且凡是有機會碰觸皮膚的任何產品，幾乎都含有三氯生成份，從塑膠砧板到兒童玩具都包括在內。個人衛浴保養用

品也普遍含有三氯生，種類多得令人驚訝。儘管已知這種物質會刺激皮膚、眼睛和呼吸道，不過事實證明，三氯生問市三十年來，從來沒有引發嚴重的健康問題。

大家可能會好奇了，抗微生物產品究竟有沒有效？我們在下一章還會更深入地探討這個問題，而就目前來說，答案是肯定的。有些抗微生物產品屬於強烈化學藥品，殺菌效能極高；另外有些則功效比較輕微。有效的抗微生物化學藥劑，必須接觸微生物達到最短的必要時間才會生效，接觸時間以秒或以分計算，指化學藥劑殺死微生物所需的接觸時間。微生物不是馬上就可以殺死，若有產品宣稱能夠「立刻」殺死病菌，別相信這種說詞。而三氯生與微生物的接觸時間是無限的，因為這種藥劑處方是直接納入玩具、肥皂或滑鼠墊的原料裡面。

## 工作場合中的微生物

微生物學家格巴曾經指出：「除非總是使用同一張桌子，否則沒有人會清潔桌面。」一般辦公室裡，每平方公分表面就有將近三千三百顆微生物，相當於馬桶坐墊的四百倍髒，電話每平方公分的微生物數量則可以超過三千九百顆。其他骯髒處為電腦鍵盤（五百顆／平方公分）和滑鼠（兩百六十顆／平方公分）。

咖啡杯可是工作場合中的環保超級基金等級物品，若沒有好好清洗，可能含有三十萬顆細菌。研究顯示，在「乾淨的」咖啡杯上可以找到幾百到幾千顆細菌。拿不夠乾淨的海棉或抹布來擦拭乾淨的咖啡杯內側，只會增加細菌數量。還有，倒進熱咖啡或熱茶，並不能殺死微生物，因為一般熱咖啡、熱茶、熱湯，還有其他熱飲的

溫度都不夠高，多數微生物能夠耐受的溫度遠高於此，而且還能耐受好幾分鐘。

工作場合其他的骯髒地點還包括：微波爐門柄（一千五百顆／平方公分）、飲水機壓柄（兩千三百顆／平方公分）、電梯按鈕，還有影印機與自動櫃員機的按鈕和表面。在這些地點找到的細菌，大都出自於人們的口腔，而糞生有機體也經常出現在辦公室。

除非侵染食品或進入口中，否則這類污染生物都是無害的。生病時待在家裡，就是減少同事間彼此感染的最佳良方。

# 公共場所中的微生物

歷史告訴我們，當人口集中，疾病傳播也隨之猖獗。公車、地鐵、電梯等處，都會助長傳染病蔓延。

感染型微生物也必須有水，濕氣或潮濕表面能讓它們存活較久。以汗濕手掌握住公車或地鐵扶手，便帶來充足濕氣，助長細菌在那裡生存。研究還顯示，在扶手上可以找到糞生細菌，只要用手碰一下受污染表面，接著摸一下自己的眼部黏膜，或碰觸鼻子或嘴唇，就足夠讓自己受到感染。

車子裡有潑灑掉落的食品，若沒有定期清潔，這就讓微生物有機會生長。清潔、消毒和吸塵都是重要家務，也是汽車清潔要務。同樣的，若有乘客得了感冒，這些事項就更重要了。汽車空調系統也有可能滋長黴菌，直接吹向搭乘人員的臉部。研究顯示，汽車空調裝置經常含有以下這些菌類：青黴菌、枝孢菌、短梗黴（屬名：*Aureobasidium*）、麴菌、鏈格菌和枝頂孢菌（屬名：*Acremonium*）。這些都是家庭常見黴菌，每種都會導致過敏症患者出現嚴重反應。

# 抗微生物術語

　　**生物殺傷劑**（biocide）：泛稱能殺死生物的所有化學物質，不過這個詞彙通常只指稱用來殺死微生物的產品。

　　**抗微生物的／抗微生物劑**（antimicrobial）：（名詞）指用來殺死微生物（或大幅減少其數量）的產品，或（形容詞）代表和這類產品有關的，抗微生物劑能殺死細菌、酵母菌、真菌、藻類和原生動物。抗微生物劑多數用來殺死位於無生命物體表面或液體中的微生物。底下列出幾類抗微生物產品：抗菌劑、抗真菌劑、病毒殺傷劑、細菌殺傷劑，還有細菌抑制劑。殺菌的／殺菌劑（germicidal）和抗微生物的／抗微生物劑代表相同意義。

　　**抗菌劑**（antibacterial）：根據美國環保局的定義，抗菌劑是能夠殺死細菌或減少其數量達「安全水平」的藥劑。

　　**抗真菌劑**（antifungal）：這類產品能夠殺死真菌，包括酵母菌和黴斑。

　　**病毒殺傷劑**（virucidal）：能夠殺死病毒或大幅減少其數量的產品。

　　**細菌殺傷劑**（bactericidal）：只殺死細菌的一類產品。

　　**細菌抑制劑**（bacteriostatic）：這類產品能夠抑制細菌生長，卻不見得能夠殺菌。

　　**抗感染劑**（antiseptic）：能殺死皮膚上、黏膜上的微生物，或減少其數量的化合物或製劑品。

　　**抗生素**（antibiotic）：指一類抗微生物化合物，通常由細菌或真菌自然形成，可用來殺死其他微生物。

　　若是在五秒內撿起掉落桌面或地上的餅乾，那麼吃下這塊餅乾安全嗎？這個答案部份取決於該桌面或地面有多少濕氣。因此，以上面這個問題來看，餅乾掉在圖書館讀者稀少的側翼圖書室中，和

掉在公車站飲水機旁地面，兩者的結果是不同的。

除了住家和工作場所，你或許已經知道哪裡會是微生物含量較高、也更有可能污染餅乾的表面。你應該警覺的地點包括：農莊、動物房舍、動物活動區、寵物店、溫室、鞋店、機場的脫鞋安檢區、自助洗衣店、提供公共試用產品的美容保養櫃台、髮廊和指甲修剪沙龍，以及理髮店。

# 錢

談到錢，我們往往聯想到髒錢、臭錢、銅臭，在這方面，錢的名聲似乎是不太好。錢是不是我們日常接觸最髒、微生物含量最多的物品之一？是的，就像經常在人群中輾轉傳遞的其他物件，錢也是一種四處散播病菌的媒介。

有關紙鈔含菌量的廣泛研究十分罕見。要找出紙張表面含有哪些微生物，最好的作法都必須摧毀樣本，才能得到精確的含菌量，因此，別想見到百元美鈔的含菌資料了。微生物學曾檢測在計程車和餐廳間輾轉流傳的一元美鈔，發現多數紙鈔都含有各式各樣的細菌，有時還含有病毒。研究顯示，在紙鈔上找得到金黃色葡萄球菌、鏈球菌，還有沙門氏菌與大腸桿菌等革蘭氏陰性菌群。

就像紙鈔，硬幣也在一天之間輾轉傳遞好幾百次，細菌和病毒大有機會隨之蔓延。在美國硬幣上面找得到大腸桿菌和沙門氏菌，不過數量多寡迥異。學術界對於貨幣是否散播疾病很少提出見解，不過大家都同意，負責烹調的人，拿錢之後必須先洗手，才能再接觸食材，這點幾乎毫無異議。用手拿冰塊擺進冷飲的人，也應該遵循相同準則：先洗手再拿冰塊。洗手時還必須用肥皂徹底洗乾淨，

## 公共場所衛生防護要訣：

●上餐廳時，盡量選擇第一或最後一處座位。中間區域的座位較常使用，因此也會沾染較多細菌。

●公共廁所和流動廁所較常有人清洗、消毒，可能比你想像的更乾淨。不過，由於使用人數眾多，廁所表面很快又受到污染。

●一般旅館並不會清潔客房內的電視遙控器，由於使用人數眾多，而且住客往往從衛浴間出來之後使用濕手取用，必須小心使用。建議在旅行時可以隨身攜帶一小瓶消毒劑，帶一小包含酒精消毒片也不錯。

●握手會散播病毒和細菌。若有人看來已經染病，就別和他握手。真要握手的話，事後必須立刻洗手。但「完全不要握手」是最好的忠告（我知道這幾乎完全辦不到）。倘若你必需和好幾個人握手，接著馬上就要參加聚會，那麼在找到機會洗手之前，切勿碰觸你的臉部。若現場供應甜甜圈，不要徒手取用。還有別忘了，這時後你會把病毒和細菌沾染到你的筆、桌面或電腦上。

## 飛機和病菌

飛機上的病菌就像謠言，在加壓艙內隨著空氣四處散播。搭飛機旅行所擔受的微生物風險很高，和在擁擠狹窄空間活動好幾個小時相仿。在密閉空間和病人共處，受到感染的機會肯定會提高。搭機旅行時有兩點必需記住：（1）機艙在飛行期間並沒有「滿佈」病菌，（2）座位、扶手、頭頂置物廂的鎖閂和椅背托盤桌都屬於共用的表面，一旦用手碰觸這些地方，就很容易染上病菌，這和飛機之外的其他地方沒有兩樣。

## 好消息

●機艙內空氣每小時約會替換二十次。艙內空氣流在經由高效濾器（HEPA，全名為：高效率空氣微粒過濾器）後，可以濾除百分之九十九點九九的零點一到零點三微米直徑微粒，這應該足以濾除所有的細菌和真菌，還有大於零點三微米的病毒。就連最小的結核病原體（結核桿菌），直徑也達零點五到一微米左右，因此也會被高效濾器攔住。

●據信在飛行時極不可能散播麻疹、嚴重急性呼吸系統綜合症、感冒或流感。

●多數現代飛機的空氣都從各排座位上方朝下流動，並從座位底下排出。這可以把病菌傳播作用侷限在最小區域，不超出幾排座椅範圍。

●在走道行走會短暫攪動氣流，把少量塵埃微粒散播到空中，不過微粒含量經過三分鐘光景便回歸常態水平。

●機內空氣和機外流入的空氣混合，再循環空氣量和機外空氣量可達五十比五十的比例。三萬呎高空（約九千一百五十公尺）的機外空氣完全不含微生物。

●儘管機上廁所的水龍頭一樣滿佈微生物，馬桶坐墊的微生物含量則通常都非常低！

## 壞消息

●機上和航空站的廁所都是民眾往來頻繁的區域，幾乎所有表面都沾滿微生物。儘管機場廁所經常有人消毒，卻由於使用量高，清潔效用很可能全被抵銷。

●空飄液滴隨著氣流飄盪，最後才通過外流管道排出。因此，液滴傳播有可能帶來麻煩，特別是當旁邊坐了一名病人或帶原者。

●飛行時間達八小時或更久之時，遭受再循環空氣感染的機會便會提高。

●目前至少有一起經確認的案例，顯示有健康乘客搭機染上疾病，另外還有其他幾起嫌疑案例。

●一九九四年，一班由芝加哥飛往檀香山的客機上，有六名乘客染上結核病。研究發現，該次傳染媒介爲空飄液滴(打噴嚏、咳嗽)；讓鄰座乘客受了感染。迄今從無研究證實再循環空氣是傳染因素。

●航機空氣並不傳染疾病，餐飲才會，取用或烹調不當，便可能引發食源型疾病。

## 搭機旅行祕訣

旅行用品專賣店所販賣的幾種屏障微生物平價商品，都可以進一步預防感染。這些用品包括私人枕頭和毯子、口罩、座位套和拋棄式便鞋。其中或許以個人用毯子最有用，帶著幼童旅行時更建議使用，因爲幼童通常會把班機上的毯子蓋在臉上。至於口罩，由於只有特定口罩才能阻隔微生物大小的微粒，因此衛生當局通常並不推薦搭機旅行時戴口罩。但世界衛生組織建議，若在SARS爆發區旅行便應該考慮戴口罩。染上SARS並表現症狀的人，有可能感染其他人，政府單位已經頒布輸運SARS患者應遵行的程序，供航空公司施行。

在機上和航空站內，旅客和機組人員都應該遵循幾項基本準則，奉行良好的個人衛生習慣，特別是要常洗手。進食前和如廁後都應洗手。別以手碰觸眼、鼻或口部。別和他人並用食物、共用器具。最後，盡量避開染患感冒或流感的人，但這在在飛機上確實很難辦到。

許多人都認爲是搭機讓他們生病，因爲一群人侷限在狹窄空間，許多人碰觸共用表面，一旦機上有生病的人，都會把疾病傳染給別人。換個角度想想，旅客經常是承受壓力的。度假、商務會議、探親和假日旅遊，都可能是難熬的經歷。倘若在這種時候因爲壓力感到緊張，想想你的免疫系統會有什麼感受。

單單以清水沖洗是不夠的。

　　美國的硬幣以銅、鎳和鋅材製成，這類金屬都能抑制細菌和黴菌生長，因此幾個世紀以來，航業界都以銅片包覆船底，減緩藻類附著、滋長。然而，這種金屬若能結合其他幾種化合物，效果才能達到最高。沒有確鑿證據顯示金屬硬幣可以防菌，不過我們知道，硬幣並不適於微生物成長。多年以來，若干產品都添加銅和鋅來殺死真菌類群。含銅化合物可用來製作防腐劑，保護木器、纖維和保藏塗料，還可以製成殺傷真菌的消毒劑。氧化鋅便是塗料界使用的防腐劑。

　　而紙幣表面有許多細孔，這點和硬幣不同，而且鈔票還含有細菌能夠消化的纖維材質和墨水成份。就像其他所有多孔表面，紙張也提供好幾千處藏身地點，供細菌棲居並隨紙幣四處蔓延。美國財政部針對抗微生物紙鈔添加劑做了實驗，希望兼顧鈔票保存並降低鈔票傳染疾病的潛在風險。不過就目前而言，貨幣中還不含抗微生物化學藥品。

　　微生物遍佈各處，家中或工作場所幾乎無處不帶微生物。然而，儘管憂心忡忡，擔心鈔票、浴室、廚房洗碗槽周圍的病菌，我們多半都過得十分健康，沒有染上任何疾病。這可以歸功於兩種狀況：首先，地表無害微生物的數量遠遠超過有害種類。第二，生於現代的我們已經懂得優良個人衛生習慣的重要性。最根本守則是經常徹底洗手，還有，沒洗手就不要碰觸臉部。

## 身體表面的微生物

　　人類和其他哺乳類動物的身體構造都像管子，這個管子的外

## 洗手

　　洗手時最好用大量肥皂和溫水清洗二十到三十秒，並清洗所有表面：手背、手指之間、指尖，一直洗到手腕。然後用清水徹底沖洗，並用衛生擦手紙擦乾雙手，再隔著擦手紙關水，之後立刻丟掉擦手紙。

　　使用溫水洗手是因爲溫手比冷水更能溶解肥皂內含的界面活性成份，利於去除髒物。這裡不推薦使用熱水，因爲熱水會把保護皮膚的油脂一併洗掉。勤洗手可以洗掉不斷侵染的病菌，不過，頻繁洗手也有容易造成手部乾燥的缺點。若手部太乾到乾裂程度，便容易受到感染。這時候建議使用保濕護手霜來處理乾裂皮膚。

表面由表皮組成；內表面則爲消化道內襯。在正常情況下，你的皮膚上住了一群細菌、酵母菌和黴菌，體表的這群微生物對你是有好處的，完全沒有微生物反而不好。平時棲居皮膚上的細菌，是人體的第一道病原體防線，這些土生土長的細菌群，會和致病細菌與酵母菌爭奪養分，有些種類會分泌抗微生物化合物，進一步阻滯病原體落腳。它們在體表特定部位建立群落，並影響這些部位的微觀條件，如：酸含量、蛋白質量和廢棄物質。舉例來說，有一類稱爲丙酸菌（propionibacteria）的皮膚菌群，它們能製造脂肪酸，抑制其他多種革蘭氏陽性菌。也就是說，你的原生微生物區系（flora，又譯微生物相，即微生物種群），擁有你身體的專屬拓墾權。

### 皮膚

　　皮膚是直接接觸空氣的，所以遍佈身體的微生物，許多都屬於

需氧生物類，需要氧氣才能生存。但教人意外的是，皮膚上的優勢細菌群卻都屬於厭氧的種類，厭氧類群和需氧類群的比率約爲一百比一。厭氧微生物可以在表皮長得很好，主要是因爲它能找到許多狹小的缺氧地點，稱爲微環境，例如毛孔深處就是含氧量極低的微環境，特化細菌可以棲居其間，借助非常狹隘的環境條件來生長。

每個人的常態微生物區系各有不同，決定常態微生物區系的影響因素很多，包括：飼養寵物、照料牲口、經常在含氯水中游泳、接受抗生素治療、罹患疾病、皮膚燒傷、皮膚感染、使用抗菌肥皂或抗感染劑、住院，還有各種遺傳和家族因素。但是就算把這眾多變項考量在內，多數人的原生微生物區系，基本上都是相同的。

表皮爲微生物提供形形色色的生存條件，手臂、胸部、背部和雙腿部位，經常被稱爲「人體的乾旱荒瘠沙漠」，表皮葡萄球菌（*Staphylococcus epidermidis*）和丙酸菌群等細菌都住在這些部位。鼻孔、腋窩、鼠蹊部和生殖器官，還有腳上若干部位，則相當於人體的雨林區，這些部位長了兩類乾旱區型細菌，加上大量金黃色葡萄球菌（鼻孔）和棒桿菌屬的種類（腋窩）。鼠蹊部和泌尿生殖器除了住了前四個類群，還有乳桿菌、鏈球菌和稱爲「類白喉菌」（diphtheroid）的菌群，以及多種革蘭氏陰性菌。成年女子的泌尿生殖部位，還是白色念珠菌的藏身處所。

淋浴洗澡可以洗掉幾百萬到幾十億顆皮膚微生物，附著於壞死皮膚細胞和塵土微粒上的微生物比較容易洗掉。不過，淋浴完畢之後，依舊有許多微生物會留在身上。它們藏身皮膚的微型縫隙，許多還擁有附著機制，可以牢牢黏附在外表皮膚上。洗澡完之後只需幾個小時，微生物族群就會開始複製，約經過十二個小時，整個群落便又恢復原有數量。

當外出露營、旅行，或忙於某些事情，沒辦法每天例行沐浴，這時皮膚上的微生物是否會大量增長到不堪設想的數量呢？基於某些因素，這種情況並不會發生。在自然條件下，細菌和真菌可以增長到環境許可的水平，皮膚上的細菌會逐漸增生，等到所需營養耗竭，生長就會停頓。當細菌數量增長到彼此摩肩擦踵，這時就不能繼續滋長。若干細菌會分泌化合物，抑制相鄰細菌進一步生長，藉此逼退其他細菌。這樣一來，原生皮膚微生物區系便能幫助防護病原體入侵隊伍，不讓它們在身體表面建立灘頭陣地。

乳桿菌是一群有益的菌類，棲居泌尿生殖部位和下陰道範圍，因為這裡的酸鹼值（pH 值）最高約等於四點五，乳桿菌在這種環境下可以長得很好，而入侵的病原體在這種環境下便要艱苦掙扎了。酸鹼值是度量環境酸度的量值，環境酸鹼值低於七為酸性，高於七為鹼性，等於七為中性。服用某些抗生素時，乳桿菌類群會消失，這時酸鹼值會提高，而平時數量較少的念珠菌（一類酵母菌）便開始增生。這類抗生素包括：利福黴素（rifampicin）、四環素（tetracycline）、氯黴素（chloramphenicol）、青黴素、安比西林（ampicillin）和頭孢菌素（cephalothin）。因此，一旦環境改變而利於生長，原本無害的皮膚住客，便搖身變為病原體。

## 體臭

腋窩狐臭不是病，不過通常會被視為疾病，還使用肥皂、制臭劑和止汗劑等貨真價實的化學戰劑，對它發動攻擊。引人不快的狐臭來自表皮葡萄球菌、棒桿菌和類白喉菌等菌群的常態活動。表皮葡萄球菌能把腋窩汗水轉變為惱人惡臭，這在葡萄球菌類群實屬罕見。腋窩細菌消化汗水蛋白質中的含硫胺基酸，之後便釋出新的硫

化合物，這些化合物大都很容易揮發，因此鼻子輕易就能聞到。

腋窩細菌群非常挑食，人體會產生兩類汗水，而這類菌群只有取食其中一種才會產生氣味。外泌汗腺（eccrine sweat gland）又名小汗腺，分布於全身上下，能分泌濕潤液體，冷卻皮膚表面。頂泌汗腺（apocrine sweat gland）又稱大汗腺，只分布於幾處部位，包括腋窩。頂泌汗腺的分泌物較濃稠，且飽含胜肽（peptides，短鏈胺基酸）和鹽份，腋窩細菌便是取食這類成份。

洗澡之後，腋窩之外的其他部位也會漸漸累積體臭，就算汗腺沒有分泌汗水也是如此。微生物會把皮膚上油脂所含的油類和三酸甘油脂（triglyceride）分解為脂肪酸，接著其他微生物會取食這類化合物，產生含脂肪的酸質副產品並揮發到空氣中，也把腐酸臭味向外發散，產生體臭。

## 香港腳

香港腳（足癬）的致病菌是髮癬菌（*Trichophyton mentagrophytes*），屬於絲狀真菌類（成長時會向外長出絲線狀或毛髮狀構造，這種菌絲由長形細胞相連而成）。就如眾多真菌病原體，髮癬菌也住在皮膚壞死細胞上，這類細胞原本位於深表皮層，依循常態歷程逐漸向外層移轉。當我們抓癢刺激皮膚，髮癬菌就會進一步侵染較深層皮膚。由於哺乳類細胞和真菌細胞的關係比較親近，和細菌比較疏遠，因此殺死真菌的藥物，往往也嚴重危害人體細胞，於是當皮膚染上真菌便很難根治。

## 眼睛

眼睛是另一處可能遭受酵母菌和真菌危害的地方。平時我們的

結膜和角膜都不會遭受微生物侵染，但只要眼睛受傷，就算十分輕微，也很容易遭受細菌、病毒或真菌感染。

軟性隱形眼鏡很容易就會受到污染，倘若鏡片受了污染，戴上時直接接觸眼睛表面，雙眼幾乎無法避免感染。會污染鏡片的酵母菌群包括：念珠菌、紅酵母菌（屬名：*Rhodotorula*）、球擬酵母菌（屬名：*Torulopsis*）和隱球菌等類群。另外還有些真菌也會惹麻煩，包括：麴菌、青黴菌、鐮孢菌（屬名：*Fusarium*）、鏈格菌和枝孢菌等類群。最近發現顯示，鐮孢菌型角膜炎和若干鏡片保養產品有連帶關係。美國食品及藥物管理署定期針對這種感染症的發展近況頒布消息，並提供處理隱形眼鏡的其他要訣。

這裡列出使用隱形眼鏡的一般安全守則：若眼睛不適或紅腫，應立刻取下鏡片；根據所使用的鏡片類別，遵照保養說明妥當清潔、消毒鏡片；每隔三到六個月便更換鏡片儲存盒；使用新鮮的隱形眼鏡保養液，絕對不要反覆使用；使用專用清潔液來清潔鏡片，不得使用未經消毒的蒸餾水、自來水或唾液；取用鏡片前後都必須好好洗手。

## 頭髮

頭皮微生物和普通皮膚微生物區系相似，但糠秕馬拉色氏菌（*Malassezia farfur*）卻是個例外，這種酵母菌是頭皮屑和脂溢性皮炎的病因之一。頭皮上的糠秕馬拉色氏菌很難徹底去除，不過多年以來，已經有多種抗頭皮屑洗髮精問世，能適度控制這種酵母菌。有些專家認為，煤焦油是去除頭皮屑的最佳良方。在所有化學物質當中，煤焦油和水楊酸或許是最能幫忙去除壞死頭皮細胞的成份，使用時也會連帶將皮膚細胞上的眾多酵母菌一併去除。不過，

## 表3-1：抗微生物個人護理產品

| 個人護理產品 | | |
|---|---|---|
| 產品 | 活性成份 | 作用方式 |
| 牙膏 | 氟化鈉 | 重建被口腔菌群蛀壞的牙釉質。 |
| 牙垢抑制牙膏 | 單氟磷酸鈉（sodium monofluorophosphate）、三氯生 | 妨害細菌攝食養分；三氯生可毒害細菌的膜 |
| 漱口藥水 | 氯化十六烷基吡啶（cetylperidium chloride）、酒精、薄荷腦、甲基水楊酸（methyl salicylate） | 氯化物和酒精可破壞細菌的膜；水楊酸可去除皮膚過多細胞；薄荷腦可制臭 |
| 止汗劑 | 四氯羥鋁鋯（aluminum zirconium tetrachlorohydrex） | 阻塞汗腺、抑制葡萄球菌 |
| 制臭劑 | 泊洛沙胺 1307（poloxamine 1307）、EDTA-二鈉（disodium EDTA）、乙二醇化合製劑（glycol compounds） | 抑制細菌生長 |
| 隱形眼鏡清潔藥品 | 乙酸乙二胺二鈉聚季胺鹽 -1（edetate disodium polyquaternary-1） | 防腐並防止細菌、酵母菌附著於鏡片 |
| 痤瘡軟膏 | 過氧化苯甲醯（benzoyl peroxide） | 分解痤瘡丙酸桿菌（*Propionibacterium acnes*）所需脂肪酸 |
| 抗頭皮屑洗髮精 | 硫化硒（selenium sulfide）、煤焦油（coal tar）、吡硫翁鋅（pyrithione zinc）、水楊酸（salicylic acid）、克康那唑（ketoconazole） | 煤焦油和水楊酸去除壞死皮膚。其他成份抑制糠秕馬拉色氏菌（*Malassezia furfur*） |
| 香港腳噴霧劑 | 硝酸邁可那唑（miconazole nitrate） | 抑制真菌 |

| 足部爽膚粉 | 薄荷腦、玉米澱粉、碳酸氫鈉（sodium bicarbonate，即小蘇打） | 澱粉和重碳酸鹽可吸收濕氣；薄荷腦可制臭 |
|---|---|---|
| 自黏式藥劑繃帶 | 多黏菌素B硫酸鹽（Polymixin B sulfate）、枯草菌素鋅（bacitracin zinc） | 破壞細菌的細胞膜和細胞壁；枯草菌素可殺菌、多粘菌素能殺死細菌和真菌 |
| 抗病毒紙巾 | 檸檬酸＋硫酸月桂酸鈉（Sodium lauryl sulfate） | 檸檬酸可干擾酶的活性。硫酸月桂酸鈉能破壞蛋白質 |
| 抗微生物棉花棒 | 棉花棒拭子添加廣譜抗微生物製劑 | 目的在保持棉花棒清潔，不是用來殺死耳中細菌 |
| 抗感染劑 | | |
| 苯基氯化銨（benzalconium chloride） | 廣譜抗微生物作用 | |
| 異丙醇（isopropyl alcohol） | 破壞微生物的膜組織和蛋白質 | |
| 雙氧水（hydrogen peroxide） | 強效氧化劑，可毒殺細菌、酵母菌和病毒 | |
| 碘酒 | 破壞微生物的細胞成份 | |

把煤焦油等抗頭皮屑化合物添入洗髮精，看起來實在不美觀。

糠秕馬拉色氏菌的形狀像保齡球瓶，和長在犬隻身上的犬馬拉色氏菌（*Malassezia canis*）是近親種類（有些微生物學家隱指兩者是同一種酵母菌）。犬馬拉色氏菌會讓犬隻的皮膚顯得油膩並帶有異味，還會導致犬隻耳朵積聚黑色耳垢。

馬拉色氏菌也稱爲皮屑芽孢菌（屬名：*Pityrosporum*）。兩個屬名指稱同一群微生物。

# 口腔微生物學

　　人體包含十兆顆細胞，組成包括骨、肌肉、神經、皮膚、結締組織等各式身體組織。體表和體內的細菌數總數則超過一百兆。我們的身體就像地球；棲居的細菌數量超過其他生物。就哺乳類動物而言，口腔和腸內是微生物最密集的部位。

　　口腔是身體外表唯一具有硬實表面，可供微生物附著的部位。口中的細菌數量十分驚人，每毫升唾液（毫升即立方公分，約為一顆方糖大小）或一克從牙齒刮下的東西（一克為一毫升水的重量），含菌數都可達千萬到百億顆。由此可分離出幾百種細菌，而且肯定還包含許多尚未發現、鑑定的種類（圖 3-1）。儘管口腔微生物的總量為數龐大，然而數量卻不如它們的類別和扮演的角色來得重要。

　　口腔的六項特色決定了口中微生物的生長型式。首先是恆定溫暖環境，溫度為攝氏三十五到三十六度，和多數細菌生長的最佳溫度範圍相符。第二是口中呈低氧環境，對某些微生物較為有利，並會抑制其他種類生長，這也大幅影響口中的微生物活動。另一項因素是口腔中的營養供給。養分可得自身體本身，也可得自唾液或牙齦溝液（由齒間牙齦溝中細胞分泌的液體，和唾液不同）。飲食也供應豐富的養料，包括氮化合物、碳水化合物、脂肪、水和礦物質。第四為唾液影響酸鹼度，讓口中環境呈微酸性。當糖分迅速消化，口中酸度便隨之提高，這麼一來，細菌種類組成便暫時出現變化。第五，口中有各種內陷、破口和裂縫等構造，因此多種細菌都有機會附著於口中表面，建立穩定的菌落。第六，口腔菌群和身體免疫系統有連帶關係，因此有些細菌在體表任何部位都無法存活，卻能夠在口中生存。

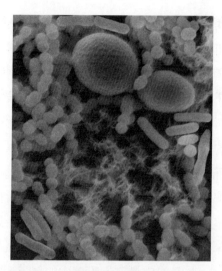

圖 3-1：口腔微生物種類繁多，這裡列出幾種：轉糖鏈球菌（球菌類群的一個變種）和它在齒菌斑形成初期產生的黏糊物質；擬桿菌群（bacteroide），這是一類桿狀細菌；還有白色念珠菌，即圖中大型卵形菌芽；放大倍率：×2000。（著作權單位：Dennis Kunkel Microscopy, Inc.）

　　和牙齒表面或牙齦溝中的細菌量相比，唾液所含菌量都相形較少。當口腔菌群成功附著口中表面，它們就會開始適應漱口、吞嚥和液體飛濺潑灑等周期變化。接著它們便構成穩固的菌叢，內含四百多個種類，並集體從事各項工作，包括由食物吸收營養、貯藏養分，還一起建構防護外膜。這種黏附在物件表面的菌落稱為生物薄膜，而且不管它們是長在體內或體外，都比獨立生活的細菌更耐命，更不容易被殺死。生物薄膜內含鏈球菌、嗜血菌（屬名：*Haemophilus*）和莫拉菌（屬名：*Moraxella*）。莫拉菌棲居中耳，這類細菌是青少年耳部慢性發炎的幫凶。其他自然生成的生物薄膜有些見於溪河流水中、配水管線內側表面，還有些則長在馬桶內！

　　蛀牙是一種口腔疾症。轉糖鏈球菌（*stretococcus mutans*）等口

腔菌群會分解食物中的糖分和碳水化合物，形成弱酸類物質。食物
殘渣和唾液，加上細菌和它們的酸性物質，混和構成生物薄膜，稱
為牙菌斑。從進食開始二十分鐘內，牙齒表面便開始聚積牙菌斑，
若不予去除，牙菌斑便挾帶酸性物質附著於牙齒表面，酸質便得以
腐蝕齒釉，從而展開蛀牙進程。刷牙、使用牙線潔牙並注意膳食類
別是預防蛀牙的最佳良方。牙膏中的氟化物則可以為牙齒重新建構
礦物質，在齒面形成替代齒釉，而且比天然齒釉更能耐受蛀蝕。

　　就一般情況而言，口臭並不是病，不過許多人仍把它當成病症
來治療。口臭肇因於在缺氧環境中生活的微生物。厭氧微生物是口
中的優勢類群，有些厭氧菌實際上是屬於兼性厭氧型微生物，所謂
「兼性」（facultative）是指它們取用環境中的氧氣，不管含量多麼稀
少都可以，等到氧氣耗盡，它們便改採厭氧系統繼續生活。環境中
沒有氧氣時，厭氧菌依舊繼續成長，而且有些種類在缺氧情況下，
長得還比在完全含氧的條件下更好。

　　睡眠期間，口中的兼性厭氧菌將口腔微環境中的氧氣耗盡，這
類微環境包括齒間區域、牙周囊袋和舌面內陷部位。隨後，兼性厭
氧菌和真正的厭氧菌（稱為絕對厭氧菌）便在無氧環境下生活，它
們在厭氧生長期間會排出幾種異味副產品，而且就算含量非常低，
也會散發臭味。所以，口中的厭氧菌常客就是「晨間口臭」的起因。

　　口臭也可能是身體不健康的徵兆，這時便與微生物無關了。酮
症便為一例。禁食或飢餓時都會出現酮症情況，還有些案例是糖尿
病引發的。若因節食或缺乏胰島素，導致無碳水化合物可用，這時
身體便開始釋出脂肪儲備來提供能量。含脂肪化合物隨血流輸往肝
臟，在肝臟分解為三種化合物，統稱為酮體。當這類揮發性酮質在
血液等體液中累積，並藉由呼吸釋出，於是呼氣時便連帶散出帶了

水果味的「酮氣息」，這和微生物造成的口臭不同。

舌頭後端和牙齦縫隙等位置也都和口腔惡臭有關。舌頭和牙周有囊袋和內陷部位，可供細菌藏匿，無法被牙刷刷除，漱口時也不會被沖走。舌頭後端也是取食鼻後腔滴流的絕佳位置，這也是細菌的一種食物來源。牙菌斑和牙周列的牙垢都含厭氧菌，它們也製造惡臭化合物混入其間。

口臭似乎是美國人最怕的情況之一，美國人每年花在購買牙膏的金額總計超過十八億美金，加上九億五千多萬元買牙刷和牙線，七億四千萬元買漱口藥水，七億一千五百萬買口腔護理口香糖，還有六億兩千五百萬元買清新薄荷糖等口氣清新產品。另外有件事也值得一提，最近剛成立了一個國際口臭研究協會！

難聞的化合物是微生物分解食物（特別是蛋白質）常態現象的產物。蛋白質由胺基酸組成，胺基酸全都含氮，有的還含硫。含氮和硫的揮發性化合物，是地球上最臭的物質類群。信不信由你，有些微生物學家的研究課題，正是會釋出最難聞惡臭化合物的口腔菌群。這類化合物有些已經被檢測確認，包括：硫化氫（聞起來像腐蛋）、屍胺（cadaverine，聞起來像腐屍）、丁二胺（putrescine，聞起來像腐肉）、異戊酸（isovaleric acid，聞起來像汗濕的腳臭），還有聞起來像糞便的甲硫醇（methyl mercaptan）和甲基吲哚（skatole）。難怪民眾在口氣清新產品上花那麼多錢。

有幾種方法可以預防口臭：輕輕清洗舌頭後端，好好吃一頓早餐刺激唾液分泌，清潔口腔，充分喝水或嚼食口香糖，以免口中乾燥，使用漱口藥水，還有用餐後要刷牙並用牙線清潔齒縫。

# 腸道微生物學

　　人類消化道內容物佔體重的百分之八。在整個消化道中，又以口腔和腸道的微生物最爲密集，兩處的總量佔身體微生物大宗。口中細菌群落的總體密度很高，胃部較低，接著到大腸和直腸時菌量又提昇。微生物要行經整個消化道，其中以通過胃部的行程最爲凶險。胃中裝有強烈胃酸，進入胃部的細菌幾乎全會被殺死，讓胃液中的菌數大減，每毫升只剩區區幾顆或幾十顆。有些細菌依靠藏身未消化食物顆粒內部，躲過胃酸侵蝕，才得以通過胃部存活下來。

　　微生物學家從口中和糞便中採樣來研究腸胃道細菌。可以想見，深入胃部和小腸採樣會比較困難。因此，有關人類口腔微生物和糞生（或結腸）微生物的研究報告較多，數量超過研究胃部微生物和上部腸道微生物的論文數。

　　從胃部生還的幸運兒得以進入小腸，這裡的環境適於再生滋長，微生物的數量也開始提昇，細菌的數量在大腸或結腸達到高峰，每克糞便含菌量達幾十億或幾兆顆。

　　腸道細菌計達四百多種，它們對人類有料想不到的好處。除了（1）製造維生素之外，它們還（2）消化纖維類食物（蔬菜和水果），（3）製造胺基酸供人體取用裡面的氮來製造蛋白質，（4）激發人體對非原生微型有機體產生免疫反應，並（5）與病原體競爭，爭奪腸道內襯沿線的附著位置。我們和自己的腸道細菌群的這種美妙關係稱爲互利共生（mutualism），我們和自己的微生物群，都是經由這種互利共生關係獲得好處。

　　當吃下少量腐敗食物或嚥下可疑餐餚，可能並不會生病。爲什麼？壞微生物和好微生物，不是都同樣喜愛腸道環境？許多種類或

## 片利共生體和寄生體

　　當兩類生物（例如人類和微生物群）共同居住，其中一種獲益，另一種則沒有好處也沒有壞處，這種關係便稱爲片利共生（commensalism）。舉例來說，念珠菌是種片利共生微生物，然而若有抗生素或其他情況影響細菌和酵母菌的均勢關係，這時念珠菌便從無害生物變成病原體。至於寄生關係，則是微生物獲益而寄主受害。當髮癬菌引發香港腳，這時這種真菌就成爲寄生體。

許如此，不過消化道內襯細胞很聰明，能夠區辨敵友。身體的免疫系統不會殺死常態微生物種群。原生微生物對你的免疫機能具有免疫力，因爲它們會製造化學物質，可以防止免疫系統發揮功能。然而食源型細菌等病原體並沒有這項本領。當病原體進入體內，身體能夠認出它們是入侵生物。接著便啓動連串反應，把病原體或病原毒素清出腸道，或由胃中排出。儘管這會引發乾嘔、嘔吐和腹瀉，結果並不舒服，不過身體這麼做是對的，可以幫助把闖入者驅出體外。

　　消化道和皮膚表面的自衛措施更是完備，可以對抗少量惡毒微生物。在日常生活中，我們一整天都在不斷接觸「莠草」（微生物壞份子），不過身體的常態微生物區系和免疫系統，可以在不知不覺當中消滅這批惡棍。這和五秒守則有什麼關係？當餅乾掉在地面，就算地上看來很乾淨，也免不了要沾上幾顆微生物，但是不論有害無害，健康人士的免疫系統都可以抵擋微生物的輕微攻勢。

# 例行戰鬥

回顧日常生活例行事務，從早到晚，我們有幾百項活動都依循微生物學準則來進行。平常接觸到的微生物，有些雖具有潛在危害，不過大都受到了防腐劑或抗微生物產品的控制約束。下面列出平常可能遇上的一些潛在風險，但大多數我們所遇見的微生物，多數並無惡意。

上午 6:00：鬧鐘響起。床單有可能沾染糞生微生物。

上午 6:05：刷牙。牙膏和漱口藥水可以減少口腔細菌和滋生牙菌斑的菌種數量。

上午 6:10：淋浴。肥皂和水可去除壞死皮膚細胞、油膩皮脂，還有部份皮膚細菌和酵母菌群；抗頭皮屑洗髮精能殺死部份頭皮酵母菌。

上午 6:20：浴室。止汗劑／制臭劑能減少滋生腋下狐臭的細菌數量；含薄荷腦的足部爽膚粉可降低濕氣，抑制真菌並減弱因細菌、真菌生長而散發的臭味。

上午 6:22：寢室。衣物、地毯和鞋子都含有細菌和真菌。許多地毯都曾以抗微生物添加劑處理。鞋墊含有碳粒和碳酸氫鈉（小蘇打），可以減弱細菌和真菌發出的臭味。

上午 6:35：廚房。牛奶經巴斯德滅菌法殺菌，可以延緩細菌污染變質；生蛋有可能攜帶活體沙門氏菌，經過烹煮可以殺菌；火腿肉以亞硝酸鹽保存防腐；麵包或土司都採釀母菌類（屬名：*Saccharomyces*）酵母菌發酵製成。把食品擺進冰箱冷藏可以防止假單胞菌（屬名：*Pseuclomonas*）和乳酸菌等類群滋長，這樣牛

奶、奶油和黃油才不會酸敗。冰箱還能延緩麵包黴菌生長。日常服用的維生素含有假單胞菌類製造的微生素 $B_{12}$、醋桿菌類（屬名：*Acetobacter*）製造的維生素 C，和真菌類棉阿舒囊黴（*Ashbya gossypii*）製造的核黃素。

上午 6:55：洗衣雜物間。更換寵物便盆鋪材，消除變形桿菌分解尿液散發的臭味。把垃圾拿到戶外，清除有機腐敗物以免發臭。

上午 7:10：公車站。其他通勤乘客有可能帶了傳染性病菌。

上午 7:15：公車上。扶手、座位和硬幣都染有細菌和病毒。使用護手衛生清潔劑來清除潛在傳染微生物。

上午 7:45：辦公室。咖啡杯、辦公桌和電腦都染有細菌、真菌，還可能受病毒侵染。

上午 8:30：廁所。洗手間、廁所隔間、懸浮微滴，還有水龍頭開關都有微生物藏身。先洗手再回辦公桌。

上午 10:00：點心。優酪乳的牛奶原料含有鏈球菌和乳桿菌的菌種，不過製程已採用巴斯德滅菌法殺菌。

中午 12:00：午餐。漢堡是大腸桿菌等糞生細菌的潛在源頭，妥當烹調可以殺死菌群。沙拉有可能受糞便污染。冰紅茶中的冰塊有可能潛藏假單胞菌和大腸菌群。若是廚師或侍應生沒有養成衛生習慣，未遵循食物處理守則，那麼所有食品都是潛在致病源頭。

下午 12:50：汽水販賣機。飲料供應器上有大批細菌。

下午 1:00：會議室。奶油餡甜甜圈上桌前若沒有妥當冷藏，便可能潛藏乳桿菌群。

下午 3:00：辦公室。電話滿佈細菌，還可能染有病毒。

下午 5:15：健身中心。細菌和病毒藉運動器材蔓延；游泳池水使用氯來殺死污染微生物；淋浴間地面染有細菌和香港腳真菌。

傍晚 6:25：火車。錢幣有可能攜帶少量微生物。

傍晚 6:45：藝廊開幕。好幾種黴菌隨空調運轉散播，許多空調系統還有退伍軍人桿菌群藏身。畫作上的細菌和真菌攝食顏料和調色成份，真菌則會侵入木質畫框。

晚上 7:30：住家。製作裡面夾培根、萵苣和番茄的三明治，萵苣可能帶有糞便污染物，不過培根是以硝酸鹽化合物防腐保存。通心麵沙拉食用前應放在冰箱冷藏，以免沙門氏菌和腐敗菌群過度滋生。清潔用海棉會四處散播病菌。浴室瓷磚會滋長沙雷氏菌和麴菌群黴斑。電視遙控器有可能沾染糞便污染物。貓是弓形體（屬名：*Toxoplasma*）原蟲的潛在源頭。

晚上 9:00：洗衣間。洗衣機可能將糞生細菌染上所有衣物，使用漂白劑和抗微生物洗衣劑有助於減輕污染。

晚上 10:15：刷牙。牙線可以清除食物殘渣，以免各種鏈球菌藉此養料滋生牙菌斑。

晚上 10:25：寢室。抗病毒紙巾能殺死感冒、流感等型病毒。

# 摘要

我們一天二十四小時期間的所有活動，幾乎沒有哪一項和微生物學牽扯不上關係。其中有害的或只惹點小麻煩的微生物最引人注意。不過，好微生物的數量遠超過壞份子，而且有害的微生物也不會自行發動感染。在你手中，有三項絕佳防衛武器，可以保障健康，免受病原體的小規模侵襲：(1) 你的原生微生物區系 (2) 你的免疫系統 (3) 良好的個人衛生習慣。微生物必須先符合萬般要件，才能造成危害；首先得具備各種劇毒因子，加上遇到寄主抵抗力脆

弱，還得適逢良機。一旦這三項要件備齊了，結果就可能十分慘烈喔。

第四章

桀驁不馴的微生物

——食物和飲水中的微生物

現在我們談到這類研究非常微妙的一點，我想聊聊糖和酵母菌之間的關係。

————路易‧巴斯德

我們每天帶回家中的微生物數量，以食品雜貨袋裡面裝的最多。我們每喝下一口水，同時也嚥下了更多微生物，其中大半是細菌。

自人類誕生以來，食物和飲水中的微機體一直伴隨在我們身邊。早在顯微鏡發明之前，初民社會便面臨挑戰，為了確保飲食不含病原體，他們採加熱、乾燥、煙薰、鹽漬、醃漬或發酵法來製作食品和飲料。從西元前五世紀開始，已經有人用鹽漬作法來保存肉類。我們祖先採用的保存方法，在今日已經有些改良，科學研究或有貢獻，不過主要應該是歷經多年嘗試錯誤的成果。無論如何，傳統保存技術迄今仍被沿用，而且和先民的作法相比，修改的部份少得令人吃驚。

顯微鏡問世以後，科學家便習得水中微生物的細部構造，不過從西元前五十年開始，羅馬人已經體認到乾淨活水對健康的好處。羅馬大都市都設有淡水輸送渠道，供應沐浴用水和飲水。而下水道系統可以帶走廢水。還有在澡池裡面灑點香料來調和香氣，也可以發揮基本處理功能。當時的羅馬人不知道抗微生物措施細節，不過他們或許本能地體認到，在沐浴水中添加香精油和各類花朵、植物萃取物，確實有些好處。

不幸的是，羅馬人率先開發的水質提昇作法，在往後幾百年間卻為人忽略。中世紀期間，廢棄污水在街道橫溢漫流、發出惡臭，這類事例不勝枚舉。直到一八五四年，公共衛生機構才開始採用氯

化合物來處理廢水和「可飲用的水」。此後數百年來，以氯和次氯酸鹽（以一個氯分子和氫與氧結合而成的化合物）處理水的作法始終沒有明顯改變。

# 「從馬桶到水龍頭」

## 水循環

地表的水和身體裡面的血液相仿，兩者都採循環方式運行。水從海洋、湖泊蒸發，在雲層間凝結，再化為雨水灑落湖泊與地面。隨後水又蒸發回歸大氣，或翻湧流向大海。有時一滴雨水會從湖泊經河川流過千里路程，匯入大海的湖海灣區和河口。野生動物和人類只是這個循環中的短暫繞行路徑。

我們喝的水要嘛就通過消化道並隨著糞便排出，否則就是透過大小腸內襯被身體吸收。單單由小腸吸收的水量，每天就可達九點五公升，不過小腸的吸收能力其實遠高於此。我們所吸收的水份，計有三分之二來自飲水和飲料。水滲過腸道內襯擴散進入血液，接著便隨血流分布到各組織，用來維繫細胞結構並促使細胞發揮功能。許多營養學家都認為水是飲食養分，和蛋白質、碳水化合物、脂肪、礦物質和維生素並沒有兩樣。最後，人體吸收的水便經由腎臟（日常攝取的水量約百分之六十隨尿排出）或隨著糞便（約百分之八）、汗水（平均約百分之四）排出體外，其餘百分之三十則從肺部蒸發或滲出皮膚向外擴散。因此，身體所含水份便回歸大氣，或展開旅程流向污水處理廠。

## 污水處理

你大概料想得到，污水中蘊藏大量從人類和其他動物身上排出的微生物。自然界的微生物也經由雨水沖刷，導入溪流並匯入污水。因此，污水是混合液體，裡面有廢水、雨水和自然溢流水、灌溉水，還有來自住家、城鎮與各式各樣源自野地的液體和固態廢物。

所有污水處理廠都採行幾項標準步驟來清潔污水。首先，廢水進入處理廠，流進連串大型開放水槽，其次，纖小微粒經化學作用凝結，構成較大顆粒並沉積於池底。污水經部份淨化之後，裡面依舊含有若干懸浮細小顆粒，細菌、病毒、孢囊等（含碳）有機物質依舊附著於顆粒，隨後流入曝氣槽，在槽中與益菌混合。這群細菌的唯一工作就是進食，把細小顆粒中的有機物質儘量吃光，只殘留大團爛泥。污水處理作業還包含一個弔詭步驟，移除微機體的過程當中，必須添加幾十億顆其他的益菌到水中，用來消化廢物。處理乾淨之後，便在水中添加氯化合物，把殘存細菌全部殺死。這時還要把曝氣槽中的爛泥泵入一處密閉槽中，好讓厭氧菌群（在無氧環境中生活的菌類）完成分解作用，並釋出最終產物甲烷。你或許曾在夜間見過污水處理廠燃燒甲烷，從一個高聳的水槽頂端冒出火燄。厭氧槽分解反應會釋出甲烷，必須不斷排放，反應才得以持續進行。若累積過多甲烷，消化反應就會停頓。另外請注意，污水處理廠都坐落在城鎮最低海拔處或鄰近地點，這是為了方便匯集溢流水和都市廢水。

污水處理程序可以移除含細菌和病毒的糞便。水中還有其他生物，包括：藻類、原生動物、真菌、蠕蟲、昆蟲和軟體動物。另外

還有兩類原蟲會隨著家牛、羊，和野生動物糞便排出，藏身在流向處理設施的水中，這兩類原蟲也就是先前提到的隱孢子蟲和賈第鞭毛蟲類群，它們是露營人士的剋星，如果直接飲用林間溪水便會受害。

化學消毒劑可以對付病毒、細菌和藻類。至於毒素等溶解、懸浮物質，便可以用碳粉和先進過濾器濾除。濾清作用（讓髒水通過濾器微孔，只有清水得以流過，大型顆粒則被攔下）可以移除蠕蟲、昆蟲等大型生物。然而隱孢子蟲和賈第鞭毛蟲會形成頑強的小孢囊；隱孢子蟲的孢囊（別名卵囊〔oocyst〕）直徑為三到六微米，賈第鞭毛蟲的孢囊則為八到十六微米，雖然都比細菌大，卻依然十分微小，偶爾會出現漏網之魚，特別是當天降豪雨，雨量超過處理廠污水處理容量。另一項原因是，隱孢子蟲對氯的耐受能力很強，得以毫髮無損地通過處理廠。

污水處理技術已經有長足進展，如今從多數先進處理廠流出的淨水，水質幾無例外都遠比自然界一切水源更乾淨。污水處理過後通常都回歸海洋、湖海灣區或其他主要支流，有時則用來灌溉。若干年前，美國加州聖地牙哥水務區曾推行一項計畫，但由於受到猛烈抨擊而功敗垂成，如今他們正倡導恢復施行。當地官員對他們的淨水處理專業技術深感自豪，認為水源如此稀少，應予回收、清潔供人類運用，於是他們在當年為這項計畫擬出一句口號：「從馬桶到水龍頭。」然而，該水務區居民卻不賞識這項計畫所採用的科學奇技，對於民眾而言，他們認為一旦計畫成真，他們的自來水恐怕就要變得污濁不清了。於是水龍頭計畫遭受激昂民眾強烈抗議，終至功敗垂成。近來，該市重新推行這項議案，打算回收廢水處理運用。回收水由幫浦泵入蓄水池，和天然淡水混合，隨後才輸配到住

家和企業用戶。而且，這次政府官員學聰明了，計畫名稱已改名爲「用水回收利用研究」（Water Reuse Study）。

## 飲水處理

　　一杯乾淨涼水清新可喜，讓人恢復元氣，也代表健康。但同時，我們每天喝水，也一起喝下了川流細菌。

　　飲水處理和廢水處理作法雷同：連串沉澱、濾清和消毒過程。飲用水和沐浴水都經過兩次消毒，一次在處理初期完成，接著在處理就緒之前又消毒一次，之後才流入水管，導向住家和辦公室。處理廠從蓄水庫、河川、湖泊或水道匯集水流，處理完成的水便貯存在通常設於城鎮區內海拔最高地點的水槽中。

　　飲水通常以氯氣和純氯與次氯酸鹽來消毒；使用氯胺（chloramine）、二氧化氯，還有氯與二氧化氯混合製劑也越來越普遍，還有些城鎮使用臭氧。一般只要在水務區月報表上，都可以看到你所居城鎮所採用的消毒法。水質科學家已經確認，氯和次氯酸鹽會對環境造成輕微污染，因此他們不斷構思能兼顧環保的飲水消毒方法。

　　住處距離處理廠越近，水龍頭流出的自來水含菌量大概就越低。儘管如此，微生物濃度往往有高低起伏，不同住家各不相同，同一住家在不同時間也有差別。

　　這種起伏現象分別由兩大因素所造成：一爲配水系統品質，以及是否出現生物薄膜。若水管腐蝕或管道中出現了水流停滯角落，裡面就會滋長大批細菌。新的建築、住家和餐廳的配管中經常會有水流停滯點。當你在新造建築中使用自來水或飲水機，可以先打開水喉讓水流動至少兩分鐘。只要住宅或辦公建築用戶開始進行日常

# 水消毒法

　　飲水處理廠會採用不同藥劑來消毒，有採用一種的，也有些混合採用不同做法：

**次氯酸鈉（漂白劑）**：很有效，不過幾小時內便失效
**氯氣**：很有效，卻具腐蝕性並可能爆炸
**氯胺**：作用速率低於純氯和次氯酸鹽，不過藥效較為持久
**臭氧**：由三顆氧分子構成的氣體；很有效，而且不會殘留氯的味道和臭味
**輻照**：紫外線能殺死水生微生物，但陰天時效果不彰
**銀**：歐洲常用；效果不如氯

　　活動，就不必再多費時間讓水流動。稍後你就會了解，瓶裝水不見得比水龍頭供水更安全。至於新的餐廳──你在那裡是毫無辦法，只好點軟性飲料或酒來喝了！

　　生物薄膜由各種細菌混合構成，有時還包括真菌和藻類，所有輸送液體的管道內壁，全都有這種薄膜附著滋長（圖4-1）。生物薄膜長在配水管道內側、船身外殼，還有溪河岩塊和卵石表面。水生微生物能適應養分稀少的環境，生物薄膜菌群的特化程度更高，它們能適應流動液體，有些還能在湍流中生活。為了避免被水流沖走，它們會製造一種類似碳水化合物的大分子黏性團塊，把自己牢牢固定在物體表面。這種薄膜也成為膜內微生物的糧倉，可貯藏由周圍流水吸收的養分。此外，結成團塊還能保護生物薄膜微生物不受消毒劑侵害。不管是哪種表面，一旦有這種混合質團黏附定位便極難清除。氯很難滲入生物薄膜，裡面的微生物防護周密，大半

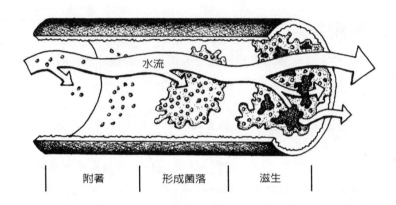

圖 4-1：生物薄膜的構造複雜，由微生物和多種物質組成，這種可以黏附於表面的物質稱為基質（matrix）。少數細胞黏上管壁，開始增殖並定居壁面。生物薄膜站穩根基之後，裡面的微生物便從流水中吸收養分，貯藏在由多種材料構成的基質中。生物薄膜還能保護它們免受消毒劑侵害。（插畫作者：Peter Gaede）

能夠存活。此外，管道中的生物薄膜經常碎裂剝落順水流動，因此自來水的含菌量可能從十分稀少，到隔沒幾分鐘又出現幾百、幾千顆。

　　一杯自來水中所含菌數從不到一百顆到遠多於一萬顆，其中多數種類不詳，因爲它們對健康沒有重大危害。此外，根據一項廣受認可的理論，攝食水生微生物利於強化免疫系統，對幼齡兒童特別有益。

　　配水管線受損、腐蝕，有害微生物便可能侵入供水系統。接著糞便污染物和病原體，就在社區配水管路中迅速流竄，引發輕微到嚴重的疫情。每顆大腸桿菌和沙門氏菌都可以在水中存活至少四十八小時。儘管我們的淨水處理作法時有改良，但根據美國疾病防治中心估計，每年卻有九十萬人罹患水傳染型疾病。而全世界每年有兩百多萬人罹患水傳染型疾病致死，相當於每天有二十架巨無

霸噴射客機墜毀致死的人數。

每隔五年，美國環境保護總局會頒布一份清單，列出普見於都市供水系統中的微生物種類。細菌是其中的優勢類群，不過寄生型原蟲（賈第鞭毛蟲和隱孢子蟲）、病毒和藻類也都榜上有名。

環保局最近頒布的飲水微生物規範爲：（1）每毫升飲水異營菌（水中常見的混合菌群）含量不得超過五百顆；（2）每月水樣檢測出總大腸菌陽性反應者不得超過百分之五，包括普通糞生大腸菌，尤其以大腸桿菌最受矚目；（3）病毒數必須減少百分之九十九點九九；（4）賈第鞭毛蟲數必須減少百分之九十九點九；（5）隱孢子蟲數必須減少百分之九十九；以及（6）飲水濁度（也就是混濁物質含量）限制。高濁度表示水中含有許多纖細顆粒，這種微粒有可能攜帶微生物。

各社區的供水源頭、水質硬度、酸度和礦物質含量互異，因此相鄰城鎮飲水的微生物含量略有不同。於是當民眾遠遊前往其他鄉鎮，有時便會出現身體不適或嚴重症狀，其中一項原因便是我們大都已經適應自己家鄉的自來水。

隨著美國配水系統基礎結構逐漸老化，環保局的飲水安全要件也越列越多，紐約市的下水道和供水管線便是一例，那裡的管道已經使用超過七十五年。長久以來，大家都認爲水井沒有污染風險，然而一旦地表滲流侵入水井的地下水源（稱爲含水層），水井也可能受到病毒或細菌污染。污染滲流源自破裂毀損的化糞系統、過量雨水和溢流、負荷過重的都市系統，或源自這所有綜合因素。據信化糞系統是污染含水層、天然水泉和水井的主要禍首。

這些年來，許多人開始擔心生物恐怖行動，懷疑供水是否安全。一般來說，蓄水庫是公開讓民眾進出的，而且儘管淨水處理廠

的保安措施逐漸加強，但看來還是不難成爲被破壞的目標。美國國會最近正在醞釀幾項議案，打算制定公用事業基礎建設保護法規。

但是，多數專家都同意，污染水質或許是生物恐怖行動潛在威脅中最沒有效率的作法。這裡有三項令人欣慰的理由：（1）生物風險物質添入蓄水庫，馬上會被大幅稀釋，到頭來，就算是非常劇烈的致命微生物，好比馬爾堡病毒（Marburg virus）或伊波拉病毒，都不再能帶來危害；（2）濾清法能有效殺滅病原體，如炭疽；（3）氯可以殺死殘留的微生物，多數在抵達水龍頭之前都會死亡。在政府的水源保護規章開始施行之前（如果真要施行的話），我們對抗致命水質的最佳保障，就是所謂的「稀釋效應」。

## 瓶裝水

美國的瓶裝水每公升售價約爲一塊錢到兩塊半美金，但從水龍頭取得相同水量，則花費不到一分錢。美國人都樂於忽略他們經濟決策的負面影響，購買形形色色種類日增的瓶裝水來飲用。這類產品自詡爲純淨的清潔飲水，有了它，就不必喝水龍頭流出來的東西。消費者想像偏遠溪河流淌過高山森林，滲入含水層並化爲山泉，接著當地殷實商人拿使用多年的甕罐細心裝水，在完全潔淨的條件下裝瓶，然後運往店舖販售。這些瓶裝水全是沒有化學物質、沒有污染的「純 $H_2O$」。

或許有一、兩個牌子的瓶裝水確實來自清純山脈，但其他瓶裝水恐怕都是直接從水龍頭取水。根據美國國家資源保護委員會（National Resources Defense Council）資料，美國百分之二十五到四十的市售瓶裝水都是「瓶裝自來水」。看看標示是否出現「取自市區水源」或「取自社區供水系統」字句，這些文句都說明了瓶子

裡面裝的就是自來水。

瓶裝碳酸水所含微生物種類和數量，與不含碳的普通瓶裝水約略相等。兩種產品大致上都反映出之前裝進瓶中的自來水水質。

瓶裝廠乾不乾淨、工人衛生習慣好壞，還有回收再使用的瓶子是否經過嚴謹消毒，全都影響瓶裝水的微生物現象。各品牌瓶裝水都歸美國食品及藥物管理署管轄，遵循管理局頒布的清潔規章。社區供水公用事業單位則遵循美國環境保護總局規章。檢測自來水的規章，比瓶裝水檢測標準嚴格得多。

## 「水有臭味」

都市供水、井水，甚至瓶裝水都可能有怪味道和奇異臭味。一旦自來水水質令人不快，民眾便會打電話找上當地公共事業單位，用戶的抱怨往往能歸為以下七大類別：有氯的氣味、有氯的氣味和味道、有腐蛋氣味、有下水道氣味、有汽油氣味或味道、有金屬氣味或味道，以及有土壤氣味或腥味。其中有五項和微生物現象有關。下水道氣味通常出自停滯水或很少使用的管線，因為微機體常會積聚在這些地方。腐蛋氣味則出自硫化氫，也就是厭氧菌群產生的化合物，這類菌通常群藏身河底或城鎮蓄水庫底層的泥巴裡面。土壤氣味和腥味徵兆，都是藻類繁茂滋長的副產品。「藻類水華」（Algae bloom，簡稱藻華）指稱某地藻類迅速繁衍的情況，在受了溢流污染的鹹水和淡水水域，這種情況已經逐漸帶來嚴重健康危害。

氯的氣味和味道則與水消毒作法有關。有氯的氣味及味道，代表水中含氯濃度很高。住在淨水處理廠附近的居民，會比居住較遠地區的民眾，更常察覺水中有氯。若自來水發出氯的氣味，卻嚐

不出氯的味道，是由於氯的化學特性還有氯與有機化合物的結合方式，聞到氯的氣味有可能代表水中必須增添氯質，好讓氯的化學反應保持均衡。處理廠作業員會檢測水中的各種氯成份，或許還可能決定添加劑量，直到氣味消失為止。

## 自助淨水處理作法

在某些情況下的確有必要對自來水進行再處理。像是到偏遠地區健行、露營，可以使用濾水器來濾除隱孢子蟲和賈第鞭毛蟲等原蟲孢囊。另外，針對免疫系統極脆弱的民眾，同樣也建議把水過濾再飲用。天災或傾盆豪雨過後，若區域水源受了污染，當地衛生主管單位便會發布居家水質淨化作法。遇到突發情況，採濾清法或漂白劑消毒法便可以保障飲水安全。

選用過濾壺和過濾瓶時，必須細讀標示，確認濾孔的「絕對（absolute）孔徑為一微米」確保能攔下三微米的隱孢子蟲孢囊或兩微米的細菌細胞。請注意，有些製造廠可能採用模擬兩可的術語，若標示寫道「濾孔的公稱（nominal）孔徑為一微米」，這代表濾孔尺寸「平均」為一微米，部份濾孔則有可能大於一微米，口徑大得足夠讓孢囊和細胞穿過。但如果濾水器上標示獲美國國家衛生基金會認證（NSF-certified）能夠濾除孢囊或減少其數量，或者有「採逆滲透法淨化」（purifies by "reverse osmosis"）字樣，那麼經過這種濾水裝置處理的水，便能安心飲用。淨化水（purified water）代表所有原蟲孢囊都已經濾除，而且百分之九十九點九的細菌也已經濾除。濾水裝置上可能還會出現其他術語，不過只有「絕對一微米」、「減少／濾除孢囊」，以及「逆滲透」等字句才可以採信。

漂白劑可以淨化水質，不過也可以改用氯錠、碘錠來消毒。採

**表4-1：漂白劑是緊急情況下的淨水處理劑**

| 水量 | 水質澄清時添加的<br>漂白劑液量 | 水質濃濁／骯髒時添加的<br>漂白劑液量 |
|---|---|---|
| 兩公升寶特瓶水量 | 四滴 | 八滴 |
| 用法說明：使用不添加香料的漂白劑（百分之五點二五的次氯酸鈉），徹底搖勻，靜置十五分鐘再使用。混合液應略帶氯的氣味，若沒有氣味，還要再添加一劑漂白劑，搖勻，靜置十五分鐘再使用。（美國俄勒岡州奧斯威戈湖〔Lake Oswego〕淨水處理廠，二〇〇六年） | | |

用時，都得遵循包裝上的使用說明。

倘若手頭沒有濾水器或漂白劑，美國疾病防治中心建議先把水煮沸超過一分鐘。美國疾病防治中心大力推介煮沸法，主張這是處理可疑飲水最能殺死有害寄生體的最佳方式。不過，煮沸法並不能去除毒性化學物質。

# 食物、微生物和你

你可能沒想過，你的食品微生物學知識大概比你的自我評估水準更高。實踐微生物學知識只需三項設備：瓦斯爐、烤箱和電冰箱。再加上一支肉品溫度計和一個冰箱溫度計，你就可以自詡為專家了。少了這類便利器材，該怎麼辦？每個世代都設想出保存食品供日後取用的作法，而且只靠些許食物病原體知識，甚至一無所知，都能成就這類發現。

## 食源型疾病

穴居時期的男女，都遭受微生物還有微生物和植物製造的毒素折騰，其中有些人心思特別敏銳，有些人則純粹是運氣好，活了下來，與子女共享他們的知識。千萬年期間，人類採烹飪法和冷藏法來處理食物，雖然大致上能讓食物不受微生物侵染，但有時單採烹飪或冷藏還不夠，甚至不切實際，於是保存法逐漸演變，食物病原體也一一適應，演變出各式巧妙手法，讓人類挖空心思保持食品安全、新鮮的構想落空。

發燒、寒顫、頭痛、腹瀉、噁心，還有嘔吐。很熟悉吧？食物病原體能引發其中若干症狀，有些則可能導致這整套症候。因為多種食物病原菌都會引發相同症狀，因此醫師很難診斷出致病的病源菌。當疫情爆發，不論致病微生物是哪一種，要循線追蹤回溯污染源頭（稱為「溯源」）都很困難。疫情爆發源頭很難被確定，因為不見得所有人都會生病。而且不只是受感染的人經常四處移動，不同食物病原體的潛伏期也長短互異，因此，食源型疾病經常出現不為人所知的個別案例。（和食物有關的非微生物源疾病稱為食物中毒，由微生物引發的疾病則稱為食源型感染或食源型疾病。）唯有區域醫院在短期間湧進大批病患，醫學專家才會揣測是否出現了食源型或水傳染型疾病（或化學毒性散播）。曾有幾次事例還是因為藥局腹瀉藥物突然賣得特別好，這才循線察覺疫情。

## 淺談食源型傳染病的爆發

美國疾病防治中心估計，美國每年食源型疾病案例有可能高達七千五百萬起，其中多數的污染源類別不詳。每年三十二萬五千個

住院病例當中，只有百分之二十可歸因於已知病源。每出現一名食源型疾病致死案例，背後約另有兩起死亡病例，只是從未溯源查出微生物污染源。

追查疫情爆發源頭時，衛生官員必須先斷定疫情是源自食物或水。接著微生物學家便檢定新的病菌，研究滋長要件，並抽絲剝繭探知它是如何污染我們的食物鏈。隨後，他們還必須構思防範方法。在這段期間，新的病原體繼續在人群中暢行無阻，讓好幾千人患病，在社區蔓延疫情。然而苦難多半在謎團破解之前便逐漸消退。

儘管我們很少思慮及此，社會和生活型態確實會助長食源型疾病肆虐。在整個人口族群中，總有新的感染在旁窺伺，威脅全人類的健康。另外，有越來越多證據顯示，壓力會大幅提高染病機率，當身體防衛機能減弱，門戶洞開，疾病便能長驅直入。

整個國家的生活型態扮演著重要角色，促使病原體從農莊傳上餐桌。父母不再教導子女食品收成、清潔的基本知識，也不像祖先那樣傳授健康的食材預備作法。美國人大都食用飽含防腐劑的包裝食品，幾乎所有家庭的例行飲食，都包括速食食品和餐廳餐點。換句話說，這種飲食習慣是仰賴其他人來為自己準備食物。當然食品業有一套管理規章來保障食品安全，這套體系包括法規、指導諮詢和標準程序，大半都很有效。

各人口族群逐漸向各城市核心遷移，疾病因此可以迅速傳染給好幾千人，這種情況和一百年前不可同日而語。此外，我們的日常生活步調越來越快，許多保健專家都認為，這導致民眾輕忽食物安全處理作法，遠離良好衛生習慣。

翻翻歷史，和食物有關的疫情，多半與微生物有連帶關係，至

於化學物質和殺蟲劑、食物添加劑，還有天然生成的毒素，影響就比較輕微。

美國疾病防治中心列出導致食源型疾病的主要微機體類群包括：沙門氏菌群、大腸桿菌和 O157:H7 型大腸桿菌、葡萄球菌群、彎曲菌群、梭菌群，還有別稱諾沃克病毒的諾羅病毒類群。偶爾還有些病症經溯源發現其病原體是志賀氏菌群、A 型肝炎病毒和隱孢子蟲（原蟲孢囊）。肉毒桿菌（*Clostridium botulinum*）引發的肉毒中毒則比較罕見。不過，當你肚子痛急如星火趕去上廁所的當下，你或許不會太介意禍首究竟是哪種微生物。而且，到這個階段才來憂心防範作法已經太遲了。

食品中的微生物種類迥異，同種食品所含的同類微生物數也可能多寡不一。還有些種類則尚未經微生物界鑑定確認，因此不會被人察覺，必須等到技術改良，才能在食物中發現它們。每克食品所含微生物數量殊異，從不到十顆到超過一億顆都有。當食品所含微生物數達到每克一千萬到一億顆，食物就會開始敗壞，惱人的異味、討厭的味道，還有／或者黏稠質地都是腐敗的徵兆。這是微生物在分解食物，最終產物（臭味、味道不好，或顏色改變）逐漸累積，導致食品的結構成份變差（結實、黏稠程度改變）。

造成腐敗的細菌不見得就是攜帶疾病的種類，而病原體或許不會導致食品出現顯著變化。沙拉染上大腸桿菌等糞生微生物時，外表幾乎看不出任何徵兆。再者，有些病原體只需滋生十幾顆細胞，就可以引發嚴重病症，有時甚至會造成死亡。食品變質是個徵兆，我們很容易就能避開這類食物。但污染物本身是看不見的（這是五秒守則的根本原理），而且可能出現在剛拌好的沙拉或剛出爐的漢堡上。

　　食物供應人類豐富養分，也會促使細菌大量滋長，因此牛奶、乳酪、肉類和鮮果蔬菜，比經過較多加工、防腐手續（冷凍或罐裝）的食品更容易腐敗。堅果和未經烹煮的麵條等乾燥食品含有豐富營養，不過因為含水量低，不足以孕育微生物。所以，乾燥食品擺放較久才會變質，而且通常是發黴，因為黴菌滋長所需水份較少。

　　含菌量高的食品包括生鮮牛絞肉、牛奶、雞肉、火腿、牛排和烘烤肉類、蝦子、生菜沙拉和罐裝鮪魚。調味香料雖然濕度很低，但細菌和黴菌含量卻是出名的高；每克黑胡椒粉的細菌含量介於一百萬到一千萬之間；薑粉每克菌數可達千萬。這裡只列舉少數實例，不過並不代表其他食品都不含微生物。我們吃進去的東西，幾乎全都含有細菌，有時候數量極多。

# 食物生產現況

## 污染問題

　　我們的祖父輩和他們的前輩祖先如何料理食物，他們怎麼有辦法不用食品溫度計，單靠效用可疑的冷藏箱，就能端出健康的餐飲？在後院種菜、每週宰殺一頭有蹄類動物的時代已經過去了。現代西方社會的食物生產特色是集中、量產水果蔬菜，還採大規模處理作業，每天把幾千隻動物轉變為牛排、羊肉片、水牛城雞翅等等。生產效率驚人，病菌散播現象也很驚人，從動物到處理人員到機器設備，再染上漢堡或袋裝什錦蔬菜。

## 蔬菜和水果

　　蔬果的加工程序有部份是在收成現場完成，農民摘除部份葉片

和殘破組織，隨後才把作物投入機具做擠榨、去皮、去葉等程序，於是土壤和工人手上的髒東西，很容易沾上生鮮蔬果。水、空氣、昆蟲和肥料，都會進一步滋長更多微生物，倘若附近有動物，牠們的糞生微機體也會搭上便車。若是田野不時被水淹沒，或清洗家牛的沖刷溢流匯入水中，那麼這種髒水也會包含各式各樣的糞生微生物。最後，野生動物也可能在農耕地留下污染物。

植物不單是表面含有細菌和酵母菌，微生物還會進入植物的各式脈管。所以將生菜洗乾淨再拌沙拉會有幫助，但是潛在危害微生物依然藏在裡面。

## 肉類和蛋類

動物的肌肉、神經和血液等體內組織，應該完全不含微生物。換句話說，動物組織是無菌的。（如果組織受污染或感染，便可能引發一種稱為敗血症的嚴重疾病。）不過腸內的微機體含量就很多，是地球上數一數二的微生物高密集地點。屠宰場的空氣中有許多纖小含水微粒四處飄盪，細菌於是隨著這些懸浮微滴到處散播。腸內容物的纖小液滴和噴濺水花很容易染上附近的牲口屍骸。儘管想方設法處理氣流走向，並採取各項措施來確保手工操作衛生，屠宰場依舊是個混亂的地方，到處都是繁複多端的肢體動作，此起彼落高速運轉。在這種情況下，肉品受到污染並不難想像。

由於微生物和肉類是天生的親密夥伴，文明社會早就明白，蛋白質營養源的保存作法有多重要。肉類保存法能改變肉品外表的物理環境，讓細菌難以在上面著生，因此能延遲腐敗。冷藏和冷凍法、濕氣含量控制，還有抽除包裝內氧氣，都是延緩污染物滋長的典型作法。農業學院投入大量心血進行研究，想找出能減輕肉類食

品潛在污染的最佳處理條件，也希望開發出最好的包裝材料。

　　牛排和牛絞肉表面都有微生物棲居。但就外表總面積來看，一片牛排比漢堡肉小得多，因此漢堡更容易成為細菌的取食對象。隨著肉品從屍骸加工切成大塊批發肉品（肩肉、肋肉、胸肉和腿肉），再處理切成較小的零售肉塊（肋眼、里脊、小排等部位），表面積也隨之擴大。絞碎肉品讓表面積大幅增長，就連大小適於燉煮的後腿肉塊，總面積也超過烘烤用的肉片和牛排肉。肉類含有豐富營養，表面積擴大了，可供微生物攝取的養分也增加了，況且接觸氧氣的面積也會隨之擴大，這些種情況都有助微生物滋生。

　　蛋不太容易受到微生物侵染。蛋剛生下來時多半不帶細菌，不過，若是母雞的卵巢受到感染，生下的蛋也可能染上沙門氏菌等菌類或各式病毒。吃了生蛋或半熟的蛋，有時會帶來嚴重惡果，不過這多半是在敲破蛋殼時，殼上的微生物侵染蛋白、蛋黃所致。就像取自動物的其他食材一樣，蛋也一定要煮熟，確保所有微機體都死亡之後才能吃。

　　美國農業部食品安全檢查署經管幾項計畫和檢驗措施，期望能確保家畜、家禽肉品和蛋類都不含任何病原體。最近，食品安全檢查署訂出家畜、家禽加工廠的檢驗標準，規定牛絞肉和加工肉必須通過沙門氏菌、普通大腸桿菌、O157:H7型大腸桿菌含量檢測，即食肉類、沙拉和肉醬則必須通過金黃色葡萄球菌毒素，還有單核細胞增生性李斯特菌含量檢測。蛋類則必須接受沙門氏菌含量檢測。

　　全面檢驗國產和進口的肉品、蛋類是一項浩大工程，而且耗費金額龐大令人怯步。執行時只能採隨機方式，抽選檢體來做微生物化驗。難怪這項計畫會受到嚴厲批判，指責檢測不當或檢測數量太少。檢測員不是超人，他們見不到微型生物，單憑肉眼檢視屍

骸，無法斷定上面有多少病原體。但是採集檢體送實驗室檢驗也有缺點，在等到大批屍骸檢體採集完成，測定出微生物成長情況時，該批肉類早就被送上卡車，運往你最喜歡的速食店或生鮮雜貨賣場了。考量美國的肉類製造、加工和消費規模，病原體從肉品和蛋類傳播給人類的發生率其實非常低。只有當疫情爆發，我們才會得知食物供應鏈的脆弱環節出在哪裡。

## 有機食品和最輕度加工食品

在農場或田野階段，有機食品和最輕度加工食品（minimally processed foods）的微生物含量與種類樣式，和大量生產的食品並沒有兩樣。獲得有機認證的家牛，同樣會排出大腸桿菌和 O157 型大腸桿菌等病原體，而且這群微生物也會污染有機肉類，與非有機肉類製品相同。

沒有經過巴斯德滅菌法處理的牛奶逐漸受到消費者喜愛，這種產品有時以「生乳」名稱上架銷售。生乳是幾十年前最受歡迎的飲品，當時許多家庭都種植作物、飼養乳牛和肉用動物，當時或許有固定比例的家庭因飲用生乳生病，但依舊沒有正式記錄。如今，有機生乳的生產規模更大，配銷範圍也擴大了。每年都有好幾百人，由於飲用、取食未經巴斯德滅菌法處理的乳類製品而生病。最主要的病原體禍首是單核細胞增生性李斯特菌、大腸桿菌、空腸彎曲菌（*Campylobacter jejuni*）、產氣莢膜桿菌和沙門氏菌等類群。

巴斯德滅菌法把奶類製品的每顆分子都加熱到特定溫度，並持續一定時間。液態乳採巴斯德滅菌法加熱到攝氏七十二度，持續至少十六秒，也可以加熱到攝氏六十三度，持續至少三十分鐘。巧克力奶、冰淇淋或蛋酒等混合乳製品消毒時溫度略高，持續時段則相

等。巴斯德滅菌法無法殺死所有細菌，不過多年使用下來，也從未出現嚴重疫情，證明巴斯德法可以壓低病原體數量達安全水平。經巴斯德滅菌法處理過後，殘存菌群終究還是會讓牛奶變酸，其種類包括假單胞菌、產鹼桿菌（屬名：*Alcaligenes*）、產氣桿菌（屬名：*Aerobacter*）、不動桿菌（屬名：*Acinetobacter*）和黃桿菌（屬名：*Flavobacterium*）等菌群，除了見於牛奶之外，這類細菌也常見於自來水中。

美國有些州法准許販售生乳和乳類製品，但跨州運輸銷售卻屬非法。而有些州則不准銷售任何生乳製品。若你擁護未經巴斯德法消毒的乳類製品，請查核供應商是否依法取得許可，得以在你居住的州境內銷售這類產品，並檢閱資料確認乳品衛生措施和審核記錄。不過請注意，不論加工過程看來多麼「乾淨」，微生物終歸是看不見的。美國疾病防治中心不建議飲用未經巴斯德法消毒的乳製品，尤其是幼童、老人、孕婦和免疫缺損人士，承擔的風險還更高。

別認為有機蔬果不帶任何病原體。首先，有機農場不用化學肥料，改採大量堆肥來提供氮肥促進植物生長。拿家牛糞便為農作物施肥，受 O157 型大腸桿菌等菌群污染的機率便大幅提高。第二，有機製品通常採小規模作業生產，和機械化大型農場相比，小型農莊較常採人工手動操作，更容易由雙手、咳嗽、打噴嚏來散播病原體。第三，有機栽培農產品有時依循分歧配銷鏈行銷各地，由於輸運路線繁複，要歷經轉折才運到市場，因此微生物有更多時間在農產品上滋長。

消費有機肉類和農產品是個人的選擇，據估計，有機產品消費者的發病率，和非有機食品消費者的染病機率約略相等。

## 益生食品

　　益生（probiotic）飲食的目標在於增補某些微生物數量，特別是乳桿菌和雙歧桿菌（bifidobacteria）類群。益生食品背後的理念是，現代人飲食普遍不夠均衡；脂肪和單醣類過量，多醣和蛋白質不足，這樣的飲食不但有害健康，還可能含有致癌成份。按照益生食品擁護人士的說法，在食品中增添菌群，可以帶來好處。增補菌群的優點很多，包括：益菌可以和腸道中的病原體競爭、預防旅行者腹瀉症、改進消化機能、強化免疫力、補充維生素，還能中和致癌化學物質。

　　在市場上行銷多年的優酪乳等食品，能提供益生食品所含菌群。儘管業者宣揚益生飲食的種種好處，不過目前還沒有臨床證據支持他們的廣告說詞。

## 海鮮

　　海鮮的污染型式和肉類相同。快速、繁複的處理、預備作業都利於病菌蔓延，加上輕忽衛生、加工生產線工人犯錯，都會提高微生物數量。接觸海水也會造成污染。再者，魚類和貝類都棲身水域，不論水質好壞，只能概括承受。淡水、海水受了污染，海鮮也跟著受污染。牡蠣、蛤蜊和殼菜蛤最容易受影響，因為牠們棲居岸邊水域，而水濱社區有時會排出污水。想想我們經常生吃牡蠣、蛤蜊，而且還整隻吞食，連腸子一起嚥下。由這項理由也可以說明，為什麼養殖貝類的水域都有嚴密監控，一旦偵測到高含量糞生微生物，那片水域就必須封閉。美國施行海岸規範計畫來確保貝類安全，由食品及藥物管理署國家貝類衛生規範單位負責管轄。

海鮮污染源包括幾種常見嫌犯：大腸桿菌、沙門氏菌和葡萄球菌類群。新近捕獲的魚類也可能受細菌侵染，相信這多半是船上加工作業造成的。鮮魚在食用前應該擺在冰上、置入冰箱，或存放於冷凍。若在購買前懷疑魚類並沒有被妥當存放，千萬不要購買。

不論在餐廳、食品加工廠或家中，食材的處理方式都會大大影響食物產品接觸病原體的機會。食品受到污染多半是處理不當造成，直接從田野、農場或水域受到侵染的情況比較罕見。根據美國疾病防治中心的報告，就目前所知，食源型疾病案例最常牽涉到(1)儲存溫度不當，(2) 個人衛生習慣不好，(3) 沒有煮熟，(4) 器材、工具受到污染。和細菌感染相比，食物受病毒感染的情況算是很罕見，就算有也幾乎毫無例外，全都是源自工人的個人衛生習慣很差，或帶病處理食品所致。而隱孢子蟲或賈第鞭毛蟲污染和食品來源不安全也有連帶關係。怎樣才能算是「不安全的來源」？舉例來說，位於乳品農場下游的蔬菜產地就算是一種不安全來源。

## 食源型疾病預防作法

根據已知病源疫情來看，最常見的傳染媒介為魚類、貝類、沙拉、蔬果、雞和牛肉，不過其中以多重病源最為常見。主要微生物元凶則為沙門氏菌、大腸桿菌、梭菌和葡萄球菌類群。食源型病原體多半會引發相仿症狀，潛伏期則長短互異，從攝食後到發病時段各不相同。這類細菌的感染劑量（能讓人生病的特定微生物細胞數）也各有不同（表4-2）。

一般而言，我們很難去掌控餐廳餐飲和速食食品的衛生，不過還是可以採幾項作法，略為降低食源型感染機率。上餐廳吃飯時，除非確知那裡以講求衛生著稱，否則別點半熟或是生的肉類、

表4-2：美國食品及藥物管理署《壞菌和致病毒素手冊》（*Bad Bug Book*）所列食源型病原體之特徵。資料引自該管理局所屬食品安全暨應用營養中心（Center for Food Safety and Applied Nutrition）

| 食源型病原體 | | | | |
|---|---|---|---|---|
| 食源型疾病 | 常見食品 | 潛伏時段 | 感染症狀 | 劑量 |
| 沙門氏菌症（沙門氏菌） | 生肉、家禽肉、蛋類、乳類製品、魚、蝦、盒裝糕餅材料、奶油餡點心、調味醬、沙拉醬、花生醬、可可粉、巧克力 | 6-48小時 | 噁心、嘔吐、腹絞痛、腹瀉、發燒、頭痛 | 十五到二十顆細胞 |
| 葡萄球菌感染（金黃色葡萄球菌） | 肉類製品、家禽和蛋類製品、沙拉（馬鈴薯、通心粉）、奶油餡酥餅、奶油餡餅和閃電泡芙（意可蕾）、三明治餡料、乳類製品 | 迅速發病 | 噁心、嘔吐、乾嘔、腹絞痛、衰竭 | 不到十微克毒素，或每克食物含菌數超過十萬 |
| 腸胃炎或旅行者腹瀉症（產毒性大腸桿菌） | 水 | 4小時 | 嚴重水瀉、痙攣、輕度發燒、噁心、心神不寧 | 一億到百億顆 |
| 小兒腹瀉（致病性大腸桿菌） | 半生熟的牛肉和雞肉 | 24小時 | 嚴重水瀉或帶血絲腹瀉 | 嬰兒：不到一百顆細胞，成人：一百萬顆細胞 |
| 痢疾（腸侵襲性大腸桿菌） | 漢堡肉、未經巴斯德法消毒的牛奶 | 24小時 | 便中帶血和黏液 | 十顆細胞 |
| 出血性結腸炎（O157:H7型大腸桿菌） | 半生熟的漢堡肉、芽菜類、果汁、即食沙拉 | 24小時 | 嚴重痙攣和帶血絲腹瀉 | 約十顆細胞 |

| 李斯特菌症<br>（單核細胞增生性李斯特菌） | 生乳、乳酪、生肉、香腸 | 12 - 24 小時 | 敗血症、腦脊膜炎、腦炎 | 一千顆細胞或更少 |
|---|---|---|---|---|
| 彎曲菌症<br>（彎曲菌） | 烹調不當的雞肉 | 2 - 5 天 | 腹瀉、肌肉痠痛、頭痛、腹痛、發燒 | 四百到五百顆細胞 |
| 肉毒中毒<br>（肉毒桿菌） | 酸度不夠的罐裝或漬藏食品（四季豆、玉米、蘑菇等） | 18 - 36 小時 | 虛軟無力、眩暈、複視、呼吸和吞嚥困難 | 幾奈克（毫微克）毒素 |
| 諾沃克病毒 | 沙拉、生蠔、半生熟的蛤蜊 | 24 - 48 小時 | 噁心、嘔吐、腹瀉、腹痛（短暫輕症） | 約十顆病毒 |
| A型肝炎 | 貝類、水、沙拉、冷盤、水果和果汁、牛奶製品 | 10 - 50 天視劑量而定 | 輕微發燒、心神不寧、噁心、厭食、腹部不適、黃疸 | 少於十到一百顆病毒 |

海鮮。不喝未經巴斯德法消毒的果汁和乳類飲品。檢查食用的生菜沙拉，確認所有葉菜都清洗乾淨，不帶泥沙，也沒有小昆蟲。注意用餐環境，若地面很髒、角落積塵、餐桌污穢，那麼廚房恐怕也不會乾淨到哪裡去。在速食用餐區花個一分鐘，很容易可以觀察到櫃台服務人員的舉動和衛生作法。檢查工作人員有沒有戴上手套和髮網；注意他們離開服務區時，有沒有脫下手套，回來時是否已經換戴新的手套。

　　戴手套處理食物是注重衛生的作法，不過還是必須時時換新。每次完成一項工作，好比處理漢堡生肉餅，都要馬上把用過的手套

丟掉。下回到速食餐廳用餐時，先花幾分鐘觀察伙房人員碰觸哪些東西，做了哪些事項，是否都戴著同一副手套沒有更換。

即使我們挖空心思力保餐飲安全，但卻管不著廚房後頭料理食物的人，無法制止他在碰觸自己的鼻子、嘴巴後，接著就把雙手插進生菜沙拉中。接受事實吧，幾乎每個人三不五時都要染上食源型輕重病症。

換言之，在自己家裡就比較有辦法預防食源型疾病了，吃壞肚子可沒什麼藉口來解釋。當然，你必須先擁有幾項設備：瓦斯爐、烤箱、冰箱（和冷凍庫）、溫度計。不過注意，居家自備餐飲有時候也會導致食源型疾病，這是因為有些人可能在處理食材上走了捷徑或忘了食品衛生，又或許是因為他們太忙，或太自信了，自以為「沒那麼倒霉」。小心，人性可是會影響大局，讓食源型病原體取得優勢喔。（表4-3）

食品安全檢查署頒布有用的概要資料，說明如何處理、預備食物，包括美國農業部經管的食材類別：肉類、家禽肉、蛋類和蛋類製品、季節性食品（如：烤肉料、節慶餐飲和露營 健行食物）和郵購食品。

預防食源型疾病的基本法則為：烹煮肉類直到流出的汁液澄清為止；烹調魚類時要煮到魚肉片片分開；蛋類要煮到沒有流質為止；洗蔬果時要打開水龍頭用冷水徹底清洗；檢查你所居社區自來水的水質，有乾淨的水，才能放心用來清洗食品；還有，要時時注意預防砧板、廚具和其他物品表面的交互污染。交互污染是指還未烹煮的食材把微機活體沾染到其他食物上面。將蔬菜擺在剛切了生肉的砧板上，就是常見的交互污染方式。

什錦生鮮沙拉料理包有時受了 O157 型大腸桿菌污染，造成散

## 表4-3：食物安全祕訣（華盛頓州立大學環境衛生和安全處提供）

| 食品安全基本守則 |
| --- |
| 養成良好的衛生習慣：頭髮向後挽；穿著乾淨衣物或圍裙；生病時別預備或料理餐飲 |
| **洗手**：請遵照第三章的指示說明<br>● 預備餐飲前和每次休息後、搬動餐盤後，還有碰觸錢幣後都要洗手<br>● 每次處理生肉或魚類之後都立刻洗手 |
| **正確調節烹飪溫度：**<br>使用精準溫度計插入食品中央位置；烹煮溫度至少應達：<br>● 家禽肉（整隻或絞肉）、砂鍋肉、鑲肉菜式：攝氏七十五度<br>● 漢堡肉、牛絞肉、豬肉或羊肉：攝氏七十度<br>● 豬肉：攝氏六十五度<br>● 牛肉、羊肉、海鮮、蛋類：攝氏六十度<br>● 豆類、米、麵、馬鈴薯：攝氏六十度<br>● 半生熟烤牛肉：攝氏五十五度 |
| **吃剩的食物要立刻、且完全冷卻**：攝氏七度到六十度屬於「危險溫度範圍」，縮短食物維持在這個溫度範圍的時間；四小時內必須冷藏；冷卻時別蓋蓋子，也別把鍋盤疊成一落；把肉類切成小塊，每塊不要超過兩公斤；冷卻液體食材（湯、醬料）時要經常攪拌。 |
| **壓低交互污染機率**：即食食品要放在冰箱最上層擱架，生鮮蔬菜放在中層，生肉則是放在下層擱架；食物解凍時會流出湯汁，留意不要讓它滴到其他食物上；廚具和砧板使用前都要清洗、消毒，再用乾淨抹布擦拭表面；用手巾擦乾雙手，別拿同一條來做兩種用途。若生菜碰到生的肉類、家禽肉、海鮮或淌出的汁液，就把生菜扔掉。 |

發性傳染病。就算料包標示「已洗淨」或「即可食用」，還是要把所有沙拉料和綠葉蔬菜全部清洗乾淨。處理生菜、水果前一定要洗手，千萬別讓蔬果碰觸生肉遭致污染。

如今食源型疾病是否比以往造成更大危害，科學界就此有不

同見解。現代食物處理、加工方式和製造廠的衛生措施多有改良，許多重大威脅都已減輕。不過，大量生產和進口的食品數量日漸增加。在自家預備餐飲的家庭減少了，對衛生也不再那麼講究。我們的食品供應鏈，每天都有新的病原體現身。

# 對抗病原體的防護措施

有些食物為病原體提供優良的生長條件，另有些則構成嚴苛環境，例如含酸量高的食品能避免侵染，因為許多菌種受不了酸性環境。但有幾種微生物還是能在酸性環境中滋長，這就是保存食物時必須小心應付的類群。乾燥食品和低濕度食品也讓病原體難以棲身；只有能夠耐受低濕度的微生物（黴菌），才能在乾燥條件下使食物變質。

彎曲菌和乳桿菌類群是能在酸性食品中長得很好的細菌，另有些則很能適應酸性到中性環境，包括沙門氏菌、金黃色葡萄球菌、肉毒桿菌、單核細胞增生性李斯特菌、化膿性鏈球菌和蠟質芽孢桿菌（*Bacillus cereus*）。偏愛非酸性食品的病原體種類極少，志賀氏菌是其中一類。

食物加工法會影響食品的天然抗微生物機能。「乾燥法」是最古老的食物保存作法，除了能夠抑制微生物滋長之外，乾燥法還可以讓食物較不容易腐壞，也更方便儲藏、包裝。另一種古老方式是「煙薰法」，木料燃燒產生的煙塵中所含化學物質除了具有抗微生物功能，也能讓食品帶上特殊風味。「醃製法」則是採用多種化合物來改變食品的風味、色澤或質地，還能抑制食品變質。傳統醃製法包括提高蔗糖（糖分）或氯化鈉（鹽分）含量，並添加亞硝酸鈉或硝酸

**高含酸食品**包括：葡萄柚、檸檬、萊姆、桃子、鳳梨、李子、漿果、櫻桃、葡萄、杏仁、蘋果、番茄、蔬果汁、果醬／果凍、醋、醃漬食品、綠橄欖、德國酸菜、白脫牛奶、美乃滋和軟性飲料。

**酸性食品**包括：四季豆、甜菜、抱子甘藍、胡蘿蔔、萵苣、洋蔥、歐芹、豌豆、胡椒、馬鈴薯、菠菜、南瓜、胡瓜、香蕉、牛絞肉、火腿、牡蠣、鮭魚、大多數的乳酪、黃油、奶油、蛋黃和麵包。

**中性食品**包括：玉米、羅馬甜瓜、羊肉、豬肉、雞肉、鮮魚、蝦、蟹、蛤蜊和牛奶。

**鹼性（非酸性）食品**包括：卡門貝爾乳酪（Camembert cheese）、蛋白、全蛋、酥脆餅乾和多數糕餅類。

鈉。亞硝酸鹽和硝酸鹽也可以用來製造火腿和培根。

食品的物理特性改變，原本最適於細菌和黴菌滋生的環境也跟著改變了。新鮮水果可以貯藏在含氧量略低的場所，某些肉類和魚類也可以這樣存放。真空包裝法也有相同功能，可以讓食品接觸較少氧氣。

## 防腐劑

想到防腐劑，一般人腦海中往往都會浮現不存於自然界的化學添加物質。其實，糖和鹽（天然化學物質）也是防腐劑。存於自然界的有機酸類也具有抗微生物效用，可以拿來作為食品添加劑，山梨酸、苯甲酸（安息香酸）、乙酸（醋酸）和檸檬酸都可以用來處理若干食品，使微生物難以滋長，同時能為食品帶有獨特滋味（德國酸菜、醃漬食品和醋）。

　　酸能改變食物性質，從而抑制細菌和黴菌生長。酸還能破壞細胞膜、酶，以及微生物的養分攝取機能。糖會吸收水份，讓菌類無水可用，鹽則會釋出離子，摧毀細胞膜、酶，並破壞其他細胞活動。

　　而其他化學防腐劑名稱看來就陰狠十足了，不然就是無從理解。當在食品包裝標示上讀到六偏磷酸鈉（sodium hexametaphosphate）、酸式亞硫酸鉀或乙二胺四乙酸一類名稱，大概都要愣一下才能讀懂。美國食品及藥物管理署採兩種作法來檢測、核准防腐劑上市。許多防腐劑都是採動物試驗，並研判以人類消耗水準確屬安全。其他防腐劑則從未經過廣泛試驗，不過由於沿用多年，政府相信歷史證據十分確鑿，足以證明使用安全，這類防腐劑是「公認安全」（GRAS）的化合物。對許多人來講，這仍舊是必須權衡得失的抉擇，一方面是一輩子食用這類化學物質的潛在害處，另一方面是防腐劑對致命食源型病原體的即刻、強烈殺滅功效。

　　亞硝酸鹽和硝酸鹽類化合物統稱為氧化劑，其化學性質能有效對付厭氧菌群。乙二胺四乙酸並不直接影響微生物，不過可以提高其他防腐劑的效能。

　　在食品中混合添加各式防腐劑的效果最好。沒有任何一種防腐劑能符合所有要件，既能抑制微機體，還能混入食品成份而不影響風味和氣味。防腐劑混合成份得依食品類別來選擇，也要考慮最可能造成變質或污染的微生物類別而定。將這類化合物混合使用，能發揮相乘效果，也就是說多種混用的時候，各種防腐劑的效用都比單獨使用的功能更好。

　　在食品界，這種強化防腐效力稱為柵欄效應（也稱為障礙效應）。這個構想是，施加多種防腐劑，每顆微生物就必須先克服各種

## 常用食品防腐劑

### 抗菌效果最佳種類：

- 氯化鈉（sodium chloride）或氯化鉀（pottassium chloride）
- 乳酸（lactic acid）
- 檸檬酸（citric acid）
- 亞硝酸鈉（sodium nitrite）、硝酸鈉（sodium nitrate）
- 丙烯乙二醇（propylene glycol）
- 乙二胺四乙酸（ethylened-iaminetetra acetic acid, EDTA）
- 抗壞血酸鈉（sodium ascorbate）
- 抗壞血酸（ascorbic acid，即維生素 C）
- 異抗壞血酸鈉（sodium erythorbate）
- 丁基羥基甲氧苯（butylated hydroxyanisole, BHA）
- 丁基羥基甲苯（butylated hydroxy-toluene, BHT）

### 抗黴菌效果最佳種類：

- 苯甲酸（benzoic acid，主要用來對付酵母菌）
- 苯甲酸鈉（sodium benzoate）或苯甲酸鉀（potassium benzoate）（主要都用來對付酵母菌）
- 山梨酸鉀（potassium sorbate）

### 對細菌和黴菌都有抑制效能的防腐劑：

- 磷酸鈉（sodium phosphate）
- 丙酸（propionic acid）
- 丙酸鈣（calcium propionate）
- 酸式亞硫酸鈉（sodium bisulfite）
- 脫氫乙酸鈉（sodium dehydro acetic acid）
- 鋁酸鈉（sodium aluminum）
- 磷酸鹽（phosphate）
- 磷酸（phosphoric acid，只用於蘇打飲料）

難關，才能開始滋長深入並使食物敗壞。一種防腐劑或許只能減弱壞菌的機能；第二種讓已經衰弱的微生物雪上加霜；這時微生物飽受防腐劑打擊，已然無力自保，於是第三種便很容易把它們殺死。按照柵欄效應原理（圖 4-2），各種防腐劑的劑量都可以減少，不必像單獨使用時施用那麼多。

## 食品益菌

有些細菌、酵母菌和黴菌因為各具功能，所以才得以出現在食品中。有些能帶來獨特滋味（醃漬法），有些可以把某種食物變換成另一種食品(從水果變成酒)，另有些則是為加強保藏效果而添入(乳酪)。

添加精選微生物的技術已經沿用了幾千年，用這種方法製成的新食品，為早期社會的飲食品項增添許多花樣，同時初民也得以善用食品，供應整年食用所需，不必聽任食物腐敗。這或許可以算是食品工程的最早期運用。舉例來說，大麥經適度烹煮，採浸漬、糖化等工程技術，便能製成一種琥珀色液體（稱為啤酒花麥汁），再添入卡爾斯伯酵母（*Saccbaromyces carlsbergensis*）促成（生物）發酵，最後便釀出啤酒。

提高全球食物生產效率是生物工程法的一項目標。自二十世紀九〇年代迄今，細菌、酵母菌和病毒都被拿來做這種用途。這類技術的步驟包括：檢測微機體的特性（稱為性狀），找出合意的性狀，搜尋包含這種性狀指令的基因並拿來複製，接著把這種基因插入動植物的遺傳物質（DNA）。插入法可採數種方式進行。有種常用作法是找出會侵染目標植物細胞或動物組織的另一種微生物，然後把有利基因引入那種微生物（圖 4-3）。

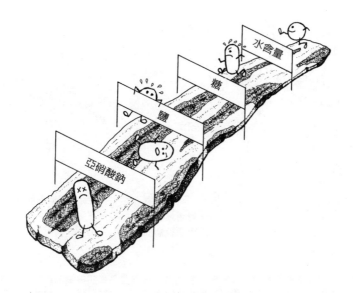

圖 4.2：培根內的柵欄效應。鹽、糖、水含量、硝酸鹽和亞硝酸鹽，還有阻隔氧氣
的包裝，都迫使微生物必須跨越一連串的防腐劑柵欄，才能開始讓食品腐
敗。（引自亞當斯和莫斯著《食品微生物學》第二版〔M. P. Adams and M.
O. Moss, 2000, *Food Microbiology*, 2nd ed., Cambridge, UK, Poyal Society
of Chemistry〕。）（插畫作者：Peter Gaede）

　　現在有些玉米、米和大豆品種，便是採生物工程培植而成。這
類作物具備種種新特性，包括能夠抵禦蟲害、抵抗能殺死其他植物
的農藥，還能耐受極端氣候。麥奎格番茄（MacGregor tomato）含有
一種微生物基因，可以延長貨架壽期。部份食用動物、鮭魚和蝦類
都經過生物工程改造，得以抵抗疾病、有效運用養分來促進成長，
還能承受所屬物種常態最佳範圍之外的水溫。生物技術的其他重點
目標包括：提高產量或成長速率、強化免疫系統機能、促使寄主製
造殺蟲物質，還有提高維生素含量。此外，去除食品天然毒素和致
敏原，也是引人關注的課題。

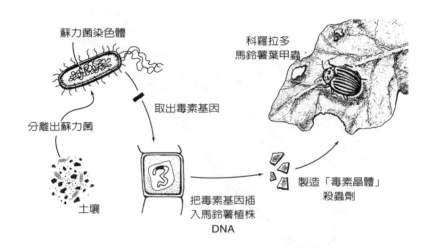

圖 4-3：馬鈴薯植株經生物工程培植，便能抵抗科羅拉多馬鈴薯葉甲蟲侵害。蘇力菌
能生產天然殺蟲劑晶體，這是種對甲蟲有害的毒素。蘇力菌分離出來之後，
接著便將製造殺蟲劑的基因置入其染色體內。採用基因轉移技術可將毒性晶
體基因置入馬鈴薯植株的 DNA 內，於是植株便能自行產生殺蟲劑。（插畫作者：
Peter Goede）

　　蘇力菌（*Bacillus thuringiensis*，簡稱 Bt）是生物技術的重要推
手。這種細菌常見於土壤中，它能夠製造一種殺蟲劑，保護玉米抵
禦玉米螟幼蟲，保護馬鈴薯對抗科羅拉多馬鈴薯葉甲（一種甲蟲），
還能防範番茄受玉米穗蟲侵害。農戶向作物直接噴灑蘇力菌殺蟲
劑（或稱為蘇力菌毒素）已經有幾十年的歷史。另外一種比較先進
的作法，是從蘇力菌取得毒素基因，轉植給另一種會侵犯植物的微
生物，從而把新的基因擺進植物的 DNA。病毒是最可能發揮基因運
載體功能的微生物。

　　生物工程學不時惹來紛爭，主要原因在於這種技術牽涉到變幻
莫測的生物體系。就農業運作而言，這類體系更容易受到變動天氣
型態和氣候的影響。許多人都覺得，設計「不自然的」種類事關重

| 微生物和食品生產 | | |
|---|---|---|
| 起點 | 添加 | 最終製品 |
| 甘藍 | 產乳酸菌群，包括：乳桿菌、明串珠菌（屬名：*Leuconostoc*）、鏈球菌和片球菌（屬名：*Pediococcus*）類群 | 德國酸荬、韓國泡荬 |
| 黃瓜 | | 醃漬黃瓜 |
| 牛肉 | | 香腸和波隆那香腸 |
| 豬肉火腿 | 麴菌和青黴菌類群 | 鄉村火腿 |
| 麵粉 | 釀酒酵母（*Saccharomyces cerevisiae*） | 麵包 |
| | 舊金山乳桿菌（細菌）（*Lactobacillus sanfrancisco*）和啤酒酵母（*Candida humilis*）。啤酒酵母也稱為米勒假絲酵母（*Candida milleri*） | 天然發酵（酸麵團）麵包 |
| 大豆 | 釀母菌（酵母）類群 | 醬油 |
| 糖蜜、甘蔗 | 釀母菌和分裂酵母（屬名：*Schizosachharomyces*）類群 | 蘭姆酒 |
| 水果、果汁 | 釀母菌和酒球菌（屬名：*Oenococcus*，屬細菌類群） | 水果酒 |
| 玉米、黑麥 | 釀酒酵母 | 波旁威士忌 |
| 米 | 清酒酵母（*Saccharomyces saki*） | 日本清酒 |
| 蘋果 | 釀母菌（酵母）類群 | 蘋果酒 |
| 蘋果酒、水果酒 | 醋桿菌菌群 | 醋 |
| 牛奶 | 乳桿菌、鏈球菌和雙歧桿菌菌群 | 優酪乳 |
| | 乳酸菌群 | 農家乳酪（Cottage cheese）、乳脂酪 |
| | 鏈球菌菌群 | 切德乳酪（Cheddar cheese） |
| | 鏈球菌、乳桿菌和丙酸桿菌等菌群 | 瑞士乳酪（Swiss cheese） |
| 奶油 | 鏈球菌菌群 白脫牛奶 | 酸奶油 |

| 未熟成乳酪 | 婁地青黴菌（*Penicillium roquefortii*，又稱酪青黴菌） | 洛奎福羊乳酪（Roquefort）、史提爾頓乳酪（Stilton）、藍黴乳酪和哥岡卓拉乳酪（Gorgonzola） |
| | 沙門柏青黴菌（*Penicillium camemberti*） | 沙門柏乳酪（Camembert cheese，別稱「金銀畢」） |

大的道德課題，生成的產物具有不見於天然物種的特殊性質。而就人類與生態系統安全方面也有所爭議。就如發現 DNA 本身這項成就，操控 DNA 並納入新基因的能力，也是科學進步的里程碑。每當我們探索未知領域，始終會伴隨出現各種問題、爭執、恐懼，還有新的發現。

　　這裡列出近來對遺傳工程微生物方面的幾項質疑：

● 新物種對人類具有毒性

● 可能因此創造出影響人類健康的新式致敏原

● 對生態體系和原生生物型式帶來長期衝擊

● 生物工程物種流入相鄰農場和魚塭，或釋入自然界

● 釋出前所未知的有害生物活性

● 破壞地表基因常態分配局面

● 破壞生物多樣性

● 基因轉移後大量增生，瓦解動、植物生態系均勢

● 探遺傳技術操控生命的道德課題

● 生物工程技術有可能被拿來作為生物恐怖行動用途

● 大公司有可能藉生物工程製品來控制全球食品供給

# 摘要

　　按照食品和水微生物學的標準，如今我們的自來水和食品，大概比從前任何時代都更安全了。然而有證據顯示，病原體藉食品在全球蔓延的情況，卻比過去任何時代都更普遍。微生物適應人類發明的速率，遠比人類適應它們更快。單憑這項理由，我們想要體徹底消滅病原，讓它們在食品和水中完全絕跡，恐怕永遠不可能實現。再者，每次生物學出現重大進展，恐怕也不可能有毫無保留、全心採信的情況。殺滅致命微生物的科學研究，以及運用有益微生物的技術作法，肯定會繼續惹出紛爭並引人省思。這麼苦心孤詣，學習如何與微生物共處，大概就是人類造福眾生的最大貢獻吧。

## 媒體寵兒和寂寂無名

「幸福的家庭全都一樣；不幸福的家庭則各自有本難唸的經。」

托爾斯泰（Leo Tolstoy）大概想不到，他這句名言是多麼真確道出食品病原體世界的真相。多數細菌都和人類和平共處，食品病原體卻不為此圖。革蘭氏陽性型產氣莢膜桿菌和革蘭氏陰性型 O157:H7 型大腸桿菌就是兩種實例。產氣莢膜桿菌是自然界常見菌種；它的芽孢能在土壤中存活好幾年，相形之下，O157:H7 型大腸桿菌就顯得生嫩，只棲居動物腸道，藉由糞便污染轉移到新的寄主體內。

產氣莢膜桿菌能引發輕度到中度病症，若吃下加熱不當或放涼的食品、嚥下幾百萬顆病菌細胞，就會染上疾病。燉燜料理、肉汁滷醬、調味醬和砂鍋料理都是常見源頭。烹煮可以殺死大半芽孢，然而沒被殺死的，卻可能受烹煮高熱刺激而開始活動。當細菌從芽孢型式轉變為繁殖型式，它們便釋出強烈毒素，從而引發嚴重腸道不適。攝食之後九到十五個小時，便開始出現腹瀉和腹絞痛，而且症狀約持續二十四小時。產氣莢膜桿菌是種厭氧菌，不過它在空氣中也能存活。它喜歡腸道等低含氧部位。儘管這種梭狀芽孢桿菌鮮少人知，不過「梭菌中毒」卻是最常見的食源型感染之一。有些健康專家認為，每年因感染產氣莢膜桿菌生病的實際案例，比估計的二十五萬病例多出兩、三成。

和產氣莢膜桿菌感染人數相比，O157 型大腸桿菌疫情較為罕見，不過由於常有患者病故，而且每次疫情爆發，都再再彰顯我們的現有食品量產作法帶有風險，於是 O157 才成為矚目焦點。

和疫情有關的食品很多，包括全生的或半熟的牛絞肉和漢堡肉、香腸、苜蓿芽、綠葉蔬菜、未經巴斯德法消毒的果汁和牛奶，還有幾種乳酪。不論是哪種食品，致病品項全都遭受糞便污

染。食品中出現 O157 型大腸桿菌的原因包括，肉類在加工製程出現交互污染，或者是作物在農地或在處理過程受到污染。

區區十顆 O157 型大腸桿菌就可以讓人生病，典型症狀包括嚴重腹瀉，而且便中經常帶血，還有痙攣症狀，平均約持續八天。O157 型和其他大腸桿菌的菌株，都不會構成芽孢護殼，而且在自然狀況下，也不會在腸道外生活。大腸桿菌的代謝作用和梭菌相反，是兼性厭氧菌，沒有氧氣也能生存，不過在開放大氣中活得最好。老人、幼童和嬰兒一旦遭受感染，就會出現嚴重併發症，也就是神經性症狀或腎衰竭。從感染到發病的時段有長有短（根據記錄通常為二到九天），疫情溯源結果顯示，患者從飲食染上 O157 型大腸桿菌的場合包括：安養院、郡縣市集、州立公園、運動中心和海灘活動。另外在其他十幾種地方，肯定也可以找到這種微生物。

和產氣莢膜桿菌感染相比，要追溯 O157 型大腸桿菌引發的疾病比較容易。原因是 O157 型大腸桿菌的症狀十分嚴重，患者肯定會找醫師求診。估計每年有七萬三千人感染 O157 型大腸桿菌病症。產氣莢膜桿菌在人體內引發的問題則比較輕微，幾千名患者都沒有留下記錄，因此衛生專業界對此也一無所知。再者，美國衛生當局只監控 O157，產氣莢膜桿菌並不列為監控對象，只由醫師自行決定是否提出報告。

從產氣莢膜桿菌和 O157 型大腸桿菌這兩種實例，我們可以看出食源型病原體的驚人多樣變化。從這兩種桿菌，我們也可以看出，哪些奇巧花招讓一種微生物成為媒體寵兒，而另一種則是全然地寂寂無名。

# 第五章

# 如你所願洗個乾淨

「我要把那男子從我頭髮上徹底洗掉。」
　　　　——奧斯卡‧漢默斯坦（Oscar Hammerstein）

　　過去五年間，美國人在家庭清潔用品的花費超過十六億美元。在大都屬於雙薪家庭的現代，大家普遍沒什麼時間打掃住家，所以總是希望能買到最好的清潔產品。而有關微生物的新聞報導天天都看得到，例如流感疫苗效果不彰、疫情爆發、全國性疾病，甚至生物武器等，加上每天都會發現能夠耐受抗生素的新種「超級病菌」。這些事例層出不窮，產業界也坦然承認，「恐懼」是促進消毒和殺菌產品銷售業績的關鍵因素。

　　氯於一七七四年被發現，十九世紀初期便使用來除臭，使用地點包括船隻、監獄、牲畜廄棚、下水道和其他無數惡臭場所。民眾見臭味控制住了，便以為接觸性傳染病也撲滅了。後來微生物散播基本原理逐漸明朗，且由實驗證實微生物是接觸性傳染病的禍首。微生物學家借助新興化學提煉技術，發現除了烹煮、鹽醃和煙薰方法之外，還可以採用各種方式，利用化學物質來殺死病原體。到了二十世紀初期，疾病防治措施已經和施用苯酚（也就是石碳酸）、次氯酸鹽和過氧化氫（雙氧水）等劃上等號。這些化學物質不且被沿用至今，更加上了各式各樣合成複方，採用這些物質的目的，就是要擊垮騷擾人類的病原體。

　　除了憂心疫病之外，社會對環保課題也越加重視。化學物質對水、土地和空氣的影響，越來越受到矚目。我們擺在櫥櫃裡面，塞在海棉和拖把之間的廚房清潔劑容器帶有兩層意義，一方面是衛生健康的關鍵，另一方面則是生態厄運的預兆。時至今日，由於消毒劑用量激增，已經引發許多質疑和各式觀點。誰能料想得到，這些

毫不起眼的瓶罐，竟然會惹出這般爭議？

　　消毒劑能有效殺死細菌和病毒，若是生雞肉淌出汁液流到流理台面，或有個患了流感的人對著電話打噴嚏，而你接著就要使用那支電話，這時最好使用消毒劑來消毒。不過，我們究竟應該乾淨到什麼程度？

　　除了處理生漢堡肉和雞肉、通勤時旁邊坐了個打噴嚏流鼻水的人，或者放膽進入機場廁所這類小事之外，當遇上特別情況時，絕對有必要做點額外清潔動作。像是新生嬰兒、老人、孕婦、愛滋病患，以及其他免疫系統受損人士，包括：癌症病人、器官移植病患、糖尿病人、日間托育中心的幼童，還有安養院院民等，這些民眾可說是始終要承受風險，或在短期間內要擔受高度健康風險。

　　如今，日間托育中心的幼童和六十歲以上的族群人數日漸增長，而住院平均日數則逐漸減少。由於醫學進展，重傷、重症病患獲救人數越來越多，但這卻也帶來諷刺結果，需要特殊醫療看護的人數增加了。革新器官移植技術和嶄新癌症化學療法，導致抵抗力日漸薄弱的亞族群人數增多。面對這種情況，唯有使用抗微生物產品才能維持生命。

## 抵抗微生物的基本原理

　　抗微生物產品可以對付細菌、黴菌、酵母菌、原蟲和病毒。不論是天然或合成的，凡是抗微生物物質都能殺死或抑制微生物生長。

　　醫學界術語「**抗微生物劑**」，指稱能殺死微生物的內、外用藥，包括：抗感染劑、抗生素和化療藥劑。用於人體和獸醫用的抗微生

物製劑，在美國歸屬食品及藥物管理署負責監督。

「**家庭清潔用抗微生物物質**」，指稱能殺死微生物的製品，或指抗微生物製品中所含活性成份，在美國這類產品歸屬環境保護總局主管。從二十世紀七〇年代初到八〇年代中期，美國環境保護總局推動檢核措施，確保所有殺蟲劑都安全、有效，而抗微生物產品列為殺蟲劑品類，和用來殺死昆蟲、螺類、蠕蟲和齧齒動物的藥劑同歸一類。

「**生物殺傷劑**」是能殺死所有生物的製劑或化學物質，用來對付從昆蟲和齧齒動物到微生物等類群。消毒劑、衛生清潔劑、抗感染劑和防腐劑有時也稱為生物殺傷劑。抗生素也是生物殺傷劑，不過屬於藥物類別。殺菌劑一詞也指稱用來殺死微生物的產品。

「**消毒劑**」和「**衛生清潔劑**」是兩類抗微生物製品，消毒劑視用途還能區分以下類別：細菌殺傷劑（殺死細菌）、真菌殺傷劑（殺死真菌，包括酵母菌和黴斑的黴菌類群）、病毒殺傷劑（殺死病毒）、藻類殺傷劑（殺死藻類）等。衛生清潔劑專門用來對付細菌，但對於不屬細菌類群的病毒、黴菌等微生物無效。

冠上消毒劑名稱的產品，必須能夠在十分鐘內殺死堅硬無生命表面的細菌或真菌，而且至少達一百萬顆才算符合標準。殺菌試驗會針對各種微生物逐一進行。病毒殺傷劑是對付病毒的消毒劑，由於病毒在實驗室中生長方式不同，因此效力標準略有不同。

消毒劑專門用來處理各種堅硬表面，好比：料理台面、洗滌槽、馬桶坐墊、浴室、地板、桌面、醫院輪床、手術台、塑膠製或金屬材質垃圾桶等等。有幾種消毒劑還能處理帶有孔隙、像是瓷磚間隙和木料等表面，這類產品在標示上都會說明製品適於處理帶有孔隙的物品。除了處理堅硬表面的消毒劑，也有專門用來處理衣物

和織品布料（家具被覆材料、窗簾和地毯等）的消毒劑。

「消毒劑」這個用詞有時會造成混淆。就連世界衛生組織都稱酒精爲「皮膚消毒劑」，這樣誤用術語實在可悲。請注意，消毒劑是不可以用在人類及動物身上的。

「衛生清潔劑」可以減少細菌數量，使用於家庭表面、換洗衣物、地毯和室內空氣的產品，若能在五分鐘內減少菌數達百分之九十九點九，便可視爲合乎美國環境保護總局界定的安全水平。就使用於食物處理設備、用具上的製品而論，所謂的「安全」是指能在三十秒內，減少菌數達百分之九十九點九九九。

究竟要多安全才算「安全」？若起初有一千顆細菌，殺了其中百分之九十九點九，便剩下一顆活體細菌細胞。若爲十萬顆細菌，殺死百分之九十九點九九九，最後也是剩下一顆細胞。但如果每滴漢堡生肉汁都含百萬顆細菌呢？使用能殺滅百分之九十九點九細菌的衛生清潔劑，最後還會剩下一千顆活細菌！（當然，這些都只是估計值，並非精確數字。進行實驗室試驗時，要正好殺死九百九十九顆細菌根本是辦不到的。）若想殺死沙門氏菌，這個數字還算好，因爲這類細菌的細胞必須達到一百到一千顆劑量，才會讓人生病。但是，只需嚥下十顆大腸桿菌或志賀氏菌細胞就會帶來危害。再者，我們也無從知道，料理台面那滴汁液裡面究竟含有多少細菌，因此才需要效力超過衛生清潔劑的消毒劑來殺滅一切潛藏的細菌。

「多安全才算安全」這個問題等同於詢問「我們應該乾淨到什麼程度？」你家的料理台面、鍵盤或馬桶坐墊上，果眞存有一百萬顆或更多細菌嗎？剛從乾衣機取出來的手帕，眞的會讓你噁心反胃嗎？家裡到處都有細菌，有時候密度很高，有時候較低。用消毒劑

來掃蕩一百多萬顆微生物，或許是殺雞用牛刀，因為地表絕大多數的微生物都不是病原體。所以，若是在餅乾掉落地上時遵奉五秒守則，你大可以安心吃下餅乾。

## 打掃清潔

塵土和髒污散佈在我們的生活周遭。有些塵土肉眼不見得看得到，塵土包含了乾燥或潮濕的物質，例如肉汁和菜汁、黏液和口水，以及牛奶、血液或尿液等微滴。塵土還包括許多細小顆粒，來自花園土壤、糞便或肥皂薄膜，還有飄在空氣中的塵埃等微粒。而髒污是我們看得到的塵土，包括上述所有塵土，但數量較多。

塵土會形成供微生物藏身的隱匿角落，其中還有保護微生物的蛋白質，因此會減弱殺菌劑的效果。所以，使用消毒劑之前先打掃乾淨（掃地、拖地、用乾淨的海棉或抹布擦拭），產品才能一如預期殺死微生物（圖 5-1）。

某些產品號稱同時具有清除塵土和消毒的效果，一次就能完成兩種清潔。但是這類產品在標示上通常仍會特別指出「使用前」必須先清除塵土，諸如「先把表面清乾淨」等字樣。有時候標示可能會寫上，只有「十分髒污的表面」才需要預先清潔。這時就得自己判斷，要處理的表面是不是很髒。但多數暢銷消毒劑和衛生清潔劑，都不是這類二合一清潔劑。

產品上的說明很重要，因為只有依照文字說明正確使用清潔劑，才能真正殺死要對付的微生物。不過，閱讀標示上的說明是一回事，按照說明使用又是另一回事了。儘管消毒劑可能是需要五分鐘，甚至十分鐘後才能發揮功效，但大多數的使用者恐怕都不會花時間等候。家庭中的清潔噴霧劑、擦拭劑和溶劑等，都需要時間來

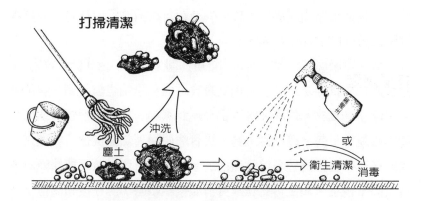

圖 5-1：多數消毒劑和衛生清潔劑使用前都需預先清除塵土。別擔心，真正的塵土沒有這麼大！（插畫作者：Peter Guede）

發揮效用，因為活性成份必須滲入微生物細胞壁和細胞膜，才能破壞微生物正常細胞機能，可不是瞬間就能產生效果。這段殺死微生物所需的時間稱為「接觸時間」。若有產品號稱能「立刻殺菌」，別相信這種說詞，就算是效力最強的消毒劑，例如漂白劑，都必須有一定的接觸時間。衛生清潔劑的接觸時間約三十秒到五分鐘便能生效，比消毒劑短。

消毒劑和衛生清潔劑製造商，會利用行銷語言來宣揚產品的所有優點，所以抗微生物劑的標示說詞，充其量只是引人注意的行銷口號，但是這些文辭還是得小心構思，必須達到吸引消費者目光，又能符合美國環境保護總局的要求規範。

這類產品歸屬美國環境保護總局管轄，必須通過三項審核要點才准予上市：（1）必須標明產品使用說明，包括接觸時間（2）標明能殺死或抑制的微生物名稱（3）標示具殺傷或抑制功能的活性成

份。就連宣稱能殺死「百分之九十九感冒和流感病毒」的抗病毒型紙巾，都必須向美國環境保護總局登記，說明標示同樣必須完整羅列環保總局規定的必要資訊。

殺菌劑廠商有時會宣稱他們推廣「衛生住家」或「健康家庭」，這種說法的實際功效還沒有得到證實，而且恐怕也辦不到。病菌附著在鞋子、食物，以及你的雙手上進到家中。才剛剛把廚房或衛浴間消毒乾淨，幾分鐘不到，馬上又有病菌隨著氣流從窗戶吹進來，或附在寵物身上搭便車進到屋內。家裡的消毒劑，並不能保障成員免受感冒侵染，甚至可能在購買清潔劑結帳時，排在後頭的傢伙就把感冒傳染給你。儘管在若干情況下，抗微生物產品確實有重要用途，但是使用這類產品，並不會讓你的住家變得更衛生，你的家人也不會因此更健康。

## 抗微生物製劑和微生物抗藥性

微生物學界不免也有些爭議。其中一項爭議是，能夠耐受抗生素或化學藥劑的微生物，是否因為受到化學清潔劑影響才出現？而這個影響程度究竟有多高？

微生物的耐藥性是指它們阻礙抗微生物化合物（如抗生素）發揮作用的能力。細菌和病毒在複製時會隨機發生突變，耐藥性就是在這個演變過程中產生。細菌和病毒藉著偶發突變，演化出能夠指揮細胞製造能夠摧毀抗生素的酶的基因。

細菌擁有某些性狀，可以幫它們迅速發展出耐藥性，而且除了對付抗生素之外，還能抵抗其他威脅。細菌在短短的時間內便能繁衍許多世代，每顆細胞在每次演替，都有機會獲得及保有某些幫助

存活的特性。其中有些可能演變出高強本領,能夠在極高溫環境或含鹽溶液中生存,另有些則可能形成某些機制,來抵抗如苯、砷或抗生素等化學物質。

　　抗生素是眞菌或細菌製造的物質(有些是在實驗室中合成),可以用來殺死其他微生物。抗生素青黴素在二十世紀四〇年代問世,隨後很快被納入處方(不管對不對症),用來對付多種病痛。在這數年期間,形形色色的細菌逐漸取得抵抗性狀,能夠擊退青黴菌的藥效攻勢。從此以後,這群細菌多半還演化出應付其他抗生素的抵抗力。如今,耐藥細菌確實已經成爲醫療保健方面的重大問題,它們正是多年無限制使用抗生素所造成的產物。醫學界和微生物學家憂心忡忡,深恐發明新式藥物來治療感染的能力,已經逐漸被抗生素耐藥性超越。

　　細菌還有一種稱爲質粒(plasmid)的特殊構造。質粒是細菌的小股 DNA,在細胞含水環境中自由漂浮。核苷酸是 DNA 的基礎組成單位,彼此以精確順序彼此串連。DNA 段落由核苷酸順序組成並構成基因,而質體基因含有讓細胞產生耐藥性的指令。

　　細胞的 DNA 和基因貯藏構造稱爲染色體。染色體比質粒大,而且同樣含有耐藥性指令。和染色體相比,質粒的優點是尺寸很小,方便在朋友之間通行傳播。由於質粒能夠在同種的(或有時在不同種的)細胞之間通行,細菌便藉此特性養成抗藥能力。

　　多年以來大家都能接受,抗生素耐藥性是個難解的實際問題。然而,微生物對清潔製劑所含抗微生物化學物質也具有抵抗力,這卻不是所有人都能接受。有些微生物學家深信,無限制使用清潔劑、消毒劑和衛生清潔等產品,已經讓細菌產生化學品抵抗力。接著他們又推論,若是產品能誘發化學品抵抗力,那麼這類細菌就

得以依循相同方式，發展出抗生素耐藥性。這樣一來，原本就迫在眉睫的微生物災難更是雪上加霜，恐怕很快就會出現已知藥物完全殺不死的微生物。

另有人則辯稱，化學物質的作用和抗生素的作用無關，理由是化學消毒劑可以殺死所有碰到的細菌，所以它們沒有機會產生抵抗力。這項爭議不斷成為媒體矚目焦點。

## 支持使用消毒劑和衛生清潔劑的說法

擁護化學消毒劑的人提出幾項確鑿論據，贊成應該經常使用消毒劑和衛生清潔劑。有些微生物學家和非科學家都主張，使用這類產品能帶來重大影響，不只醫院必須使用，所有住家、餐廳、辦公建築和群眾聚集場所都應該使用。這裡舉出他們的幾項論據：

● 消毒劑和衛生清潔劑不可或缺，能用來殺死致病微生物，適用於會散播傳染病的眾多場所，包括：住家、醫院、日間托育中心、安養院、旅館、餐廳和公共廁所等。這類製劑能殺滅棲身醫療用具和加工設備的病原體，而且以這類製劑處理自來水之後才能安心飲用。如今，風險族群的類別、人數都不斷增長，因此良好的個人衛生習慣加上使用殺菌劑，比以往更為重要。研究證實，若能經常打掃清潔，並搭配使用家居消毒劑，便能減少會引發感染的細菌數量。

● 大腸桿菌、沙門氏菌、彎曲菌、葡萄球菌等菌群，大都常態出現於家庭廚房中，因此其他病原體也很可能在那裡現身。而因為我們看不見它們，所以並無法知道它們何時會在哪裡現身，這時就必須使用殺菌劑來減輕威脅，降低疾病在家中傳染的機率。

● 這類產品並不會激發抵抗力，多年使用下來，並未大幅強化

微生物的化學品抵抗力。抵抗力必須經過好幾代細胞才會出現，各個世代出現自發突變的次數極少。細菌的最高突變率（一顆細胞每次分裂之際，一個基因發生突變的機率）為每十萬次得一次。這相當於地球被直徑八百公尺隕石擊中的機率！消毒劑可以當場撲滅所有微生物，它們完全沒有機會發生突變。

●除了實驗室研究，沒有任何研究足以證明，生物殺傷製劑和抗生素耐藥性有連帶關係。成功誘發抵抗力的少數實驗，也同時證明這種事例十分罕見，不足以對健康產生影響。實驗室試驗安排了有利條件，足以促進耐藥細菌滋長。在住家環境中，細菌的成長速率慢得多，要經突變產生耐藥品種的機會，可說是微乎其微。抗生素耐藥性完全是濫用藥物幾十年後，才造成的不幸後果。

●在今日，消毒劑比以往都更為重要。出國旅行已經是普遍行為，這助長疾病在各大洲蔓延，導致全球疫情爆發。還有，食物加工越趨集中，於是病原體污染肉類、蔬果和果菜汁的機率也攀升了。最後，隨著都市人口增長，病菌也更容易四處蔓延，這種都市感染蔓延現象，自中世紀就為人所知。因此抗微生物製品越來越重要。

總之，旅遊和食品製造助長新疾病迅速蔓延，這些都是實際威脅。媒體拿民眾的恐懼加油添醋，聳動報導可能有不怕消毒劑的細菌進入家中肆虐。這類菌群還被冠上耐藥性「超級病菌」的恐怖措詞，引發民眾恐慌。學術界還火上加油，讓民眾對家用清潔劑更感畏懼，然而許多研究人員只拿試管來做實驗，根本不在現實環境中做研究。只要談論超級病菌越多，就越能吸引民眾注意他們本人，還有他們所屬大學。別相信他們那套鬼話。

## 反對使用消毒劑和衛生清潔劑的說法

反對使用化學消毒劑的人也提出幾項紮實論點，表示應謹慎使用消毒製品。他們指出只有在特定情況下，才需要使用這類產品來預防感染，而且不該用消毒劑將身邊無害的普通微生物一概徹底撲滅。這裡提出他們的幾項論據：

●使用消毒劑和衛生清潔劑時，必須依循使用說明的指示，否則無法達到廣告所述的效果，但大多數民眾很少會真正遵照產品說明來使用。若在噴灑產品後，立刻將噴灑表面擦乾淨，那麼「經過消毒」的表面，依然存有活體細菌。若換成衛生清潔劑，情況更糟，按照這類產品的配方，使用後仍會殘留部份活體病菌，因此最強悍的「超級病菌」存活了，而且當它們增生時，便把這種抵抗力基因傳遞給下一代。

●有些殺菌劑會留下殘餘成份。研究顯示，長效藥劑讓最強悍的菌群有更多時間生長及發展出抵抗力。這類超級病菌能把化學物質排出體外，這種生物機制稱為主動外排泵（efflux pump），它們也採用同一種機制把抗生素排出體外。抗化學品細菌也能抵抗安比西林、四環素、氯黴素（chloramphenicol）和環丙沙星（ciprofloxacin，另譯賽普洛類）等多類抗生素。如今有一個金黃色葡萄球菌品種，經證實能耐受抗生素甲氧西林和消毒劑苯基氯化銨（benzalkonium chloride），證明抗生素和化學品有連帶關係。

●在某些情況下，確實有必要加強清潔，好比當民眾陷於感染風險處境、生肉汁濺溢，甚至當馬桶滿溢之時，最佳消毒良方是百分之五點二五的次氯酸鈉漂白劑、百分之三的雙氧水，也可以用百分之七十的乙醇（ethyl alcohol）或異丙醇（isopropyl alcohol），也

就是外用酒精。

●多數細菌都沒有危害，把無害微生物連同偶爾出現的病原體一併撲滅，並不符合「衛生假設」。家中太乾淨，消毒太徹底，會妨礙免疫系統正常運作，接觸各種生物可以幫助免疫系統成熟運作、產生抗體，而且對幼童特別重要。如今哮喘、過敏兒日漸增多，原因大多是病童家裡太勤於打掃。

《新英格蘭醫學期刊》（*New England Journal of Medicine*）在二〇〇〇年刊出報導，顯示住在農莊、家中養狗，或成長在大家庭的兒童，罹患過敏症的風險低於家中過度乾淨的兒童。不時接觸各種溫和微生物是件好事。

在學術名詞出現之前，世世代代的母親早都天生懂得衛生假設。當一個孩子染上傳染型疾病，例如痲疹、腮腺炎或水痘，她們便會讓子女留在家中。這樣一來，「全家」免疫力便能長期持續，幾乎可達終生。如今出現各種積極接種計畫、消毒措施，加上過度勤於打掃，反而讓幼兒沒有機會發展出成熟的免疫力。

●約有百分之八十的感染型疾病來自人際間接觸。舉例來說，握手之後立刻碰觸臉部便會傳播感染。消毒劑因為不能用在手上，所以消毒產品對於對病菌的主要傳播途徑事實上並無影響。

養成良好個人、家居衛生習慣可以預防感染。適度洗手、染上感冒或流感時特別注意看護、紙巾用過即丟、小心處理食品、使用乾淨的海棉和抹布，好好維護吸塵器的清潔，這些就足以保障環境不受病菌侵染。權衡你家人和居家環境的風險，然後依常識判斷是否需要使用強效生物殺傷劑。

總之，媒體拿民眾家中有微生物四處亂爬來加油添醋，聳動報導這種種病毒、細菌和黴斑都可以毒害家人。儘管報導滿天飛，卻

多半是銷售生物殺傷劑的公司發布的消息，並沒有證據顯示民眾經常從洗好的衣物、門柄、冰箱門把或電話染上病菌。別相信他們那套鬼話。

# 瓶罐裡裝了什麼？

消毒劑或衛生清潔劑配方中，都含有能殺傷微生物的化學物質，這些就是製劑的活性成份。而其他用來懸浮、分解或助長活性成份的原料，都屬於無活性成份。香料和色素也都是無活性成份。

仔細閱讀產品成份說明時，可能可以看到以下常用的幾種抗微生物成份：

● 乙基苄基氯化銨（ethyl benzyl ammonium chloride）

● 苯基氯化銨（benzalkonium chloride）

● 甲苄索氯銨（benzethonium chloride）

● 次氯酸鈉（漂白劑）

● 糖酸二甲基苯銨（dimethyl benzyl ammonium saccharinate）或氯化二甲基苯銨（dimethyl benzyl ammonium chloride）

● 磺酸（sulfonic acid，即含硫有機酸）

● 石碳酸

● 松油（pine oil）

● 酒精，通常為乙醇

● 三氯生

抗微生物活性成份的效用水平互異。舉例來說，漂白劑殺菌

## 水質硬度和四級銨鹽生物殺傷劑的效用

你所居城市的水質報告書，上頭會列有你的社區水質硬度估計值。硬度是得自水中所含的鈣和鎂。硬度範圍通常以每百萬單位含量來表示（寫成 ppm），代表水中的碳酸鈣濃度。其他硬度單位還包括每升毫克數（mg/L，和 ppm 的意義相同）和格冷（grain, 1 grain = 17.7 ppm）。

0 - 60 ppm·······················軟
61 - 120 ppm·······················中硬
121 - 180 ppm·······················硬
高於 181 ppm·······················非常硬

硬度只影響必須先稀釋才能使用的四級銨族或松油製品。水質較硬時可參閱產品標籤所列使用說明。每百萬分之一單位含量（ppm）約相當於把十杯液體（約兩千三百六十毫升）倒進奧運標準游泳池所得含量值。每十億分之一單位含量（ppb）約相當於六匙水量（重約三十克）和標準池蓄水量之比。

所需的接觸時間很短，有時候還不到一分鐘，比其他多數化學物質都短得多。表列前三項抗微生物成份都屬於四級銨鹽（quaternary ammonium）化合物族系，簡稱四級銨族（quats）。四級銨族的作用時間比漂白劑長，而且就一般而言，對付革蘭氏陰性菌群的效果也較差。四級銨族也很容易受硬水影響，若以硬水來稀釋含四級銨族或石碳酸的清潔劑，便可能減弱殺傷微生物的效能。

此外微生物的耐命程度有別，可以從最難殺死到最容易殺死的順序區分為不同等級。細菌的芽孢（梭菌和芽孢桿菌）十分耐命，

多數消毒劑都殺不死它們。只有非常強烈的產品才能對付細菌芽孢，這類製品稱為滅菌劑（sterilizer）或芽孢殺傷劑（sporicide）。

以下列出各種感染媒介依耐命程度，從最難殺死到最容易殺死順序列舉：

**朊毒體**：最難破壞的感染媒介。

**細菌芽孢類群**：芽孢桿菌和梭狀芽孢桿菌類群的菌種能形成芽孢衣殼，這種構造幾乎是堅不可摧。

**分枝桿菌類群**：具獨特結構和生活方式的菌群。

**不具脂質衣殼的病毒類群**：包括 A 型肝炎病毒、鼻病毒（感冒病毒）、脊髓灰質炎病毒、輪狀病毒、腸病毒和諾沃克病毒，還有伊科病毒（echoviruses）、腺病毒（adenovirus）和柯薩奇病毒（coxsackievirus）。

**真菌類群**：包括念珠菌、髮癬菌、葡萄穗黴菌、麴菌、青黴菌、鐮孢菌和毛黴等黴菌類群。

**不構成芽孢的菌類**：重要類群包括葡萄球菌、沙門氏菌、大腸桿菌、鏈球菌、假單胞菌、李斯特氏菌、彎曲菌和腸球菌等。

**具脂質衣殼的病毒**：即外覆之衣殼含有脂肪原料的病毒。有些化學物質對脂質衣殼具有高滲透性，因此很容易殺傷這類病毒。本類病毒包括：流感病毒（包括 H5N1 型禽流感病毒）、人類免疫缺陷病毒（HIV）、B 型和 C 型肝炎病毒、單純痲疹病毒（即皰疹病毒）和帶狀皰疹病毒、呼吸道合胞病毒（respiratory syncytial virus, RSV）、漢他病毒、水痘病毒、冠狀病毒（coronavirus，包括 SARS 病毒）和巨細胞病毒（cytomegalovirus）。

在現今最引人恐慌的病毒當中，有幾類極容易以化學消毒劑殺死，像是流感、H5N1 型禽流感、SARS 和愛滋病毒等，它們應付抗

微生物化學物質的本領都很差。

家庭用漂白劑是毀滅微生物最具規模的殺傷性武器。漂白劑能夠（在幾秒鐘之內）迅速破壞微生物的機能，就算（根據廠商指示配製的）稀釋後的溶劑也辦得到！漂白劑能殺死細菌芽孢和隱孢子蟲孢囊這兩個在微生物界最頑強的類群，只要在使用時給予較長的接觸時間（數小時），就能對付這類強悍的微生物。漂白劑是出了名的有毒化學物質，不過一顆漂白劑分子進入水中，很容易就分解成一顆水分子和氯化鈉，也就是大家熟悉的食鹽。漂白劑或許只有區區幾項缺點：（1）一旦對水稀釋，效用便不能長久持續，所以漂白水溶劑必須每天調製，（2）漂白劑具腐蝕性，因此只能用來消毒，並不能清潔物品，所以使用漂白劑前，必須先擦洗乾淨髒污表面。

## 抗菌肥皂

抗菌肥皂現在也成了眾矢之的，背負了造成細菌產生化學抵抗力的罪名。

許多人搞不清楚「抗菌肥皂」和「抗微生物劑」的差別，這倒是情有可原。抗菌肥皂包括：（1）用來洗手或洗身體，所含成份能夠制止細菌生長的肥皂，（2）含護手衛生清潔劑的肥皂，（3）含抗感染劑的肥皂。抗菌肥皂是用來洗身體，不能用來清洗屋內用品。至於抗微生物劑則包括消毒劑和衛生清潔劑，「不得」用在身體上。

有些抗菌肥皂還含有隨處可見的三氯生（表5.1），另有些則含有三氯卡班（triclocarban）。這些產品包裝上都會加以強調只限皮膚外用，「幫助殺滅手上病菌」或「減少皮膚含菌數」。

抗菌肥皂究竟有效嗎？有效，但也可以說無效。有效是因為，

表5-1：三氯生可以當成一種抗微生物成份，也可以作為塗料。

| 含三氯生的產品 | | |
|---|---|---|
| 肥皂或肥皂乳 | 砧板 | 暖腳拖鞋 |
| 日常潔面用品 | 刀和切片機 | 冰淇淋挖勺 |
| 耳塞 | 痤瘡軟膏 | 牙膏 |
| 牙刷 | 抹布和海棉 | 洗碗精 |
| 制臭劑 | 刮鬍凝膠 | 日曬護膚噴劑和護膚膏 |
| 護膚品 | 化妝粉底 | 唇彩和唇蜜 |
| 燒燙傷治療劑 | 化妝粉 | 圍裙 |
| 拖把頭 | 家具 | 地毯緩衝墊 |
| 電腦鍵盤 | 滑鼠墊 | 毛巾 |
| 塗料和牆面材料 | 扶手杆 | 玩具 |
| 玩具電腦 | 涼鞋、鞋、襪 | 鞋墊 |
| 空氣濾清器 | 增濕器 | 地板鋪材 |
| 購物手推車的把手 | 寵物食盆 | 飲料壺罐 |

一如普通肥皂，抗菌肥皂能分解我們皮膚上的油脂，使污垢更容易被洗掉。而一旦抗菌肥皂在皮膚上的接觸時間夠長，或許還能殺死若干細菌。無效則是因為，抗菌肥皂的效果完全不超過普通肥皂，因為很少人會讓肥皂泡沫在皮膚上停留一段時間，也因此多數人並享受不到活性成份的額外好處。

按照美國食品及藥物管理署分類標準，抗菌肥皂歸入非處方藥。懂不懂術語沒關係，明白何時需要使用肥皂才最重要。只要時機合宜，使用得當，抗菌肥皂和普通肥皂對個人衛生都一樣重要。

# 「綠色環保」家庭清潔劑

「綠色」或「環保」清潔劑以居家使用安全來招徠顧客，還宣揚產品的包裝和配方都可以在環境中分解，也就是從裡到外全都可由生物分解。如今不含合成生物殺傷劑的配方又重新引人矚目，這有兩個理由。首先，民眾越來越關切化學物質會在戶外長期殘留，還會散發煙霧進入室內空氣。其次，許多消費者擔心，微生物會對人造生物殺傷劑產生抵抗力，於是改用其他清潔劑。

環保清潔劑的活性成份，似乎頗能讓人滿意，包括：橙油、檸檬油和檸檬草油、茶樹和松木萃取精華，還有用椰子製造的界面活性劑（surfactant，可分解污垢的洗滌劑）。只要仔細閱讀標示，偶爾也能找到氧化胺（amine oxide）、丙二醇單甲醚（propylene glycol ether）或過碳酸鈉（sodium percarbonate）。

我們在幾十年前已經知道，植物萃取油能抑制細菌生長，因此，不論是綠色或非綠色產品，都會添加香精油和植物萃取物來增添香氣，並藉此略為提高製品的抗微生物效能。

有些生態親善型清潔劑則添加碳酸氫鈉（小蘇打）或乙醇酸（glycolic acid，或稱甘醇酸）。碳酸氫鈉帶些許清潔作用，還有中等抗微生物效能。乙醇酸也可以對抗微生物，還能輔助提高其他成份效用。

綠色清潔劑若沒有通過美國環境保護總局的嚴苛規範，不得宣稱具有微生物殺傷效用，標示上不得出現「殺菌」、「抗微生物」、「殺傷真菌」、「消毒」或「衛生清潔」等敘述，也不能在標示上列舉微生物名稱。多數製品確實都提供使用說明，還有安全警告。這顯然帶有諷刺意味。民眾認為，和化學物質相比，綠色產品對人、動物

和環境都較為安全，所以才買來使用。然而，凡是通過效用、安全測試，而且還有數據佐證的產品，卻都是向美國環境保護總局註冊的抗微生物化學製品。

具環保意識之士往往愛用醋、小蘇打、檸檬汁、氨、硼砂來清洗家庭用品。有些人覺得氨和酒精會揮發刺激性物質，對人類有害，不算良性物質，因此拒絕使用。未稀釋的醋和氨，以及小蘇打可以殺死部份細菌，不過速度和效果都不如化學消毒劑，比起漂白劑更是相形遜色。

綠色清潔劑的殺菌效果，約略可以和不當使用的已註冊殺菌劑的效用相提並論。這兩種使用狀況或許都能撲殺幾千顆細菌和病毒。在某些情況下，殺死幾千顆或許足敷所需，不過你也無從判定。

有些家庭對安全、環境責任和效用都有自己的標準，常根據這些標準來選擇產品，儘管所選擇的微生物殺傷劑的效用不甚明確，但仍依然願意付出代價並樂於採用，因為你知道，這些都是沿用多年的安全配方。假設醋無法在五分鐘之內殺死百分之九十九點九的細菌，不過還是能殺死不少，這樣真的就夠好了嗎？

根據本章內容，我們可以了解這個問題很難回答。不論選擇使用哪一類清潔劑，只要回歸良好衛生的核心原則，都能降低患病的機率。

## 細菌滋長對於抗微生物劑效用有何影響

把一顆細菌細胞投入養分充足的液體中，它並不會立刻開始分裂、滋長。這顆細胞會經歷一段遲緩生長期，一邊製造酶和其他成

# 抗微生物精油

　　許多企業都使用精油來為產品增添風味或香氣。其中多種油品都具有抗微生物特性。

## ● 能有效對抗細菌的精油

百里香（thyme）　　　　　檸檬（lemon）

馬鬱蘭（marjoram）　　　　奧勒岡草（oregano，即牛至）

薰衣草（lavender）　　　　勞雷爾月桂（laurel）

灣月桂（bay）　　　　　　甜橙（orange）

羅勒（basil）　　　　　　迷迭香（rosemary）

肉桂（cinnamon）　　　　茴香（fennel）

肉豆蔻（nutmeg）　　　　綠薄荷（spearmint）

丁香（clove）　　　　　　尤加利（eucalyptus）

## ● 能有效對抗黴菌的精油

肉桂

黑胡椒

迷迭香

丁香

多果香（allspice）

鼠尾草（sage）

龍艾（tarragon）

香柏木（caraway，即葛縷子）

　　由於精油的活性具有專一性，因此每種品類針對某類細菌或黴菌或許非常有效，對其他類群卻沒有作用。

份，為後續爆發活動預作綢繆。這段「遲滯期」（lag period）有可能持續幾小時到幾天。一旦細胞體內各複製系統全部組裝完畢，它便開始分裂，生活步調也兩倍於所屬菌種的常態速率。這種速率或許只持續短短二十到三十分鐘。細菌經歷短暫倍速階段，群落數量迅速擴增（參照表 2-3），這個極高速增長階段稱為指數（或對數）生長期，常簡稱為「對數期」（log phase）。

科學界很少有學者例行使用對數，微生物學家就是其中一群。對數是一種數學運算法，可以把極大數轉換為比較好處理的數值。若是沒有對數，這些極大數值的種種運算都會變得難如登天。所幸，手持式計算機多半都能做巧妙算術計算。以下是幾個對數轉換的例子：

$2 \times 10 = 20$

$2 \times 10^3 = 2000 = \log 3.3$

$2 \times 10^6 = 2,000,000 = 2$ 百萬 $= \log 6.3$

$2 \times 10^{10} = 20,000,000,000 = 2$ 百億 $= \log 10.3$

除了試管之外，細菌還能在其他環境中以逼近對數成長速率增殖，一杯沒有冷藏的牛奶、酷暑的後院靜水池塘，或者髒污的開放性流血傷口都是好例子。不過就一般情況，細菌在人體上和住家環境中的滋長速率，往往都較為緩慢，而這種緩慢生長速率會影響消毒效果。

和緩慢滋長或休眠的細胞相比，高速分裂的細胞比較容易受藥物、生物殺傷劑侵害，也比較不能應付極端環境。細胞在對數生長期間要消耗能量，投入大量資源來建造新的外壁、酶和染色體胞

## 良好的個人和家居衛生

（1）經常徹底洗手；（2）吃東西前和上廁所後都要洗手；（3）別用手碰觸嘴巴、眼睛；（4）紙巾使用後馬上丟棄；（5）別靠近明顯染上感冒或流感的人，遠離打噴嚏／咳嗽時不遮掩口鼻的人；（6）使用乾淨的海棉或用後即丟的抹布來擦拭居家環境。

以上是美國各機關建議採行的準則，推薦單位包括：疾病防治中心、衛生及公共服務部、各州衛生處，以及感染控制與流行病學專業人員協會。

器。根據幾項有關於細菌在對數／非對數生長期的消毒研究結果推知，抗微生物化合製劑在細胞迅速分裂階段（也就是對數期）最能發揮效用。

微生物在家居環境的增殖速率不高，然而一旦遇上新的營養補給，好比有一杯牛奶不小心灑在地毯上，情況就不同了。原本靠有限養份勉強度日的微生物，突然領受豐富養料，爆發高度活力並持續短暫期間。一般的居家環境對微生物而言，生活條件往往不是很好，溫度和濕度很可能不如理想，養分受限，微生物必須靠眼前條件將就度日。

微生物在室內、戶外環境中常會降低細胞活性，只有在遇上充分養料，能夠維持許多細胞生存，這時它們才會分裂出新的細胞。最後，新細胞產生率便與老舊細胞死亡率相等。這時就進入「穩定期」。多種微生物在穩定期都較能耐受化學生物殺傷劑。

消毒劑是根據微生物在實驗室試管中的最佳條件所研究配製的，而產品試驗對象都是進入對數成長期的細菌，所以在實驗室中

的抗微生物製品取得所有優勢，能以最高效能發揮作用。但這類製品很少針對黏在家中砧板上的混生微生物群進行試驗，「殺死百分之九十九點九的病菌」或「能消毒對付……」等字句也許都言過其實，家中清潔劑的瓶中物並沒有這種能力。

　地球上並沒有堆滿死屍殘骸，也沒有塞滿死亡細菌，分解作用使得地球適於居住，分解是由種種充滿生機的微生物執行的作用。一旦穩定期細胞耗盡養分，它們便進入「衰亡期」，這時它們的機能停頓，迅速瓦解，細胞內容物溶入周圍液體，不能溶解的殘片則四處散落於微觀地貌。事實上，家中的塵土部份就是微生物的屍骸。

　實驗室中的細菌在幾天之內便走完「生命周期」。把菌種置入澄澈的無菌培養液，把試管擺進培養箱，幾個小時或一、兩天之後，試管中的培養液或許還很清澈，這就要看細菌種類而定。然而再過沒多久，液體就會開始出現雜質──進入對數生長期。培養液變得渾濁、黯淡，還會散發讓你難以忘懷的氣味。不過，過了一段時間，活動便要趨緩，培養菌群也開始衰亡。若是擺在培養箱中的時間夠久，培養液就會恢復澄澈，和當初幾無兩樣。有時候，液體只會殘留些許雜物並散發微弱臭味。

　想了解消毒基本原理其實很容易，不必去思索生命哲理。消毒劑和衛生清潔劑都是在實驗室環境發明的，在這樣的環境中最適合使產品發揮功效。若是產品說明指出，製劑應留在表面五分鐘，那麼你大概就可以假定，如果殘留不到五分鐘，製劑便無法殺光目標微生物。再者，由於一般住家不太可能具備理想的消毒條件（室內一定會有塵土、不明微生物，或穩定期細胞），所以你大概也可以假定，讓產品在表面多留個幾分鐘，多等一下再洗掉製劑，應該是明智的作法。

# 抗感染劑

　　生物殺傷劑、病毒殺傷劑、衛生清潔劑，還有防黴劑，天哪！謝天謝地，總算有抗感染劑這類單純、不帶絲毫混淆的製劑。抗感染劑是殺死微生物的生物殺傷劑。抗感染劑只供皮膚外用，不能用來處理無生命物品，因此美國食品及藥物管理署把這類製劑列為藥物，而不歸入殺菌劑類別。藥物是指能控制疾病的物品。不過，打針前先用酒精擦拭皮膚，也算得上是疾病防治嗎？這是由於美國食品及藥物管理署對「藥物」的廣泛定義，據此，凡是用來診斷、治癒、減輕、處理或預防疾病，或者用來影響身體機能的物質全都列為藥物。抗感染劑因為能抑制病菌散佈，因此也算是種藥物。常用的抗感染劑包括酒精、雙氧水、碘酒，以及苯基氯化銨，這是種四級銨，你應該記得很清楚，這也是種消毒劑！

　　「抗感染劑」一詞很早就被使用，歷史超過兩百五十年，難怪它的定義要反覆更動高達兩百多次。廠商則毫無遲疑，他們把所有產品冠上「抗感染」名號，從防曬品到馬桶坐墊都不例外！美國食品及藥物管理署認為不該助長這種取巧作法，已經針對各種抗感染劑品類擬出詳細清單（表 5-2）。

　　有些活性成份除了被納入皮膚外用抗感染劑外，同時也會被納入住家環境用清潔劑配方，苯基氯化銨就是一例，這種物質可見於抗感染乳霜和廚房用衛生清潔劑。這絕對不表示我們可以將兩種產品互換使用，每種抗感染劑或消毒劑，都在標示上明明白白告訴消費者，這項產品該用在哪裡。

**表5-2：抗感染製劑類別（美國食品及藥物管理署藥品評估暨研究中心推薦採用）**

| 產品 | 目標消費群 | 用途 | 使用場合 |
|---|---|---|---|
| **醫療衛生用抗感染劑** | | | |
| 醫院洗手劑 | 醫療衛生專業人士、患者 | 手術前或照護患者前使用，減少皮膚著生菌數 | 醫院、門診區、醫務所、安養中心 |
| 術前皮膚準備劑 | | | |
| 外科刷手劑 | | | |
| 護手衛生清潔劑 | | | |
| 抗感染型洗手劑 | 一般大眾 | 減少手上著生菌數 | 住家、日間托育中心 |
| **消費者用抗感染劑** | | | |
| 抗感染型沐浴製品 | | 減輕體臭 | |
| 護手衛生清潔劑 | | 預防感染 | |
| **食品處理人員用抗感染劑** | | | |
| 洗手劑 | 商業食品處理人員 | 降低食源型疾病污染風險 | 餐廳、加工廠、其他商業食品設施 |
| 護手衛生清潔劑 | | | |

# 酒精的真相

在莎士比亞劇作《亨利五世》中，一段描寫亨利哀嘆說道：「我寧願用一生美名，換來一壺麥酒和平安的日子。」換作是微生物學家，恐怕都寧願換來的是一瓶純度百分之七十的可靠乙醇，擺在身邊。外用酒精（百分之七十的異丙基或異丙醇）和乙醇酒精同樣好用，而且在食品雜貨店或藥局都很容易買到。

既然百分之七十的酒精是殺死細菌和真菌的良方，那麼百分之九十五的，豈不是更好嗎？酒精作用得很快，而且乾後不留殘餘，

所以百分之九十五的酒精蒸發得太快，作用時間太短，並不足以摧毀微生物的蛋白質和脂肪。酒精對水稀釋後便可以減慢蒸發作用，延長接觸時間，但是加太多水也會破壞酒精殺傷微生物的威力。有效的酒精濃度範圍介於百分之五十和百分之八十五之間，實驗室和診所多半採用百分之七十的濃度，這是殺微生物用酒精的標準濃度。

護士為你打針之前，會先用含酒精棉花團來清潔臂膀，因為酒精可以去除皮膚上的微生物。於是，細菌和真菌都被棉花團擦掉了，皮膚上就完全無菌了，是嗎？錯，因為皮膚上有固有型（resident）和暫居型（transient）微生物區系。

固有型微生物區系包括棲居身體的原生細菌、酵母菌，以及其他真菌類群，它們住在皮膚裂隙內或皮膚最外表層的下方。酒精不見得能夠擦掉它們，就算淋浴或洗手時用力擦洗，也一樣。「暫居型微生物」是你時時沾上，然後隨塵土和皮膚碎屑脫落，過了幾分鐘又沾上的微生物群。酒精棉花團能有效擦掉的便是屬於暫居型微生物。多年使用下來，似乎證實用酒精棉花團擦拭能預防感染。

酒精洗手劑的效果也很好，在很多場合中都有人用來處理病菌，適用時機包括搭機搭車旅行、露營，還有找不到水來洗手的時候。酒精洗手劑的用法如下：

1. 把適量洗手劑擠在手掌上。

2. 雙手用力揉擦，讓酒精確實接觸所有部位。

3. 千萬記得指尖和指間部位也要擦到。

4. 繼續揉擦直到洗手劑蒸發、雙手乾燥為止（通常需費時十五到二十秒）。

## 表5-3：抗微生物化學物質的作用方式

抗微生物化合物攻擊微生物維持成長、進行繁殖的必要正常官能，因此能夠殺死微生物。細胞膜、細胞壁、酶和DNA複製機制，都是殺菌劑的攻擊目標。部份抗微生物化合物的細部作用模式，目前尚未完全明白。

| 抗微生物化學物質 | 作用方式 | 最擅長對付的類群 |
|---|---|---|
| 次氯酸鈉（漂白劑） | 干擾使用氧氣、瓦解蛋白質、破壞膜 | 細菌、病毒、原蟲、芽孢 |
| 酒精（百分之七十濃度） | 改變蛋白質的性質（破壞維持蛋白質正常結構的鍵）、溶解膜脂 | 細菌、真菌、部份病毒 |
| 氨 | 釋出干擾細胞活動（可能為營養攝取活動）的羥基（氫氧基）離子 | 細菌、病毒、真菌 |
| 四級銨鹽化合物族系（「四級銨族」） | 能與膜結合，從而破壞官能並使細胞釋出內容物 | 細菌、部份真菌和病毒 |
| 金屬類（銀、銅、鋅） | 和酶起反應並毒害細胞 | 藻類、真菌、部份細菌 |
| 酸質（醋、檸檬汁等） | 改變細胞周圍酸度，從而瓦解其正常機能 | 細菌、部份病毒 |
| 松油 | 和其他生物殺傷劑協同瓦解酶和膜組織 | 細菌、部份病毒 |
| 碳酸氫鈉（小蘇打） | 和正常酸鹼平衡相互影響 | 部份細菌 |
| 過氧化氫（雙氧水） | 強效氧化劑，能產生不穩定的氧類型，從而摧毀DNA、膜組織和其他胞器 | 細菌、病毒、藻類，對付真菌和酵母菌具有若干作用 |
| 碘 | 破壞胺基酸結構，從而摧毀蛋白質機能 | 細菌、病毒、原蟲，對付真菌和孢子具有若干作用 |
| 三氯生 | 妨礙酶催化製造脂肪酸 | 細菌 |

# 摘要

殺菌劑能殺死危害健康的微生物，適用於有感染風險的族群。這類產品可供居家消毒或做為衛生清潔使用，家中微生物高密集範圍都可以使用。我在日常生活中究竟該保持多乾淨、消毒得做到什麼程度，對此微生物學家並無共識。有些人覺得，清潔和消毒工作最好只做到最低程度就好；另有些人則認為，住家保持一塵不染才是不二法門。再者，科學家經常和生物殺傷劑製造商爭辯，耐藥細菌有何危害，會不會帶來危害等。

就像其他任何產品，購買前都必須權衡個人需求，只要根據常識做正確判斷，電視上的銷售伎倆，幾乎逃不過你的法眼。

第六章

感染和疾病

世上沒有渺小的敵人。

———班傑明・富蘭克林（Benjamin Franklin）

擁擠最適於疾病蔓延。群聚的松鼠、家牛、人類、鱒魚，葡萄藤或櫟樹，還有其他一切生物，只要個體彼此聚攏，很容易受到感染。綜觀歷史，都市社區的微生物感染率始終比鄉村社群更高，而感染型疾病也經常改變了文明進程。

天花病毒於西元前一二〇〇年出現在埃及，歷經好幾世紀不斷詛咒社會。十八世紀期間，歐洲曾有五位在位君主染上天花病死。兩個世紀之後，各國政府、各文化聯手消滅天花，開創人類史上少見的舉世合作成果。中世紀幾次大型鼠疫橫行肆虐，給世人帶來生物學和歷史教訓。淋巴腺鼠疫也稱黑死病，在六世紀期間殺死一億人，十四世紀時殺死兩千五百萬人，每次疫情至少都殺害了四分之一人口。史家認為隨後幾個世紀期間，愛滋病疫情確實發揮影響，促成官方政策與保健信條結合，歐洲的科學和技術進步，讓疫情緩和下來。歷來社會大規模變化，往往和小小的顯微顆粒有關，這裡提到的只是幾個最精簡的實例。

疫病要在人口群中爆發，必須先有一顆致命微生物，在一群人中站穩腳跟。「毒力」是指微生物造成感染或引致疾病的能力，子人口群則指（由於情境或健康問題，）容易受微生物侵染的一群人。這群人會成為微生物的藏身棲所，而且很可能成為疾病蔓延初期的幫凶。

身體的免疫系統是我們對抗感染的最主要防線之一。免疫系統的作用，加上體內種種條件，決定一個人的「受感染傾向」（susceptibility）。每個人都有若干受感染傾向，受感染傾向在一

生當中會出現變化。另外，個人的舉止行為也會造成影響，讓病原體有機會傳遍整個社群。對於病原體的毒力，我們所能發揮的影響可能少之又少，不過，我們可以影響自己的受感染傾向，可以決定要不要幫虎視眈眈的微生物製造侵染良機。

# 感染機制

「感染」是微生物侵襲身體外表或內部，並在特定部位滋長的現象。有些感染很輕微，不必找醫師幫忙就可以處理。另有些則由最初的局部區域，向外擴散到身體各部，引發特定的「感染型疾病」。「疾病」是指讓全身或部份身體無法正常運作的重大事件，但為了能把損傷官能的體內事件全都納入，疾病的定義不時地被修改，按照這種寬鬆標準，連感染也夠資格稱為疾病。

疾病有幾種分類作法，隨著病因、病程資訊日新月異，分類法也與時俱進修改變動。疾病可以按照受影響器官或組織來分類，例如帕金森式症，因為病因來自腦部，因此歸入神經型疾病類別。而另一種作法則是按照主要致病媒介或活動型式，來區分疾病類別。

按病因區分的疾病類別：

**感染型疾病**：微生物侵襲組織引發的疾病，例如：流感、愛滋病、腦炎

**遺傳型或先天型疾病**：由親代傳給子代的疾病，例如：唐氏症

**營養型疾病**：由於飲食不足、營養缺乏或飲食過度引發的疾病，例如：因缺乏維生素 $B_{12}$ 引發的惡性貧血症和肥胖症

**工業病或職業病**：由特定行為所導致的疾病，例如：重覆動作

傷害、塵肺病（又稱黑肺病）

**環境型疾病**：藉由空氣、水、食品等無生命媒介傳染的疾病，例如：肺癌、黑素瘤、鉛中毒

**行為型疾病**：因習慣或生活型態造成的疾病，例如：因吸菸染上的肺癌、酗酒引發的肝硬化

**精神病**：帶有行為症狀或異常舉止的神經型疾病，例如：精神分裂症、恐懼症

**退化型疾病**：組織隨年歲退化所引發的病症，綜合病因包括老化、營養、運動、環境或感染，例如：多發性硬化症、帕金森式症

感染型疾病在世界人口死因當中佔第二位，全球前五大主要死因為：（1）心血管疾病（2）感染型疾病（3）癌症（4）事故傷害（5）呼吸型疾病。若就特定致死病理因素而論，感染型疾病則位居第三位，愛滋病居第四位，前兩名主要致死因素為心臟病和中風（心血管疾病）。而單就感染型疾病而論，以愛滋病、腹瀉型疾病、肺結核和瘧疾奪走最多人命。

就診斷和醫療全盤表現而言，美國比世界其他區域都更高明。美國疾病防治中心把感染型疾病列為美國第七大死因，其中以流感和肺炎病故人數最多。

# 侵入和感染

## 侵染入口

致病微生物成功感染寄主的機率，取決於微生物進入或附著於寄主細胞的能力，以及侵襲寄主的病原體數量。許多感染因素都與

微生物附著、侵入人類細胞的現象有關，這些因素也因此構成了一個寬廣的科學研究領域，在研究上包含了免疫學、血清學和酶學等門知識的應用。

身體的黏膜襯覆是細菌和病毒侵襲寄主的主要侵入途徑。（「黏膜」是能分泌黏液的組織，而「黏液」是種濃稠物質，多種膜組織和腺體都能分泌黏液。）黏膜是微生物偏愛的侵入點，這有好幾項理由，其中一項是微生物可以輕鬆滲入黏膜。呼吸道、消化道和泌尿生殖道，還有支撐雙眼的基本構造，都具有黏膜襯覆，呼吸道和腸胃道是最常見的侵染入口。多數病原體都各有偏愛的特定黏膜途徑：肺炎鏈球菌喜愛呼吸道，沙門氏菌使用腸胃道，皰疹病毒則是透過泌尿生殖道的內襯細胞侵入體內。至於破傷風桿菌（*Clostridium tetani*，破傷風的致病微生物）則會攻擊皮膚細胞，引發感染。

某些微生物可以有多種侵染入口，這就是炭疽之所以可怕的其中一項理由，炭疽這種微生物不但要人命，還能藉由多重途徑侵入人體。從割傷或皮膚擦傷傷口侵入是常用途徑，細菌有可能滲透侵入較深層皮膚，但很少進入血流，於是便形成「局部性感染」。炭疽較常透過皮膚接觸感染，經由吸入炭疽芽孢而受感染的情況較少，但由於病原體進入了血流，遠比皮膚型炭疽更容易致命，吸入型炭疽患者致死率幾乎達百分之百。另外，一樣罕見且極度危險的類型是腸胃型炭疽，滲透襯膜侵入消化道，引發嚴重疾病。

## 感染寄主

病原體全都採取相同程序來附著（接著侵入）目標組織或偏好的細胞類別。病原體附上寄主細胞時，必須讓本身的外側分子，和寄主細胞表面相連，寄主和病原體的連結，是感染作用的第一個關

鍵步驟。

　　一旦進入寄主體內，病原體必須避開身體的防衛系統。部份致病微生物已經演化出幾種防衛方式，有些構成芽孢，另有些則是長出堅韌的細胞壁，還有的則分泌能消化寄主組織的酶，讓自己能順利入侵各種器官。

　　若能躲過免疫反應，病原體或許就能摧毀整個器官或代謝系統（代謝系統是提供身體生存必備官能的一群器官，消化系統就是一種代謝系統）。引發壞死性筋膜炎的鏈球菌俗稱「噬肉細菌」，這類球菌棲居皮膚內層，會破壞周圍的皮膚組織，當然，它不是真的「嚼食」組織，而是透過分泌一種酶來分解皮膚取得養分。有些細菌則是從血液或器官取得鐵等養分，讓身體陷入缺損處境，引發其他併發症。

　　有些細菌和病毒會大肆破壞免疫系統，間接傷害身體。這麼一來，寄主便成為免疫缺損患者，很容易受到其他微生物侵入並造成感染（稱為「繼發感染」）。

　　一般而言，病毒和結核菌是滲入人體細胞引發疾病，其他細菌則往往附著於組織和器官外側。

## 毒素

　　細菌型疾病對人體的傷害，大多不是微生物細胞的傑作，而是毒素造成的（至少佔了半數）。毒素是微生物衍生製造的毒物，有時體內已經找不到細菌，卻依然留存細菌所製造的毒素，而且隨著血液四處循環。這種病原體製造的毒素屬於外毒素，肉毒桿菌毒素就是這樣產生作用，烹煮或許能殺死肉毒桿菌這種食源型病原體，但它所產生的毒素依舊帶有活性，攝食之後，還是能引發肉毒中毒，

並可能致命。

有些革蘭氏陰性菌的毒素會附著於細菌的細胞壁（這是種內毒素），等細胞死亡並經過胞溶（lysis）作用瓦解之後，毒素才會釋出，在這之前可能完全看不出徵兆。若是染上會分泌內毒素的細菌，並以抗生素處方治療，在吃藥後或許會覺得更難過，這表示抗生素發揮作用，釋出的毒素在體內循環，導致病情一時之間惡化。和內毒素有關的疾病包括傷寒和腦脊膜炎，其病原體分別為傷寒沙門氏菌和腦膜炎奈瑟氏菌（*Neisseria meningitides*）。

神經毒素是侵襲神經系統的毒素，能破壞神經對神經、或神經對器官的傳導功能。中毒症狀包括定向障礙、不自主肌肉收縮、眩暈、記憶喪失，以及經常因神經受損而導致的其他症狀。

## 感染劑量

病原體侵入數量越多，越容易造成感染，而不同病原體的感染劑量各不相同。感染劑量是個約略數量，表示這麼多微生物便可能引發特定疾病。

若身體接觸的感染型微生物數量遠低於感染劑量，免疫系統便大有可能摧毀這個闖入者。若劑量較高，病原體便能附著、入侵，也很可能誘發疾病。

每個人的健康情況和受感染傾向互異，因此感染劑量也有高低之別。原本有病的人比較容易受到侵害，只要接觸少量病原體就可能受到感染。若身體完全健康，或許接觸較高劑量的病原體才會生病。斟酌一下五秒守則吧，當從地板撿起掉落的餅乾，最好先權衡自己的健康狀況，想清楚之後再決定要不要吃。

表6-1：感染劑量依病原體種類而異

| 微生物 | 感染劑量 |
| --- | --- |
| 結核菌 | 三顆細胞 |
| Ａ型肝炎病毒 | 低於十顆病毒 |
| 諾沃克病毒 | 十顆病毒 |
| 賈第鞭毛蟲 | 一到十顆孢囊 |
| 隱孢子蟲 | 十到一百顆孢囊 |
| 沙門氏菌 | 約百萬顆細胞，若是藉巧克力、乳酪等高脂肪食物傳染，則或許遠低於此數（一百到一千顆） |
| 傷寒沙門氏菌 | 十到一百顆細胞 |
| 彎曲菌 | 約五百顆 |

# 疾病傳播

## 病菌的多種傳播方式

細菌不會飛，病毒不會游泳，酵母細胞不能蹦跳過高樓。然而，微生物卻有辦法四處移動，在人與人之間傳播。許多微生物還能短暫耐受貧瘠荒漠。學一點病菌蔓延原理，了解它們如何自力移動，如何藉他人之助傳播，這項知識將可以幫助你預防感染。

每年到了流感季節，總是經常在媒體上看見學校、安養院、宿舍和體育隊伍受疫病侵襲的報導。在這類場所，人與人之間接觸頻繁，活動範圍固定，很容易追查出疫情爆發地點。在一些群眾只短暫逗留的場所，例如地下鐵和巴士，也會散播感染，然而由於人潮熙來攘往變動不絕，要溯源追查爆發地點就很難了。

中世紀期間受鼠疫折磨的都市人，似乎已經明白近距離接觸的風險。當時染上鼠疫死在家中和街頭的民眾，屍體必須運出城外掩埋，但觸摸受感染死者似乎不是明智之舉，因此村民想出運輸屍體的方法，他們用一根長度超過三公尺的竿子，把屍體叉起來，像拿

炭烤肉串一般運往處理場。

改掉用手摸臉的習慣，就可以打敗感染型微生物。成人平均每五分鐘就會碰觸自己的眼、口、鼻三次，兒童的碰觸次數則超過成人的兩倍。每日以手摸臉的總次數，估計可達二十到幾百次。別忘了，病原體在固體表面或在你手上靜候良機（手帕其實非常不衛生），它們無時等著搭順風車附上自己喜愛的侵染入口——黏膜。

咳嗽和噴嚏排出的微生物，可以隨飛沫在空中移動約一公尺。若是旁人打噴嚏時，你剛好站在承接飛沫的位置，可能就要染上感冒。不過，病毒更有可能落在家中或辦公室的各處表面，當接觸到這些表面，它們就會沾到你的手上。一般感冒病毒和流感病毒落在無生命表面後仍然具有感染能力，最長可維持三天。懸浮微滴中的流感病毒仍然有感染能力，最長可維持一個小時。糞生微生物、葡萄球菌、A型肝炎病毒和輪狀病毒染上了任何表面，都能夠存留好幾個小時到好幾天。若想預防感染就必須徹底清潔、消毒，或使用衛生清潔劑來清潔物體表面。

## 防範散播感染的最佳良方

遵循良好衛生原則是對抗感染的最佳防範作法（見第五章）。學習病原體採用了哪些方式來四處移動，也屬明智之舉。

早期民眾相信，疾病是人類和魔鬼結交所招來的懲罰。時至今日，公共衛生專業已經有長足進展，對疾病傳播全貌也有更周延的理解。孕母對胎兒的傳播現象稱為「垂直傳播」，個人向旁人傳遞感染的現象則稱作「水平傳播」。水平傳播中還有稱為「直接傳播」的子類，指身體和身體接觸的傳染現象，例如藉由性行為傳播的性病。

多數人都明白人際間碰觸的感染風險，但卻常忽略了「媒介傳播」感染，指病菌透過中間媒介，在人群或動物群之間蔓延的現象。病菌藉由無生命物品傳播的現象稱爲「間接傳播」（又稱爲「間接接觸傳播」），這些讓微生物暫時停歇的無生命物品被稱爲「傳染媒」（圖6-1）。想想看，傳染媒包括了馬桶沖水壓柄、遙控器、旅館電話、冰箱門把等等。

若家中有人在院子裡踩到狗大便，把少量污物帶進了屋內。不久之後，你的餅乾正好掉在那塊地面，當撿起餅乾想要咬一口前，可別忘了間接傳播──「五秒守則」還需考慮到間接傳播現象。

## 儲存宿主和媒介動物

空氣、水和雙手都是媒介物，昆蟲也算是媒介物。不過，由節肢動物傳播感染的現象稱爲「昆蟲媒介傳播」，而該種昆蟲則稱爲病原體的「媒介動物」（vector）或「中間攜帶者」（intermediate carrier）。媒介動物會從儲存宿主染上病原體，這時儲存宿主就成爲常態病源，不斷污染特定感染媒介。

鼠疫期間拿竿子搬運屍體的民眾，在不知不覺中示範了媒介動物和儲存宿主的關係。如今和中世紀的情況相同，鼠疫桿菌（*Yersinia pestis*，全稱「鼠疫耶爾辛氏菌」）依然利用齧齒類動物作爲儲存宿主。靠鼠類維生的跳蚤攝入耶爾辛氏菌，然後帶著病菌到處咬噬，傳播給其他寄主。跳蚤不只是爲這種疾病披荊斬棘，向人類進軍，而且還讓儲存宿主體內的耶爾辛氏菌群保持了族群密度。

被鼠類咬一口，或被跳蚤叮一下（這種情況比較常見），傷口處就成了感染型疾病從動物向人類跳躍的出發點。隨著社區擴張到未

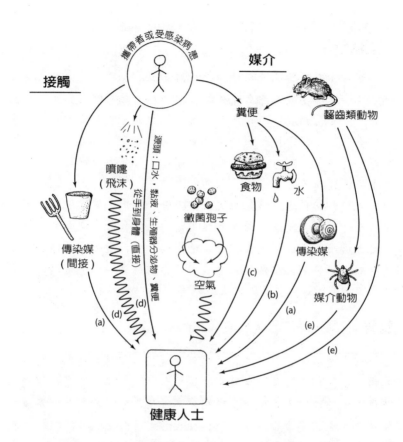

圖 6-1：疾病傳播。制止病菌傳播的幾個要點有：（1）好好清潔、消毒（2）做好水處理（3）烹煮食品並貫徹食品處理安全（4）不要用手碰臉部（5）謹慎處理動物和昆蟲。不論任何情況及場合，洗手都是很重要的！（插畫作者：Peter Gaede）

開發地區，人類便與病原體的儲存宿主比鄰而居，於是鼠疫是否會再度爆發，令人憂心。如今，家貓也成為另一項隱憂，若是牠們吃進受感染的野生齧齒動物，便可能引爆一波鼠疫。

耶爾辛氏菌發展出巧計，讓鼠疫持續不滅，這種菌類會妨礙跳蚤的消化作用，使牠們生病。跳蚤於是飢渴難當，怎麼都吃不飽，

# 人體藝術

刺青和人體穿孔可以遠溯西元前三三○○年。現今，約有百分之二十五的美國人身上紋有刺青。一九七五年以後出生的年輕族群，身上刺青或穿孔的比例，比一九七五年之前出生的族群多了許多（百分之三十六），話雖如此，人體藝術如今也日漸擴散到較老年齡層了。刺青普及率略高於穿孔，而身上有穿孔的女性，幾乎高於男性三倍。

人體藝術業者雖然越來越注重安全和清潔，但皮膚病學家指出，凡是損傷身體皮膚保護屏障的行為，都會帶來危害。光顧無照刺青店而染上抗甲氧西林金黃色葡萄球菌（超級葡萄球菌）的事例層出不窮，這點也令人憂心。美國雖然有些州規定刺青店必須登記註冊，卻依舊有民眾去找沒有執照的藝術家。

# 刺青

刺青是將油質色素或合成染料色素置入皮膚深度約一到兩釐米內。進行刺青時，原生微生物區系和感染型病原體會趁機進入新傷口，造成刺青之後常出現的局部感染現象，典型症狀為紅腫和疼痛，偶爾還會出現菌血（bacteremia，血流中出現細菌）。刺青感染通常源自金黃色葡萄球菌、綠膿桿菌（學名：*Pseudomonas aeruginosa*）和化膿性鏈球菌。梭菌感染（破傷風）和尖銳金屬戳刺有關，所幸多數人都注射了破傷風疫苗。

人體藝術家常是 B 型和 C 型肝炎的感染源頭。德州大學西南醫學中心（University of Texas Southwestern Medical Center）的一項研究發現，身上有刺青的人染有 C 型肝炎的比率，比沒有紋身人群高了六倍。因此，美國血液銀行協會（American Association of Blood Banks）規定，凡是接受刺青的人，都必須等待至少一年才能捐血。

# 人體穿孔

　　穿孔部位局部感染發生率為百分之十到三十。以下是常出現若干感染的身體部位，禍首常為原生微生物種群：耳朵（金黃色葡萄球菌、鏈球菌、假單胞菌群）；鼻（金黃色葡萄球菌）；舌頭（口腔菌群、金黃色葡萄球菌、乳頭瘤病毒）；乳頭（葡萄球菌、鏈球菌）；肚臍（金黃色葡萄球菌）；生殖器（乳頭瘤病毒）。此外，穿孔感染也常和 B 型、C 型肝炎病毒有關，當然這兩種病毒並不屬於原生微生物群。另外，美國皮膚病學會（American Academy of Dermatology, AAD）還點名結核與破傷風，以及酵母感染型膿瘍，將它們歸入穿孔和刺青可能染上的疾病之列。軟骨穿孔（例如上耳穿孔）若出現感染就很難癒合，因為這些部位的血流供應緩慢，會延遲身體癒合的進程。

　　公共衛生專家們對人體藝術的實際風險仍舊意見相左。不見得所有感染都有記錄，因此很難查出哪家刺青店的衛生有瑕疵。美國的人體藝術店不受政府管轄，而且設備和染料也沒有納入食品及藥物管理署的滅菌和安全檢核範圍。

　　美國皮膚病學會提供了幾項降低人體藝術感染風險的祕訣：

### 刺青：

刺青後二十四小時應打開包紮藥劑，讓傷口透氣。

　　傷口可以使用溫和肥皂並沖水清洗。不要使用酒精質乳液來潤濕傷口部位。若使用含抗生素軟膏並造成不適則應停止使用。

　　刺青部位完全癒合之前應予遮護，避免陽光直射。

### 穿孔：

　　舌頭穿孔後，含著冰塊，或以鹽水、溫和漱口水沖洗，紓緩腫大現象。

用肥皂和水清洗嘴唇、肚臍穿孔部位。

用溫鹽水清洗生殖器穿孔部位。

穿孔部位癒合前，不要穿著會壓迫傷口的衣物。

確認穿孔用金屬為不含鎳的手術等級鋼、鈦或鈮材質。品質較差的金屬會生鏽，有可能造成感染。

### 適用兩者：

注意店裡是否清潔，詢問店家穿孔工具的清潔方式和貯藏等問題。

確認穿孔師傅有戴上口罩和外科手套，而且每來一位新的顧客都會更換新刺針，工具和刺針，也都會分別經過滅菌處理。（注意使用工具和刺針是否像外科、牙科工具那樣包裝妥當）

確認穿孔師傅在進行之前，先用棉花團沾酒精處理你的皮膚。

於是四出覓食，吸取更多血液，促使齧齒類儲存宿主族群越來越多。一旦進入人體，這類細菌便侵入吞噬細胞棲居內部，然而吞噬細胞卻正是奉免疫系統差遣進入血流，負責搜索、撲殺入侵微生物的細胞。

鼠疫情節描繪媒介傳播現象和媒介動物內情，也彰顯疾病對社會的可怕影響。鼠疫病損最初是呈玫瑰色，之後才轉為黑藍色，這項特點對醫學有重大意義。有首叫作〈圍著玫瑰紅繞圈〉（*Ring Around the Rosy*）的童謠，相信是源自中世紀，歌詞就是描述當時鼠疫病損情況。

# 毒力和受感染傾向

當身體免疫系統機能損傷時，就是病原體誘發感染的良機，連常態微生物種群都有可能開始肆虐。愛滋病流行現象，讓伺機型（opportunistic）病原體冠上新的意義。由於免疫系統受損，無力對抗常態微生物種群，於是它們得以危害生命。換句話說，平常無害的微生物種群，得到機會來引發疾病。在愛滋病疫情初期，患者因染上「新種」微生物，引發種種不明病痛，前往醫院和醫務所求醫。當時的醫師竭力想鑑定這群伺機型病原體，但患者人數不斷增加，幾百人相繼感染。（疫病初期出現眾多伺機型感染原和感染症，包括：肺炎肺囊蟲〔*Pneumocystis pneumoniae*〕、巨細胞病毒引發的視網膜炎、病毒型腦炎、隱孢子蟲引發的遷延性腹瀉，還有腦膜炎隱球菌〔*Cryptococcus meningitis*〕。）

在每個家庭中，偶爾都會有家人健康情況惡化容易受到感染、或染上感冒或流感的時候。良好的個人衛生習慣，定期整理家居環境，都是減緩病原體蔓延的重要步驟。留心疾病的傳播方法，只是最基本的要件。

美國經濟以服務業為基礎，辦公建築和大眾輸運體系常常擠滿人潮，機場航空站和某些學校人滿為患（監獄也是如此），衛生專家也點名指出辦公室區分小隔間的趨勢就是助長感染蔓延的因素之一。除了這幾項之外，再加上族群老化，工作人口年齡提升，而其中有些人還有免疫缺損問題，造成人口群受感染傾向高漲，病原體的發作機會提昇，兩相結合雙管齊下。

# 免疫力

免疫力是身體對抗非原生微生物類群的自衛能力。你的受感染傾向，由你的免疫系統強度來決定。免疫系統扮演關鍵角色，能保障物種存續，或許就是如此，免疫系統才演化出好幾項組成元件，有些是匹配互補的，有些則扮演第一線防衛的後備力量。

美國疾病防治中心全國院內感染監控系統（National Nosocomial Infection Surveillance system）頒布了一則感染趨勢，並在所屬網站貼出指導方針，供患者和保健專業人員採行，內容包括手部衛生、侵入型裝置、導管和手術部位。

在醫院中，碰觸仍是導致感染的最大起因，至少佔了百分之八十。除了護士、醫師，訪客、病患和非護理部門員工都必須認識病菌如何傳播。但有資料顯示，所有醫療機構員工中，在接近患者前洗手的人數不到百分之三十。這也是儘管醫院雇用的衛生專家人數更多了，院內感染事例依舊持續增加的原因。

弗羅倫斯‧南丁格爾（Florence Nightingale）曾提出明確忠告：「不造成病人傷害原本就是醫院該做到的，把這點當成第一條誓言，反而讓人覺得奇怪。」

## 先天免疫作用

消毒劑能夠保護你免受病原體侵襲，不過只保障到新病原體現身之前。這有可能在消毒之後一個小時發生，也可能在一分鐘內成真。我們的免疫系統則能提供多年保障，或許還能終生抵禦多重病原體。

免疫系統具有戒備功能，防範有可能侵入皮膚、黏膜外層障壁

# 醫院感染

　　住院病人和門診病患遭受感染的機率高於一般大眾。每年約有兩百萬人，在醫院受到微生物侵染，這就是院內感染（nosocomial infection）。除了醫院之外，發生在安養院和門診診所的感染也算是院內感染。

　　過去二十年間，院內感染率大幅升高，更令人心驚的是，目前已知的主要微生物病原全都具有抗生素耐藥性，其中幾種細菌已經能夠耐受第三代抗生素。

　　院內感染往往歸屬伺機型類別。保健機構通常十分擁擠，許多人擠在狹窄範圍，手部和身體接觸相當頻繁。加上進出醫院的患者，感染疾病的比例很高，而且原有病症也已經減損他們的免疫系統功能。有些療法還會雪上加霜，暫時讓免疫系統功能減弱，像是器官移植和癌症化療等。醫院診治經常會損傷若干身體屏障功能，外傷、注射、手術或燙傷都會造成皮膚或黏膜破損，為感染開啟感染入口。導尿管、靜脈注射管線和呼吸器也會進一步提高風險，因此使用這類裝置時一定要特別小心照顧，才能降低感染機率。

　　醫院自成一種特殊環境，讓抗生素耐藥型微生物得以安然棲身。醫院中有些獨特環境，會將某些難纏的菌群侷限於特定病房，在這些病房裡，便可能包含外界完全見不到的特殊菌株。最主要的感染症大致包括尿道感染、皮膚感染和手術部位感染，隨後則是呼吸系感染和插管處置造成的感染。

　　四、五十年前，能以抗生素對付的葡萄球菌是造成院內感染的主要微生物，也是當年唯一已知的院內感染病原體。如今院內感染主要禍首則是抗生素耐藥型葡萄球菌，另外還有好幾種共犯。過去五年期間，主要的醫院感染當中，以肺炎克雷伯氏桿菌（*Klebsiella pneumoniae*）感染率增長最快。

主要的醫院感染型病原體，包括：

抗甲氧西林葡萄球菌、凝固攜陰性葡萄球菌
抗甲氧西林金黃色葡萄球菌（超級葡萄球菌）
抗環丙沙星／氧氟沙星銅綠假單胞菌
抗左氧氟沙星銅綠假單胞菌
抗第三代頭孢菌素腸桿菌
抗青黴素肺炎球菌
抗萬古黴素腸球菌
抗第三代頭孢菌素肺炎克雷伯氏桿菌
抗亞胺培南銅綠假單胞菌
抗喹諾酮大腸桿菌

的所有外來顆粒。總體而言，一顆花粉或一顆感冒病毒對人體來說都是入侵者，必須予以摧毀。（器官移植也會出現這種現象，醫界竭力想騙過免疫系統，將「異物」誤認爲「自身」。）

免疫系統有兩個部份：其中一部分是先天的系統，在出生時或生下不久後便發育成形；第二部分是後天的免疫力，因應某種外來實體才發展出來。兩套系統都提供身體第二道防線，當皮膚和黏膜缺損時，便能發揮功效。

設想你手臂上有一批葡萄球菌細胞，接著手臂不小心被刀子割到，傷口見血。這時，切割動作把細菌推入層層皮膚，血流帶走菌群。若身體沒有作出反應，這一小群入侵微生物就會繁殖。血流系統有微生物侵入的現象稱爲「敗血症」，不容許敗血症出現便是免疫系統的責任。萬一微生物在血液中繁殖、蔓延並促成發炎反應，這

種嚴重情況便稱爲「膿毒症」。

白血球是呈白色的特化血細胞，能偵測血流中的細菌，一但偵測到細菌，白血球會發送警訊，召喚能力更強的其他細胞來摧毀細菌。於是幾分鐘不到，剛剛從手臂入侵的葡萄球菌就會被吞噬細胞吃掉（吞噬作用）。若傷口部位還存有少數葡萄球菌，其他白血球就會在這裡引起發炎。細胞在這時也會釋出各種組織胺讓血管擴大，讓更多白血球趕往對付入侵者。身體在這段期間也不斷建構纖維屏障，將傷口部位包覆起來，以免入侵的細菌逃脫。葡萄球菌在重重包圍下無計可施，最後完全被消滅。

有些葡萄球菌菌株能製造凝固酶，這種酶會讓受傷部位的血液迅速凝固，於是濃稠血液在菌群四周形成障壁，提供了一個菌群藏身的臨時堡壘，避開血中的白血球偵測。這時偵測時間變長了，葡萄球菌便有更多時間可以繁殖，提高它們誘發感染的機會。

若血流中有一、兩顆細菌逃脫白血球攻擊，會發生什麼情況？遇到這種情況，淋巴系統的淋巴管和淋巴結，會派出另一類白血球。當血液緩緩流經淋巴管道時，淋巴系統會清除血中碎屑，隨著血液通過管路的細菌也會被逮住，然後被淋巴球殺死。

除了細胞免疫反應之外，體內還有一群三十種蛋白質（稱爲補體蛋白〔complement〕），加上另一群干擾素（interferon）隨著血流循環。補體蛋白會攀附在細菌上並殺死它們，接著發出訊號啓動發炎作用。有時候單憑補體蛋白就能完全殺光細菌，干擾素則是專門對付病毒，制止進入體內的病毒複製繁殖。

雖然病原體經過以上介紹的幾種免疫機制，幾乎是毫無生機的。然而，還是有多種病原體有還擊之力，能製造凝固酶的葡萄球菌就是個好例子。有些病原體甚至更富巧思，如愛滋病、皰疹病毒

和結核菌等，它們會藉由藏身在寄主本身的細胞內部來規避免疫反應。

　　愛滋病毒是感染人類的異物中最狡詐的，因爲它們會侵入免疫系統本身所屬細胞。人類免疫缺陷病毒附著及進入淋巴系統的 T 細胞，接著把自己的基因混入 T 細胞的 DNA，在 T 細胞內部發出指令來製造幾千顆新病毒。人類免疫缺陷病毒於是藏身人類細胞內部，避開寄主負責摧毀外來顆粒的防衛系統。

　　辨識「異物」是免疫反應的第一步。人類免疫缺陷病毒和流感等病毒經常會發生突變，病毒外表的組成，經常藉突變作用產生微妙變化，於是白血球辨識異物的使命遇上變數，而入侵者則取得上風。

　　就肺結核的情況，免疫系統雖然能發揮正常功能，卻帶來要命的併發症。巨噬細胞能包覆結核桿菌，把它們「吃下腹中」。然而在巨噬細胞裹住結核桿菌，預備把異物消化的這段期間，血流卻帶著這些巨噬細胞和躲過巨噬細胞分解作用的病原體來到肺部。肺部是結核病原體的目標組織，於是躲過巨噬細胞分解作用的細菌便開始繁殖，引發疾病症狀。

　　人類免疫缺陷病毒、皰疹病毒和結核桿菌只是少數實例，其他還有許多人類病原體都已經演化出種種作法，得以迴避、利用免疫系統來達到利己目的。難怪這些疾病始終難以根除。

## 後天免疫作用

　　埃米爾‧馮‧貝林（Emil von Behring）因證明免疫力可以在不同種動物之間轉移，獲得一九〇一年諾貝爾獎。這種轉移現象得歸功於血液製造抗體的能力。後天免疫作用是生成抗體的歷程，這類

抗體專門對付侵入體內的特定異物，尤其是再度感染的入侵對象。除了胎兒誕生前就能從母親取得某些抗體，也可以藉由人為方式取得免疫力，也就是接種疫苗。

就如先天免疫力，後天免疫力也能迅速啟動，對付侵入身體的外來顆粒。白血球能因應情況發送警訊，當它們察覺血流或皮膚表面需要抗體，便向免疫系統發出訊號，啟動製造抗體。當某種病原體第一次侵染身體，成群抗體便出發助陣，和白血球、淋巴球、補體蛋白與干擾素聯手抗敵。不過，抗體還扮演更重要的角色，它們能夠因應再感染狀況，啟動反制措施。就多種不同情況，就算病原體事隔多年再度造成感染，抗體都有辦法作出反應。

## 抗體

抗體是一種蛋白質結構，能與微生物的外表面特殊分子結合。一旦與微生物外層結合，抗體便緊抓不放，不過它並不傷害微生物，而是向特定細胞發出信號，召喚它們前來對微生物痛下殺手。

抗體初次接觸微生物之後，免疫系統就學會製造更多同類抗體，而且速度很快。當下次這種微生物又出現時，身體早有準備對它發動攻擊。抗體的設計功能是能夠與感染原的獨有特徵結合，這類特徵稱為抗原，於是當同種微生物再次出現時，它的抗原就會啟動免疫反應。

先天免疫系統可以比擬為快速反應特警部隊，遇到不明情況便奉命出動搜索、摧毀敵人。他們明白侵入者可能一再現身，於是加征隊員（後天免疫力）施予特殊技能訓練（抗體）來對付敵人。後天免疫力必須費時較長的時間來發揮功能，而先天免疫力則能迅速啟動，時時監測轄區動態。先天免疫力在幾分鐘之內就能作出反

應，後天免疫力的抗體則需較久時間才能產生，不過經過練習便能改進。當身體認出之前曾經引起感染的入侵異物，免疫機能就會迅速啓動，不到幾天就能製出大量抗體。我們一生的身體防衛，主要都靠後天免疫作用，來對抗好幾種一再現身的疾病。

## 疫苗和接種問題

疫苗養成我們的後天免疫力。疫苗是種抗原懸浮劑，一旦注射進入血流，便能誘導身體啓動抗體的製造作業。接種要成功，身體必須在微生物一現身時迅速偵測、辨識，同時免疫系統立刻啓動，開始製造相匹配的抗體。接種只是一個預防措施，世界上沒有絕對安全的保障，成人、孩童都可能在某一天接觸到各種疾病。

美國實施多種病毒型疾病疫苗接種，主要爲痲疹、腮腺炎、水痘、德國痲疹（風疹）、B型肝炎和小兒麻痺症，針對高風險族群還提供A型肝炎和狂犬病疫苗接種。年度接種計畫也針對新種流感病毒提供疫苗，不過成效優劣不一。

大致上，病毒引發的疾病多能藉由接種預作防範。細菌型疾病則往往在感染出現之後，才施以抗生素治療。細菌型疾病的疫苗種類不多，目標病症包括破傷風、白喉和百日咳。針對病毒開發的疫苗種類較多，這是由於病毒的外表成份和細菌的外壁、外膜不同所致。病毒外層含大量蛋白質，免疫系統很容易製成蛋白質抗體。而細菌外側構造多半爲構造複雜的碳水化合物，免疫系統較難應付。

疫苗可依製造方式區分成不同類型，我們現有的疫苗火力包括：（1）減毒全病原體疫苗，採活病原體製成，不過這種病原體經過一段突變歷程，毒力已經減弱。（2）非活性全病原體疫苗，將病

原體殺死作為製造原料。（3）亞單位疫苗，採能激發抗體反應的病原體片段製成。（4）類毒素疫苗，取毒素加熱或以化學物質解毒製成。

目前生物技術公司正在研發新式重組疫苗，設法以多種微生物成份作為混成原料。此外 DNA 疫苗也列入開發進程，把載有指令的 DNA 注入體內，身體便能針對特定病原體製造抗體。寄主 DNA 必須把新的 DNA 納入構造，接著進行複製，若效果一如預期，那麼寄主終生都能製造所需抗體。

## 接種疫苗安全嗎？

醫師會遵照建議時間表為兒童接種疫苗，西方醫界的接種計畫從嬰兒誕生之後兩個月開始，持續到八個月大，接著往後幾年再進行補強接種，流感注射則是每年都要施行。

有關接種的效益和風險爭議不在少數。天花的消滅，讓疫苗擁護人士據此倡導對其他疾病實施免疫接種。撲滅天花確實是醫學史上輝煌的一頁，但這項成功，讓不少人跟著認定，小兒麻痺症、百日咳，甚至連麻疹都已經一敗塗地。醫界誤以為小兒麻痺症幾乎已經撲滅，那是因為他們從來沒見過小兒麻痺症患者。事實上，過去六年來，全球小兒麻痺症病例開始呈現增長趨勢。全球的麻疹病例雖然逐漸減少，但每年依舊有超過五十萬名五歲以下幼童染上麻疹病死。

接種與否，一部份得依邏輯判斷，一部份則靠統計數字決定。若是接種疫苗對抗某種疾病的民眾（主要是孩童）人數夠多，其實並沒有必要繼續為全人口進行接種。這得歸功於「群體免疫作用」。健康風險專家已經算出，必須有多少比例民眾染上病原體，該種感

染才會開始蔓延。每一種疾病各有這個特定的百分比值，而且所有人口族群都有一部份民眾對新的感染具有免疫能力，因此當這個免疫民眾比例終於達到臨界值，這種疾病的傳播機率就變得非常低。社群（或群體）的行為就像單一生物，和螞蟻群落相仿，舉例來說，若群落百分之八十的成員免疫，那麼其他百分之二十就相當安全，不至於染上該種疾病。接種計畫必須達到群體百分之八十的普及程度才行。

「群體免疫作用」是一種巧妙的概念，但不容易取信於人。這是根據統計研判，不是哪個人的抉擇。只有信任統計資料的人，才敢仰賴群體免疫作用，這點大家應能體諒，特別是家有幼童的雙親，當醫師提醒該為孩子做預防注射了，做父母的實在很難拒絕。

質疑或拒絕接種的人群日益增加，他們還引述群體免疫概念來佐證，他們辯稱：「既然連醫師都沒見過小兒麻痺症或痲疹，那麼作父母的何必擔心？群體免疫作用足以保護沒有接種疫苗的人。」其實這項論點有個致命瑕疵，今日的世界四海如一家，不斷有新成員加入，舊成員退出，群體凝聚力不如以往。人類再也不能和螞蟻相提並論，不再像螞蟻群落與世隔絕獨立生存。人群中以個人行為為主，喬遷新居的移民或旅客，或許具備另一套免疫能力，卻無法應付美國常見疾病。在馬可波羅時代，病毒必須經歷多年才能遷移到其他地方，但這些年來，病菌已經能夠跨越遼闊距離。時至今日，SARS 病毒可以在幾小時之內跨越半個世界。群體免疫作用依然有效，但如今免疫圈已經出現許多破綻。

反對免疫接種的人士還辯稱，疫苗本身就不安全。事實上，減毒活病毒疫苗是採用經過突變、對人無害的病毒製成的。反對接種的人士提出質疑：「若是某種突變可以消除毒力，那麼另一種突變就

可能讓毒力恢復。」儘管這種事例十分罕見，還是有發生的可能。
根據估計，小兒麻痺疫苗導致小兒麻痺症的機率為百萬分之一。

有些疫苗是以局部去除活性的毒素製成，這點也令人憂心。單
就「局部」去活性的毒素這種觀點，就讓許多人認定疫苗帶來的風
險實在太大了。

有些疾病，像是痲疹，就需採活病毒接種來預防。活病毒接
種常引發副作用，痲疹疫苗接種就有可能引發皮疹、發燒或關節疼
痛，人數比例可達百分之十五。

有些疫苗在製造時要先殺死活病毒，接著才納入作為原料。用
來殺死病毒的化學物質包括石碳酸和福馬林，兩種化學物質都對人
有毒。此外，原料病毒必須在活細胞內培育，才能繁殖出製造疫苗
所需數量。製造流感疫苗的病毒是在雞蛋胚胎中繁殖，如此製成的
疫苗懸浮劑中，便含有雞蛋的蛋白質，因此對蛋類過敏的人接受了
疫苗接種，就可能出現過敏反應。科學界對這個問題尚有爭議，擁
護接種的人指出，疫苗所含蛋類蛋白質數量非常微小，不足以引發
嚴重過敏反應。然而美國疾病防治中心卻發表資料，強烈建議對蛋
類蛋白質有過敏反應的人士，不要施打以蛋類為基本原料的若干疫
苗。

除了這些論據之外，反對疫苗的人士還提出其他見解。他們提
出資料，佐證疫苗和人類的幾種重症有連帶關係。醫學界和學術單
位針對疫苗導致急性症候群的現象進行研究，累積了若干正、反面
資料。有關疫苗和疾病的牽連，最常引發爭議的是：（1）痲腮風三
聯疫苗（MMR vaccine，預防痲疹、腮腺炎和德國痲疹的三合一疫
苗）和兒童自閉症的關係，（2）B型肝炎疫苗和增殖多發性硬化症
的關係，（3）小兒麻痺疫苗和人類免疫缺陷病毒之傳播的關連，（4）

輪狀病毒疫苗和腸道阻塞的關係，（5）水痘疫苗和水痘傳染給其他家人的關係，（6）百日咳疫苗和抽搐發作的關係。

對於疫苗的爭議，正反兩方都做了大規模分析，累積對己方有利的資料。許多人都了解，統計資料可以因應所願證明所思。醫學機構發表的研究報告，幾乎全都經過科學界審查，各學門科學家分就所學提出批評，而且醫學期刊引用的統計資料，也都經過詳細審視。就如科學領域的眾多爭議，研究這項課題必須謹慎，最好是全面閱讀可信賴的文獻。

# 一般感冒和流感

一般人往往將這兩種病症混為一談，民眾誤以為一般感冒和流感都是細菌引起的，卻不知道兩種都是病毒型疾病。這種誤解已經行之有年。流行性感冒（influenza）一詞可以溯自中世紀，當時認為某些星體的位置能「影響」（influence）和誘發疾病。

## 感冒

鼻病毒和人類冠狀病毒是最主要的一般感冒病毒。鼻病毒是尺寸最小的病毒之一，直徑約為二十五奈米，偏愛溫度範圍為攝氏三十三到三十五度，相當於鼻腔內的溫度。鼻病毒至少含一百種「血清型」（serotype，能誘發製造抗體的特異性狀），多種血清型可以組成無限組合，讓免疫反應窮於應付，所以一般感冒能一再復發，身體完全造不出充分抗體來對付這所有突變類型。

冠狀病毒以誘發 SARS 名聞遐邇，但大家卻忘了它也是種感冒病毒。這種圓形的病毒直徑為八十到一百六十奈米，外圍遍佈棒錘

狀突起，看來就像個王冠（拉丁字源為 *corona*，因此冠狀病毒的屬名便為 *Coronavirus*）（圖 1-7）。就像鼻病毒，冠狀病毒主要也藉由傳染媒來傳播，打噴嚏、咳嗽為次要傳染方式。

對於一般感冒的迷思，最近開始有些研究顯示，老格言「感冒宜飽食，發燒宜禁食」說不定有幾分道理。底下列出幾項深入人心，卻沒有確鑿證據的感冒迷思：

**「感冒宜飽食，發燒宜禁食」**？：醫學界普遍認定，這項格言最好棄置不顧，不論你染上感冒或發燒，都要攝取大量養分、流質，並儘量休息。

**「免疫系統減弱才容易染上一般感冒」**？：一旦感冒病毒進入鼻子，不論健康或生病體虛的人，幾乎都會受到感染。

**「高溫導致黏膜乾燥，讓人更容易染上感冒」**？：儘管鼻子覺得乾燥，防護黏膜在低濕度環境下，仍舊可以發揮健全功能。

**「寒顫一開始，感冒跟著來」**？：學者徵選有寒顫和沒有寒顫的志願者進行接種研究，兩組的實驗結果並沒有顯著差異。

**「症狀一發作，感冒好得快」**？：一旦病毒感染鼻腔，症狀便開始出現，而且隨著病毒在細胞內部繁殖，感冒病程也同步發展。打噴嚏和流鼻水讓病毒更有機會傳染給別人。

**「感冒時喝牛奶會增加鼻涕黏液」**？：牛奶和其他食物一樣，同樣都會被消化，並不會造成黏液累積。

## 流行性感冒

流感病毒最早在二十世紀三〇年代被鑑定確認。如今流感病毒區分為甲、乙、丙三型，分類是依據病毒衣殼（具抗原作用的）凸

起部位之分子構造。甲型流感病毒與其亞群，常和人類族群的流感爆發有關。乙型病毒較少引發疫情，症狀也比甲型者輕微。至於丙型，目前認為這型流感病毒對人類健康並無危害。

由於流感病毒突變頻繁，每年都必須準備新的疫苗來對抗流感，也因此，前一年的流感和今年出現的並不會相同。每年都有不同病毒抗原現身，身體免疫系統認不出這種種樣式，因此無法造出充分抗體來攻擊病毒。每年出現的流感病毒都不相同，這些突變現象統稱為抗原轉換（antigenic shift）。流行性感冒的抗原轉換，或也可以視為演化適應的結果，於是它才得以在一個族群中存續下來，一再感染寄主。流感病毒的構造變動不絕，相對而言，痲疹等病毒則只有一種，只要施打痲疹疫苗，再加上一劑補強接種，百分之百都能獲得免疫能力。

每年現身的流感類型，有可能來自不同的動物感染源，主要的儲存宿主包括鳥類、豬和馬。流感疫情往往可以追溯自中國鄉村地區，因為在這些地方，人畜常有密切接觸。鳥類則是流感病毒的重要儲存宿主，禽流感也是近幾十年嚴重疫情的禍首之一。

每次為新季節製造疫苗的時候，都必須在當年稍早先期辨識出新的病毒樣式。這得先在全球蒐羅幾百種毒株進行分析，接著選定幾種最可能出現的毒株。每年選出的毒株多寡不等，可能是少數幾種，也可能納入十幾種，甚至結合更多種類來開發疫苗。

開發、製造、配送疫苗藥劑必須耗費好幾個月的時間，若毒株的選擇不夠審慎，下一季流感盛行期的疫苗恐怕就要失靈。科學家可不願承認他們在選擇毒株時是用猜的，他們會動用自己就毒力、傳染、流行病學和保健趨勢等所有學門的知識，來決定哪一種毒株可能帶來下一波威脅。全力完成審慎周全的科學研判之後，雖然仍

有些許揣測餘地（只能用猜的），但他們的選擇一般都沒錯，每年的疫苗通常都能有效預防流感病毒。

流感病毒和鼻病毒不同，它們並不待在上呼吸道。流感病毒沿著細胞襯覆行進，一路深入呼吸道並直達肺部。身體疼痛、寒顫，還有發燒都是常見症狀，許多人還會出現咳嗽、喉嚨痛和頭痛。疼痛、寒顫和發燒，是由於免疫系統啓動功能，拘捕、殺死病毒所造成的後果。流感並不會引發腸胃不適，我們常聽見的「腸胃型流感」描述得也沒錯，但這是由諾沃克病毒引發的病症，並不是流感。

流感病毒的直接禍害出自它的毒素，當病毒沿著呼吸道移動，同時也釋出這種毒素。除了身體對於病毒的免疫反應之外，當病毒的毒素進入血液中，還會引發其他症狀，如眩暈、頭痛、疲倦，還有發燒與寒顫。

非常年幼和非常年老的人，因感染流感致死的風險最高。肺部發炎了，其他微生物便會趁機引起繼發型感染。新生兒尚未健全的免疫系統，還有老人脆弱的免疫系統都抵擋不住微生物的猛烈攻勢。流感加上肺炎，構成美國感染型疾病最大死因，特別是對老年人口群的危害更大。

## 一般感冒和流感的蔓延

一般感冒和流感都與寒冷、多雨天候有關。沒有證據顯示在這段期間，周遭環境存有更多鼻病毒，不過一般相信低溫和潮濕更利於它們存活，流感的周期起伏比一般感冒更明顯。流感的湧現、衰頹現象，或許並非氣候因素所致，而是動物儲存宿主的生殖周期使然。若是濕冷氣候和感染蔓延有關，或許可以從人類行為推論得到解釋，因為天氣濕冷的時候，人們較常群聚在室內。

用手觸摸臉部也會傳播鼻病毒，十幾顆微粒可能就會得到感染。一般感冒症候群在二到四天之內就會出現，包括分泌黏液、流眼淚和打噴嚏。相對而言，甲型流感較常藉懸浮微滴傳染，往往必須較高劑量（幾千顆到幾百萬顆）才會讓人生病。原本健康的人染上流感，症候群在一到三天內就會出現，不過感染之後一、兩天，在症候群還沒有出現之前，患者就可能開始散播病毒微粒。

萬一染上感冒或流感，最好請假待在家裡養病，以免把病毒傳染給同事。美國感染型疾病基金會（National Foundation for Infectious Diseases, NFID）發現，在二○○五年，有百分之三十五美國在職人員認為，即使染上流感深感不適，還是不得不去上班，但同時也有半數人表示，同事生病還來工作，讓他們覺得不快。為什麼生病了，還要拖著身體上班？美國感染型疾病基金會解析受感染患者，探究在家養病可能帶來哪些心理壓力，發現有百分之六十的在職人員擔心工作做不完；百分之四十八認為待在家裡讓他們心生愧疚；百分之二十五表示請病假沒有薪水可拿；百分之二十四則表示雇主不准病假，或病假日數很少；還有約百分之二十各有不同說法，有的表示老闆會生氣，也有人說他們可能因此丟掉飯碗。事實上，每年就職人員因染上流感還來上工所造成的生產力損失，總計高達美金百億元。

## 紫錐菊

治療一般感冒和流感的「家傳藥帖」和天然治劑的藥局貨架佔有率越來越高，常用成份包括紫錐菊（echinacea）、維生素C、鋅、錳、鉀、維生素B群，還有胺基酸。任何藥物要獲得美國食品及藥物管理署核可，都必須先完成動物安全性和藥效試驗，接著做人體

試驗；先以一小群人爲對象，然後以好幾千人完成試驗。「天然的」
感冒紓解劑並沒有經過這類試驗，因此美國食品及藥物管理署不准
這類製劑標示上出現「治療」、「療法」、「藥物」或「疾病」等字樣，
只能以營養補充劑上市，但仍要恪遵美國食品及藥物管理署規範，
不過規定較爲寬鬆。

根據美國多數保健機關所提出的報告，並沒有證據支持紫錐菊
可以紓解感冒或流感症狀。但仍有若干研究認爲，紫錐菊或可以強
化免疫系統，減輕發炎現象。據稱紫錐菊萃取物含有具備療效的複
方：蛋白質和碳水化合物、油類和抗氧化劑，這類化合物加上免疫
系統機能，能影響傷口癒合和發炎反應。儘管將紫錐菊納入抗感冒
製品似乎合乎邏輯，但目前還欠缺確鑿證據，無從確認這種植物是
否能夠直接影響病毒或細菌。

西方醫界有個根深蒂固的想法，凡是沒有經過美國食品及藥
物管理署核可的化合物都沒有藥效。世界之大無奇不有，許多非西
方文化對美國食品及藥物管理署的試驗根本視若無睹，多少世代以
來，他們仰賴了五花八門的藥物作爲醫療用途。若能結合以技術掛
帥的西方醫藥及非西方的傳統預防、治療或療法，或許可以帶來更
有效的治療法門。

# 禽流感

流感病毒 H5N1 型毒株也稱禽流感病毒，這型毒株的儲存宿主
應該是野生禽鳥，野禽接著又感染家禽。就像其他流感病毒，若發
生突變，禽流感病毒便可能從動物「跳躍」到人類身上，不過 H5N1
型從禽鳥跳躍轉爲人類疾病的事例十分罕見。全球保健界現在擔心

的是，H5N1 可能造成「瘟疫」（pandemic）。（流行病是指疾病在一個國家、島嶼或大洲等特定範圍傳染給大量人口的情況，瘟疫則指疾病傳遍全球的大流行情況。）倘若 H5N1 型或任何禽流感病毒，和現存人類流感病毒同時感染同一患者，而且兩類病毒還交換基因，這就會提高瘟疫大流行的機率。所產生的新病毒便可能帶有禽流感的毒力，並在人群之間傳播。過去幾年間，H5N1 型還沒有應驗前述悽慘的預測。然而，由於全球旅行日漸頻繁，助長帶有毒力的流感毒株四處傳播，不久就可能傳遍全球，造成瘟疫大流行。

目前有幾類抗病毒藥物，不過藥劑數量有限，而且只能對付少數流感病毒。這類藥物的缺點是，必須在感染開始之後才有療效。流感治療藥物主要是干擾病毒和寄主細胞間的基因轉移。目前用來治療禽流感的抗病毒藥物包括奧司他韋（oseltamivir），商品名為「特敏福」（Tamiflu）或「克流感」，還有扎那米韋（zanamivir），商品名為「里蘭札」（Relenza）。對付流感，疫苗還是比治療型藥物更有價值，因為疫苗可以先期預防，制止感染向外蔓延，以免疾病波及整個社群。

# 性傳播型疾病

性病俗稱花柳病，病原體包括細菌、病毒、酵母菌和原蟲。性病的傳染能力很強，主要是因為寄主的條件很適合病原體的傳播，加上社會有些行為習性讓患者不想求醫。於是性病可說是病原體的夢中天堂。

性病的發生率很難估計，衛生機關發表的性病發生率統計表，大都是根據年齡層、健康現況或人類免疫缺陷病毒化驗結果來做資

# 歐洲大戰

一九一八年三月，飽受征戰折騰的美國士兵，從泥濘戰壕和陰冷森林回到家中。那是第一次世界大戰進入尾聲的時候，部隊調動和人員召集照常進行，大西洋兩岸的戰鬥人員都屬兵秣馬，為最後幾個月戰役儲備力量。歐洲各戰場生還兵員紛紛搭上船艦，放下緊繃心情，心中浮現故鄉各地農莊、都市街道，家人迎接將士凱旋而歸的畫面。幾千支部隊返回國門，這批滿臉倉惶的補充兵員退役了，每個人在心中祈求大戰早日結束。

堪薩斯州萊利堡（Fort Riley）春季一個寒冷清晨，一名年輕士兵在整隊時表示自己發燒、喉嚨痛和頭痛，於是離開隊伍，前往營內軍醫院。午餐時間，另一名士兵也出現相同症狀。不到一週時間，軍醫院已經有五百名相同症狀病號，到了春末，已經有四十八人死亡。到了一九一八年尾，美國已經有將近七十萬人死於西班牙型流行性感冒，這陣大流行也在歐洲、亞洲、非洲、巴西和南太平洋橫行肆虐。到了一九一九年，這場流感在全世界奪走五千萬條人命。

從一九一八年三月開始，美國各方醫院湧進許多尚未退伍的士兵和水手病號。這些士兵的家人不久後也都染上流感，先是都市居民，接著流行病無情地向鄉間擴散，往西繼續蔓延。一個月間，有一萬兩千名美國人病死，十月總計死亡數字高達一萬九千人。隨著病死案例遍佈全國，對生物恐怖攻擊的恐慌迅速滋長。一位保健官員發表一項理論，預先洞察科學結合民族主義在今日帶來的後果。他揣測，「德國官方輕而易舉就能在戰場或大批民眾聚集處散播西班牙型流感病菌，德國人在歐洲已經引發好幾次流行病，沒有理由認為他們對美國會特別寬容。」

在當時，從夏天到秋季，醫院擠滿了病人，死者就堆在通往太平間的走道上。卡車轟隆穿過街道，一再停靠接運棺木和屍體。微生物學家開始開發疫苗，還親身試做接種，但由於當時技

術有限而無力突破，他們誤以為是細菌造成這場災難，卻沒料到病毒才是真正的罪魁禍首。各種新式疫苗紛紛失敗，軍醫處處長維克托·沃恩（Victor Vaughan）束手無策，無奈斷定，「倘若這次流行病繼續加速蔓延，地球上所有居民大有可能在幾星期之內全部消失。」

醫師手忙腳亂尋覓療法或預防良方，各個都市城鎮也紛紛採取各種措施，保護還未受到感染的少數居民。學校和戲院停止營運。佩戴面罩的警察（「流感特警隊」）驅散群眾，禁止行人出現在街道上，逮捕沒有戴面罩的人。十一月，一次世界大戰停戰日來臨，各地接續舉辦宴會和遊行，再度助長疾病傳播。

聖誕節前夕，街道一片空曠。染上疾病生還的少數民眾，以及幸運不受感染的人都學到了教訓，明白群眾是傳染媒介，病菌能藉由空氣傳播。於是少數開門營業的店家，取消假日促銷活動，避免購物人潮。上班族和工廠員工待在家裡。只有孩子們，唱著歌跳繩玩樂，在當時這首童謠傳遍了全國：

> 我有隻小小鳥，
> 他名叫流感。
> 我打開窗子，
> 流感飛進來。

隔年年初，西班牙型流感大流行終於平息。醫界採行的行動，似乎沒有產生任何影響，疫病就這樣消失了。一位洛杉磯公共衛生官員認為，這是因為感染原的毒力太強，「感染原再也找不到容易受感染的對象，因此無法再感染別人。」

一九一八到一九一九年大流行病所害死的人數，遠遠超過世界大戰期間的所有死亡總數。之後，科學家溯源發現，疾病根本不是出自西班牙，而可能源自中國，經過遺傳突變造就一種高毒

力特異毒株，由於是全新品種，現存群體免疫作用才會對它無能爲力。

二十世紀九〇年代，一組病理學家在一具埋藏在阿拉斯加永凍土中的病死屍骸，檢驗出了一九一八年流感病毒的 DNA。他們描述這種流感病毒擁有一套極其高明的機能，特別擅長附上黏膜細胞，足以解釋爲何毒力如此強悍，但仍無法説明促成大流行的原動力爲何。

今日，身處禽流感疑雲中，不禁要令人憂心，許多病毒學家發表的言論和當年科學家講的話並無二至，一九一九年末，那批科學家就是這樣雙手叉腰，滿臉不解問道：「怎麼回事啊？」

料排序。性病常有多重感染現象，讓情況顯得更複雜，因爲這會同時引發多種疾病。有些性病會潛伏好幾年才發病，像是皰疹和愛滋病，因此新病例的數量變得難以計算。美國各州保健機關採用的通報方式並不合宜，儘管政府每年投入八十億美金，從事診斷和治療非愛滋型性病，卻只有淋病、梅毒、衣原體和 B 型肝炎四種疾病被歸類爲強制通報疾病，醫師診斷出這四種疾病時，必須通報衛生機關。

儘管性病很難追溯源頭，美國社會衛生學會（American Social Health Association）依然編纂出以下統計資料：

●美國估計有六千五百萬人患有病毒型性病。

●每年有一千五百萬筆性病新病例。

●每四名成人就有一人染有生殖器皰疹；多數人並不知道自己已經染病。

●每年每四名青少年就有一人染上一種性病。

●超過百分之五十的性病新病例，年齡介於十五歲到二十四歲之間。

美國境內的淋病（細菌型性病）、梅毒（細菌感染）和生殖器皰疹（病毒感染）十分普遍，愛滋病則是全球第一致死病因。其他性病包括非淋菌性尿道炎（nongonnococcal urethritis, NGU，衣原體感染）、念珠菌病（念珠酵母菌感染）、性器疣，俗稱菜花（人類乳突病毒感染），還有毛滴蟲病（毛滴蟲原蟲感染）。B 型肝炎也是種性病，卻常被人忽略，它的感染率比人類免疫缺陷病毒高達一百倍。B 型肝炎病毒傳播方式和人類免疫缺陷病毒相同，都能藉由性行為和血液直接轉輸（好比針頭刺傷）感染，或從母體傳給胎兒。高達百分之三十民眾，並不知道自己染有 B 型肝炎。

女性生殖器的常態微生物區系會隨著年齡增長而改變，乳桿菌為其中大宗，它們滋長繁殖並製造乳酸，這種酸性環境可以制止其他微生物生長。當條件改變導致乳桿菌數量遞減時，原本受到壓制的微生物群，便趁機開始滋長。懷孕期和更年期都會出現乳桿菌數量減少現象，於是酵母菌和原蟲感染事例也會漸趨增長。

性病微生物並不會出現在家居環境，它們在人體外部難以存活，性病必須藉由人與人直接接觸才能傳播。性病和其他感染型疾病一樣，具抗生素耐藥性的種類比率逐日提高。

# 抗生素耐藥性

## 耐藥微生物大進擊

二十世紀四〇年代青黴素上市以後，抗生素耐藥型微生物很快就現身，對醫界發動穩健攻勢，據信金黃色葡萄球菌是第一種針

對青黴素發展出永久耐藥性的微機體。事後回想起來,這似乎很合理。葡萄球菌普遍見於自然環境,不論青黴素處方是開給哪種疾病患者,每個病人身上,包括他們的床單、睡衣和個人用品,都有許許多多的葡萄球菌。世世代代的細菌和使用抗生素來治病的患者都有密切關係,它們有機會開發、改良對抗機制,來摧毀青黴素和其他抗生素。從最早使用青黴素開始,不到三十年時間,耐藥金黃色葡萄球菌就出現了。

耐藥微生物一度被許多保健業者視為稀奇品種,這個現象延續了幾十年。這個「問題微生物」清單很短,包括感染肺炎的鏈球菌群、感染腸道的腸球菌群,還有耐藥淋病菌株群。八〇年代,醫師仍舊把抗生素當成萬靈丹,幾乎所有疑難雜症都拿抗生素來對付。若偶爾遇見耐藥微生物拖延治療進程,他們手中還有不同抗生素可供選擇。許多人還認定,就算不巧出現能夠耐受種種抗生素的耐藥性微生物,醫藥技術也會找出新的藥源,不然也會有天才化學家合成出萬病難敵的新藥。直到八〇年代晚期,一些心思敏銳人士開始領悟,細菌適應抗生素的速度已經漸漸超越新抗生素的開發。到了一九九四年,《新英格蘭醫學期刊》刊出一篇文章,科學家從一群患者身上發現一種細菌,能夠抵抗當年西方醫學界所有的抗生素。

## 耐藥性選擇現象

抗生素是細菌或真菌製造的化合物,用來抑制其他微生物生長。製造抗生素的主要種類為芽孢桿菌和鏈黴菌(都屬於細菌類群),還有青黴菌和頭孢菌(都屬於真菌類群)。這類生物靠著製造抗生素來擊退其他種類,得以獨霸領域,恣意享用珍貴的養分。抗生素在細胞內製造,接著分泌出來進入周遭環境,屬於「細胞外」

化合物。若是保存在細胞內部，抗生素就不具有防衛效用。

目前已經有幾種合成抗生素問世，磺胺藥族就是其中一例。一個有效的合成藥物，必須確保藥性能夠殺死病原體，但不對患者造成重大損傷。

抗生素會以多種方式殺死細菌，基本上是制止它們繁殖。例如，青黴素打亂細菌的新細胞壁製造過程，其他抗生素則是干擾染色體或蛋白質生成系統，還有些則是損毀細菌位於堅韌細胞壁內側的胞膜。不論作用方式為何，抗生素都是以殺死不相干的微生物為目的。

細菌經過許多世代繁衍，歷經自發突變，得以發展出對付抗生素的耐藥性。一顆細菌細胞的一段基因偶爾出現隨機突變，讓細胞得以耐受抗生素的作用。這是一個隨機事件，由於成長速率很快，這顆細胞會迅速繁殖出幾百萬顆。同時，細菌還會彼此交換 DNA，新的耐藥細胞和非耐藥細胞交換一小段 DNA，倘若這段互換 DNA 包含至關重大的耐藥基因，那麼具有耐藥性的細胞數百分比就會開始提高。

人體血流中的抗生素能夠殺死所有非耐藥「常態」菌群，不過抗生素也會「選擇」不對某些細菌痛下殺手。抗生素有可能讓目標菌群更具耐藥性，就我們所知，這類耐藥菌群棲居於醫院、安養院，有時候也出現在診所以及兒童托育中心。

質粒是和細菌的小股 DNA 及主要的 DNA 片段（染色體）彼此區隔，而且它們攜有好幾段耐藥基因。所以，一種菌株或許有能力抵抗多種抗生素。細菌彼此互換質粒，於是耐藥性便得以在同種和異種細菌間蔓延，最後便越來越普及。

耐藥細菌不等抗生素施展藥效就先摧毀抗生素。有些菌種會製

造酶來破壞抗生素，另有些則略事更動外表面組成，恰好足以避免抗生素黏附上來。有些「超級病菌」的細胞膜上有一種抗生素「主動外排泵」，抗生素一進入細胞內部，馬上會被這種泵清除乾淨。許多人都認為，消毒劑耐藥細菌正是運用這種泵，把化學消毒劑排出體外，因此除了抗生素之外，這類細菌還能抵抗消毒劑。

## 抗生素行業

上述我們介紹了抗生素耐藥性是「如何」出現，但我們比較關心的是抗生素耐藥性「為何」出現。多年以來，抗生素常有處方過量、沒有對症開立處方，以及濫用處方等問題。青黴素問世時一度被當成「萬靈丹」，這個想法帶來了不幸後果。青黴素以及之後的其他抗生素都遭到濫用，事實上有些病人只要臥床休息，病情說不定就會自行好轉，但醫生卻開了抗生素藥方，有時還施以對抗病毒感染的抗生素。這些因素都助長微生物強化抗藥性，就連只具有最輕微抵抗能力的細菌也是如此。

美國的抗生素用量十分龐大，每年生產超過五千萬磅藥物，光是農業用量就佔了百分之四十。抗生素常混於飼料餵養牛、豬和家禽加速生長。此外，抗生素還被拿來噴灑果樹以預防感染。許多論文都探究目前有多少抗藥性從食物轉移到人類身上，這類文獻車載斗量，若全部疊成一落，恐怕要堆到月亮上了。

在美國之外的許多國家，販賣抗生素並不需要處方。這麼一來，便引發了一連串過量使用、劑量不足、沒有對症使用、使用過期抗生素等問題，藥劑還可能摻雜未受控管的物質。

抗生素依化學結構區分為不同等級，不過更重要的是要先認識病毒和細菌，知道該如何選擇哪一種抗生素殺死它們。表 6-2 列出

的化學品名都是藥局採用的商品名稱，使用前務必閱讀藥物包裝盒內的說明，或藥劑師提供的說明書。

主要的耐藥病菌爲抗甲氧西林金黃色葡萄球菌、抗萬古黴素腸球菌、多重抗生素耐藥型大腸桿菌、青黴素耐藥肺炎鏈球菌，還有多重耐藥結核菌。有一種新興結核菌株「廣泛耐藥結核菌」，這種微生物帶有劇毒，南非的人類免疫缺陷病毒陽性患者，便是深受這種菌株危害。該國近百分之百的人類免疫缺陷病毒陽性患者和愛滋病患死於肺結核，兇手便是廣泛耐藥結核菌。現今對於抗肺結核的第一線防衛措施，在面對這種毒株時完全失效，而且至少有兩類第二代抗生素對它一樣束手無策，目前已經在三十個國家檢驗出廣泛耐藥結核菌。某些非抗生素藥物治療也可能遭耐藥微生物阻撓，例如對抗愛滋病毒的齊多夫定（Zidovudine, AZT）和對抗皰疹病毒的無環鳥苷（Acyclovir）兩種藥物。

# 真菌型疾病

## 黴菌病類型

真菌感染型疾病稱爲黴菌病。真菌感染和真菌型疾病，似乎都被當成細菌型和病毒型疾病的貧寒表親來處理。事實不然，黴菌病是影響數百萬人的慢性問題，有些黴菌病很難診治。多種真菌型皮膚感染都表現出類似症候群，若考慮到全世界已知真菌超過十萬種，我們就不難了解正確診斷有多麼困難。全科執業醫師通常不擅長區辨各種皮疹的微妙差別，因爲不相干菌種誘發的皮疹十分相像。皮膚學家確實具有這方面專長，不過他們是醫學專家，許多健保等級不足的民眾，恐怕不會去找他們諮詢。再者，感染皮膚的真

**表6-2：如今最常開立的處方抗生素為廣譜類型**

| 抗生素種類 | 能殺死 |
|---|---|
| 青黴素（G類或V類） | 革蘭氏陽性菌群 |
| 苯唑西林（oxacillin） | 青黴素耐藥菌群 |
| 安比西林（ampicillin） | 屬於廣譜抗生素<br>能殺死革蘭氏陽性和陰性菌群 |
| 阿莫西林（amoxicillin） | 屬於廣譜抗生素，能殺滅多種致病菌 |
| 頭孢菌素（cephalothin） | 革蘭氏陽性菌群 |
| 枯草菌素（bacitracin） | 局部施用，對付革蘭氏陽性菌群 |
| 萬古黴素（vancomycin） | 革蘭氏陽性菌群 |
| 氯黴素（chlorampenicol） | 屬於廣譜抗生素 |
| 鏈黴素（streptomycin） | 屬於廣譜抗生素<br>包括分支桿菌類群（結核機體） |
| 新黴素（neomycin） | 屬於廣譜型，局部施用 |
| 慶大黴素（gentamicin） | 屬於廣譜抗生素 |
| 四環素族（tetracycline(s)） | 屬於廣譜抗生素，包括衣原體 |
| 立汎黴素（rifampin，亦稱利福平） | 分支桿菌菌群 |
| 環丙沙星（ciprofloxacin） | 屬於廣譜抗生素，對抗尿道感染 |

菌生長緩慢，因此黴菌病患可能在病症發展一段時間之後，才會找醫生診治。

黴菌病按照真菌侵入深度來分類，最淺的只穿透外表皮並侵入深層皮膚，然後進入器官。表淺型黴菌病只侵染皮膚表層或毛髮，頭皮屑便是屬於表淺型症狀。侵染皮膚的黴菌病（皮膚黴菌病）穿透皮膚外層或侵入毛幹，香港腳和錢癬都是屬於皮膚黴菌病。皮下黴菌病則是侵染皮膚和皮下部位，影響結締組織和骨頭，例如孢子絲菌病（sporotrichosis）引發的病損。全身型黴菌病指真菌隨血流

蔓延、感染各器官，這種疾病常會致命。誘發全身感染的眞菌包括：組織胞漿菌（屬名：*Histoplasma*）、鐮孢菌、芽生菌（屬名：*Blastomyces*）和球孢子菌等類群。

足癬和股圓癬是一般人最熟悉的黴菌病，兩種都歸入皮膚型，不過普通人多半分別稱之爲香港腳和騎師癬（jock itch）。市售藥物通常只能處理症狀，不能眞正殺滅眞菌。皮膚型黴菌病的一般症候包括搔癢、腫大、皮疹、病損、膿疱，嚴重時還會導致外觀變形。治療皮膚型黴菌病的主要抗眞菌藥劑有：節絲菌素 B（amphotericin B）、克康那唑、邁可那唑、納芙迪芬（naftifine）和灰黃黴素（griseofulvin）。托萘酯（tolnaftate）常用來治療香港腳。

白色念珠菌感染含皮膚型和全身型兩類，這種酵母菌具單細胞構造，和絲狀眞菌不同。（絲狀眞菌會製造細絲向外生長，細絲延伸覆蓋表面，或伸入皮膚一類的帶孔物質。）念珠菌群會引發口腔感染症鵝口瘡和念珠菌型陰道炎。皮膚型念珠菌感染可以局部施用邁可那唑或克黴唑（clotrimazole）藥物來治療。愛滋病患者一旦受到伺機型念珠菌侵染，會引發惡性感染，也可能誘發全身型致命感染。

## 黴菌毒素

眞菌不見得都誘發相同症候群，因爲它們的作用模式各不相同。皮癬菌是感染皮膚的眞菌群，舉止就像寄生體，生長時會深入皮膚攝取養分。另外有些眞菌會製造毒素，眞菌製造的毒素都稱爲黴菌毒素，攝取黴菌毒素會引發嚴重消化不適，若毒素進入血流，就會引發神經性損傷。

植物病原體麥角菌（*Claviceps purpurea*）會製造麥角（ergot），

這是一種強效迷幻劑。當黑麥、春小麥或大麥作物上長出麥角菌，採收的穀物便可能污染食物，結果就很危險。十七世紀六○年代的塞勒姆（Salem）巫師審訊案，相信就是居民麥角中毒引發的悲慘後果。當時受害者出現定向障礙並表現怪誕舉止，很可能就是吃了受污染穀物誘發的毒性作用。隔了一、兩代，麥角便成為製造麥角酸二乙醯胺（LSD）的原料。

黃麴毒素（aflatoxin）是麴菌製造的毒素，這類黴菌偶爾會污染食品，包括花生、玉米，還有巴西果、美洲山核桃、開心果和胡桃等木本堅果。黃麴毒素中毒和急性肝壞死、肝硬化及肝癌都有關係。

## 病原體是訪客或固有住客？

一旦病原微生物侵入人體，若不接受治療，它會自行離開嗎？多數感染原都會離開身體。不過人類免疫缺陷病毒和皰疹病毒都是明顯的例外，它們一旦造成感染就可能永遠住下來。

民眾常常感到納悶，地球上最致命的病毒都會殺死寄主，連帶讓自己也活不成，但是為什麼病原體最終並未從人群中消失？這是由於感染原能夠從屍體脫身。一般感冒病毒會感染黏膜，接著便隨著噴嚏和鼻涕脫身，循此途徑繼續感染下一個人。除了以黏膜分泌物（包括膿液和傷口分泌物）作為脫身路徑之外，其他途徑還包括泌尿生殖器分泌物，以及……，剩下的你可以自己設想。

## 摘要

感染和社區感染學是建立在流砂上的一門科學。病原體隨時間

逐漸演化，也發展出抗藥性，而且它們對所有醫學發明幾乎都能迅速反應，新的威脅隨時都會出現，讓醫師措手不及。除了人體的先天免疫力之外，我們還有各種技術可以先期制止病菌蔓延，不讓感染站穩腳跟。其中包括十分簡單的方法，例如洗手，還有不亂觸摸東西。化學物質和藥物或許比肥皂和水更先進，不過這也許無關緊要，因為病原體已經展現高明本領，打敗我們向它們投擲的武器只能算是牛刀小試。防病訣竅是早著先鞭，就算只領先小小一步也好。

# 第七章

新興微生物的威脅

「嘿，在他右側，排起一長串隊伍」

「現在參克已經回城了」

　　——貝托爾德‧布萊希特（Bertholt Brecht）和馬爾克‧布利茨坦（Marc Blitzstein）

　　人類行為是群眾會不會出現感染，以及疾病散播速率有多快的最大決定因素。一旦感染原侵入社區，我們因應的措施將會影響它的進展，可以助長或遲滯感染傳播。我們能夠支配感染型疾病帶來的後果，這個影響會超過病原體本身的毒力。

　　我們已經有好幾次成功撲滅危險疾病的事例，不過目前仍有好幾百種感染原不斷折騰全球人類和動物。最令人氣餒的，莫過於一度認為已經撲滅的感染原，如今又捲土重來。

## 人類和侵害人類的感染

　　地球上的病毒歷史是人類歷史的一部份。病毒需要寄主細胞，各種病毒分別感染植物、細菌和動物的細胞，感染人類的病毒有時候也感染其他動物或昆蟲。多年以來，為了解釋哺乳類細胞暨病毒的起源問題，引發了一場「雞生蛋或蛋生雞」式的熱烈論戰。細胞是否先經過病毒侵染，才發展出複製能力？或許曾有某種病毒留在一種原始細胞裡，隨著該種細胞演化，成為它的根本構造的一環。反過來講，最早的細胞是否有片段核酸和蛋白質脫落，從而培育出我們今天所見的病毒顆粒？遺傳學家芭芭拉‧麥克林托克（Barbara McClintock）在一九五一年曾做了幾項實驗，測試 DNA 的基因段落是否能易位（或跳躍），轉移到染色體的其他部位。她的理論飽受奚

落，閒置幾十年無人聞問，直到基因科技萌芽（後來演變爲今日的生物技術學），這才證明基因確實能在染色體上四處轉移。這項發現是最後一筆關鍵證據，確認病毒並不是藉感染細胞才演化成形，而是帶了幾段關鍵跳躍基因脫離細胞獨立發展。病毒只需要感染更多細胞，利用各種胞器來支持自己的複製功能，這樣它們就能繁殖。這種跳躍基因稱爲轉移子（transposon），一九八三年，麥克林托克因此獲頒諾貝爾生理學暨醫學獎，褒揚她的發現。

## 一種已消滅的疾病

不論病毒如何演化，據信有一種病毒早在人類有歷史記載之前就已經存在，那就是天花。最早的天花感染證據是在埃及木乃伊上發現，下葬年代推估是在西元前一五七〇年到前一〇八五年間，這群木乃伊臉上帶有像是「痲子」水泡的病損痕跡。染上天花病死的「名人」包括埃及國王拉美西斯五世，卒於西元前一一五七年，死時約三十五歲。天花在西元七一〇年傳至歐洲，接著在一五一八年傳往西半球，導致阿茲特克帝國和印加帝國瓦解，不過這點仍有爭議。當西班牙征服者抵達墨西哥時，那裡還有兩千五百萬名的本土住民。疾病隨著西班牙人傳染給本土族群，當地戰士紛紛病倒，原本他們可以擊退許多入侵者，卻由於身體虛弱，無力應付，勇士和統治階層一個個陣亡喪命。一個世紀之後，本土住民只剩一百六十萬人，歷史學家一致認爲，這個慘重死亡大半是天花所造成。歐洲人移居北美洲後，這種悲慘命運也落在本土族群休倫人、易洛魁人和摩希根人身上。

儘管古雅典時代已經明白免疫作用的基本原理，但仍是在投

入好幾百年且歷經嘗試，才發展出有效誘發後天免疫力的作法，讓從沒有接觸過天花病毒的人，也能抵抗這種疾病。後天免疫力實驗初期採自我接種作法，實驗對象取天花患者身上的膿或痂接種在健康的受試者身上。一七一七年，英國貴族瑪麗‧孟塔古（Mary Montagu）夫人採用「痘毒接種法」（variolation）為她的孩子接種人痘，她的動機大概是出自弟弟死於天花，以及自己染上天花變成痲臉所致。幾十年後，愛德華‧金納（Edward Jenner）醫師使用牛痘，改良為後來所稱的「接種」（vaccination，這個字的西班牙字源為 vaca，意思是牛）。

金納的突破，促使美國和歐洲聯手消滅天花的原動力，雙方協力推動接種計畫，消滅了「人類最恐怖的天災」。從金納在十八世紀晚期開始嘗試，到二十世紀大量生產供應疫苗，接受天花疫苗接種的人數越來越多，最後到人人都能接種。各國政府、衛生組織和各個地方性計畫，成就恢宏使命，凝聚共識，構思對策，解決了全球健康威脅。一九七七年，索馬利亞出現最後一起人與人直接接觸的天花傳染案例。到了一九八〇年，世界衛生組織宣布，地球上的天花病毒已經完全撲滅。

如今國際間對愛滋病疫情的反應，和跨國合作協力擊敗天花的成就相形遜色。自從二十世紀八〇年代以來，愛滋病始終是醫學界的重大挑戰，疫苗難尋，治療也困難重重，政治的介入更是另一個棘手問題。全世界對愛滋病危機的反應，或許受到宗教和政治因素影響，幾乎見不到國際合作，也談不上協力制止、延緩人類免疫缺陷病毒繼續蔓延。許多地方的教育並不完備，例如中國和中亞某些地區。在這些地方，或許想要隱瞞疾病統計資料，不然就是拒絕面對眼前危機，因此沒有人知道那裡究竟有多少新病例。就連「有學

問的」西方國家，也依然充斥令人氣餒的誤解和無知。倘若天花死灰復燃，跟愛滋病一樣引發恐慌，我們恐怕就要面臨一場無法想像的健康浩劫。

## 愛滋病現況速寫

- 美國有百分之三十八的民眾不知道愛滋病無藥可醫。
- 美國有四十萬人身染愛滋。
- 美國境內患有愛滋病的民眾，百分之四十三點一是黑人。
- 二十世紀九〇年代的新病例統計發現，其中所有種族的男同性戀比例都降低了，而黑人、拉丁裔和女性患者比例卻提高了。
- 從二〇〇〇年迄今，新病例數一度減少，但不久之後，經診斷確認的新病例又穩定攀升。
- 如今所有新病例當中，異性戀男女患者共佔百分之三十五，在過去五年間提高了百分之二十。
- 美國境內每年診斷確認四萬起新病例。
- 全球每日新感染患者（估計）為一萬四千人。
- 過去五年間的新病例當中，不到二十五歲的患者佔了半數。
- 二〇〇五年，全球超過四千萬人身染愛滋病或人類免疫缺陷病毒。
- 全球身染人類免疫缺陷病毒的民眾，約百分之六十三住在非洲撒哈拉以南地區。
- 非洲有一千五百萬名愛滋病孤兒。
- 二〇〇六年全球間死於愛滋病的人數估計為兩百六十萬。
- 目前還沒有愛滋病疫苗。

　　新興疾病現身之後一段時間，就可能改變全球的人口組成，愛滋病就是個實例。愛滋病毒從猴子和黑猩猩跳躍到人類身上，改變了人口結構，這個跳躍據估計發生在二十世紀三〇年代。跳躍現象緩慢進展，逐漸傳遍非洲和歐洲人口群。根據醫學病例報告的薄弱證據，人類免疫缺陷病毒初期出現的情形大致如下：一九五九年，剛果民主共和國一名成年男子身染愛滋病毒；一九六九年，美國一名青少年因愛滋病毒死於聖路易市；還有一九七六年，挪威一位水手身染愛滋病毒。

　　二十世紀八〇年代，愛滋疫情爆發於西半球都市，死亡率在一九九五年達到高峰。美國有抗反轉錄病毒療法（antiretroviral therapy）可茲應用，因此新診斷出的病例數逐漸減少，然而以全球的統計數字來看，愛滋病已經釀成大流行。

## 死灰復燃的疾病

　　我們以為肺結核新病例數量已經抑制下來，然而疾病根本沒有消滅，而且新病例數可能又要增加，因此我們把它界定為死灰復燃的疾病。自一九九〇年以來，北美洲的肺結核感染率已經略有緩減，但在非洲的肺結核感染率卻提高了百分之一百三十。就像天花一樣，肺結核侵染人類也有很長的歷史；在西元前二四〇〇年的木乃伊身上，便可以找到癆病（consumption，肺結核的另一種稱法）的病理學跡象。有效對付肺結核的化學療法發展遲緩，不過，十九世紀的臨床醫師似乎已經明白打破感染傳播環節的重要性。把關進療養院當成送醫「治療」，這種行徑令人不齒，不過把肺結核病人送

進療養院確實有用，能把患者和健康人隔離開來。將身染高傳染型疾病的人放逐他方，是切斷傳播管道最有效的作法。

到了二十世紀四○年代，新的特效藥抗生素向結核桿菌發動攻勢。然而，醫師很快就注意到，他們的治療措施又像以往一樣失靈了，抗生素耐藥性突變逐日浮現。往後二十年間，各式抗生素紛紛問世，用來對抗新的菌株。當藥物喪失療效時，醫師開始混合使用各種抗生素，繼續治療他們的肺結核病人。當時很少人體認到，藥效減弱是菌株耐藥性增長的徵兆。儘管少數醫師曾呼籲提高警覺，卻由於美國的肺結核新病例在往後三十年間逐日減少，大多數人也就跟著放下心中的大石頭。

以全球的情況看來，肺結核感染率在過去十年間的年均增長率還不到百分之一。從這個緩慢增長現象，或許能推斷肺結核不會帶來危機。但不幸的是，這種疾病在許多國家始終都是禍患，而且可能還會慢慢趨於嚴重。世界衛生組織估計，全球人口受感染比例高達三分之一，每年有兩百萬到三百萬人死於肺結核。

如今，醫師混合使用四種抗生素來消滅肺部的結核菌，他們祈求上蒼保佑，期望採用這種處理方式可以壓低意外造就耐藥新菌株的機率。就算沒有染上耐藥微生物的風險，不至於因此干擾患者復原，肺結核療程也始終是窒礙難行。肺結核化學療法必須施行好幾個月，倘若患者在整個處方療程沒有遵照醫生指示配合進行，耐藥性滋長風險就可能提高。就算治療完善，依然很難擊敗寄生肺部的結核桿菌。再者，只需要兩、三顆細胞，疾病就可能復發。

肺結核捲土重來的原因很難討論清楚，北美洲的移民現象和人口組成變動，都會影響疾病模式，而且預期在往後五年期間，肺結核還會在美國重新出現，到時就會構成重大的衛生隱憂。對抗肺結

核和消滅天花的情況不同，積極措施姍姍來遲，制止肺結核蔓延全球的行動始終進展緩慢。

肺結核死灰復燃的主要理由如下：

●**各國經濟處境**。最高發病率都出現在國民總生產額最低的地區。目前擁有的療法都需要長期實施而且所費不貲，很難妥善監控，在發展中國家更是如此。

●**人類免疫缺陷病毒感染**。肺結核是與人類免疫缺陷病毒有關的伺機型疾病。世界衛生組織估計，每十個人類免疫缺陷病毒陽性人士，就有一人染上肺結核。人類免疫缺陷病毒的全球感染率與日俱增，促使肺結核感染益加普遍。

●**多重耐藥性**。就目前來講，只能夠抵抗一、兩種抗生素療法的耐藥菌株數量或許還超過易感菌株。治療時可採異菸鹼酸聯氨（isoniazid）、立汛黴素、必拉治邁（pyrazinamide）和乙胺丁醇（ethambutol）四藥併用，這項方案深獲推崇，期望能以這個謀略壓倒耐藥菌株。但是，只要患者沒有堅持到底完成療程，就等於是開啟一道復發窗口，想要治癒，恐怕得再投入兩年時間。

●**移民**。來自高肺結核發病率國家的移民，助長疾病回到原本已經「安全」的國家。在美國境內，接近半數的新病例是移民的僑胞。在移民人數眾多的地區，肺結核監控有可能更為繁複，更何況那裡還可能有文化和語言障礙。

●**自滿心態**。當新病例增加率開始減緩或下降，公共衛生界就可能認為疾病再也不會威脅一般大眾。接下來，研究和教育也不再那麼受重視了。

●**都市化**。歷來有關人類和感染型疾病關係的研究，都一再論

述民眾移居都市的課題。如今，肺結核威脅最嚴重地區，例如監獄、長期保健看護機構、安養院和流民收容所等，都有人群擁擠、人際接觸頻繁的現象。由於都市化程度日深，感染型疾病也更有機會逐一侵染各個族群。一九〇〇年有百分之十五的人口住在都市，到了一九五〇年，已經成長為百分之三十。如今，全球約有半數人口住在都市，估計在二十五年間，這個數字就會高達百分之六十五，相當於五十二億人口。結核桿菌的前景，一天天越加光明。

## 新興疾病

新興疾病指我們原先一無所知，等它侵入某個人口群才發現的疾病（如二十世紀七〇年代愛滋病毒侵襲美國的情況），也指稱就先前了解，其感染原只出現在動物身上的疾病（表 7-1）。

由細菌、病毒、真菌和原蟲誘發的新型感染症清單越來越長。城鎮、社區漸漸侵入昔日未開發土地，這種情況對新的病原體十分有利，讓它們更有機會從動物身上跳躍侵染人類。再者，微生物檢定技術也越來越準確。全球暖化影響昆蟲和動物的數量，而牠們正是攜帶病原體的媒介和儲存宿主，這對疾病也將造成影響。

有一種著名微生物，它似乎總有辦法不斷推出新花招，那就是大腸桿菌。幾十年來，大腸桿菌一直在實驗室中扮演微生物實驗的合作夥伴。一段時日後，新的血清型出現了，微生物學家也開始根據它們引發的疾病類型來區分大腸桿菌類群。一九八二年發現了血清型為 O157:H7 的大腸桿菌，鑑識確認這就是幾次食源型疫情的禍首。這種大腸桿菌在一九九三年再度肆虐，疫情十分駭人，在美西

### 表7-1：流行世界各地的新興疾病

| 新興感染型疾病 | 死灰復燃的感染型疾病 |
|---|---|
| ● 西尼羅河病毒（西尼羅河腦炎）<br>● 立百病毒（Nipah virus，腦炎）<br>● 亨德拉病毒（Hendra virus，類腦炎症候群）<br>● 朊毒體（庫茲菲德──雅各氏症）<br>● 大腸桿菌，O157 型，O124 亞型（食源型疾病）<br>● 霍亂弧菌 O139（霍亂）<br>● E 型肝炎病菌（肝炎） | ● 結核桿菌（抗生素耐藥型結核菌、廣泛耐藥結核菌）<br>● 金黃色葡萄球菌<br>● 肺炎鏈球菌（抗生素耐藥型肺炎）<br>● 白喉桿菌（白喉）<br>● 登革熱病毒（登革熱）<br>● 黃熱病病毒<br>● 鼠疫桿菌（淋巴腺鼠疫）<br>● 流感病毒每年都再次出現 |

各州感染七百多人，還造成四名孩童嚴重腎衰竭致死。

最近 O157 型又出現了一種新的類別，更彰顯大腸桿菌繁複多端的搗蛋本領。如今 O157 型大腸桿菌又冒出一個 EXHX01.O124 亞型，簡稱 O124 型。這個大腸桿菌品種和 O157 型有個共通點，它也是藉細胞釋出的神經毒素危害寄主。儘管自一九九八年起，美國疾病防治中心已經查出 O124 型曾經引發少數食源型病例，但在二〇〇六年秋天，這個亞型依舊釀出重大新聞，在美國二十六州傳出疫情，連加拿大都出現一個病例。這次爆發，科學家溯源發現，病原體可能出自加州一處商業型農場所栽植的菠菜。當年稍後又出現一次疫情，此次爆發則和加州栽種的蔥有關，病例分布於紐澤西州和紐約州長島。

當新的病原體出現，如 O124 亞型，公共衛生當局掌握的線索極少，沒什麼訊息可供憂心的民眾參考。可能必須花上好幾個月的時間，才能斷定某種病原體株是沿哪條路徑侵入食品配銷網絡。幾年前，半熟漢堡數度引發疫情，當時已經溯源確認疫情和 O157 菌

株脫不了關係，但民眾直到最後才終於領悟半熟漢堡肉並不安全。

然而，O124 亞型卻向消費者投出一記變化球，因為眾人大多認定，鮮果和蔬菜是平日膳食中最安全、最健康的品項。斟酌以往大腸桿菌引爆疫情的細節，或許蔬果栽植業者根本不該如此大意，讓 O124 亞型趁機發作。一九九六年，一家果汁製造廠的產品受到 O157 型大腸桿菌污染，該批果汁後來銷往美西各州和加拿大。當時至少七十人患病，出現腸胃症狀，其中病情最嚴重的都是孩童，病童中一名科羅拉多州女孩還因此喪命。公共衛生單位的微生物學家出動調查，循線追出一批受 O157 型污染的蘋果被製成果汁，而且未經消毒便上市了。

像 O157 型大腸桿菌這類腸道微生物，怎麼會沾染長在樹上的蘋果？還有，為什麼後來會爆發出疫情？而且 O157 的 O124 亞型，如何污染了新鮮菠菜、蔥和其他的嫌疑蔬菜？現在已經知道，所有大腸桿菌都來自動物腸道，它們是在肉品加工期間四處傳播，染上動物屍骸。家牛、羊和其他動物，都是田間蔬菜作物的大腸桿菌污染源頭。飼育場的污水排流、蔬菜園間歇被飼育場園區的排放水淹沒，加上糞便堆肥，甚至還有路過田地的野生動物，這些情況都可能造成污染。用來製造果汁並帶來污染的蘋果，並不是從枝頭直接採收，而是已經跌落地面的果實，因此受糞便污染的機率便大幅提高。

# 疾病為何出現，為何再次出現？

感染型微生物之所以出現或再次出現，通常是由於若干穩定模式出現變化所致。越來越多國家採集中加工方式來處理食品。比起

幾十年前，加工食品的配銷地區也更遼闊了。食品供應經濟體系的效率高度提升，於是食源型病原體的散播效率也跟著提高。「健康精選」食品對果汁疫情爆發也有部份責任，民眾想要購買「較健康的」食品，廠商自然要符合消費者的期望，或許這便助長了不經過巴斯德滅菌法的食品理念。那家果汁製造廠取消了一項食品加工的安全程序，卻造就出更危險的情況，還把「準」病原體帶進這個世界。一九九六年，O157 型大腸桿菌還被界定為一種新興病原體，但如今已經被證實為危害健康的污染物，O124 亞型也可能步上 O157 型的後塵。

　　新興疾病不只讓醫師和微生物學家感到挫敗，還讓受感染民眾心驚肉跳，惶然不知如何自保。群眾要求衛生專業和政治人物提出辦法，然而除非微生物學家找出病原體傳播方式和毒力等詳情，否則他們也沒有答案。

　　有一批微生物學家專門投入新興、再現型疾病研究，有些人則專精一種疾病。總體而言，近來的新興型或再現型病原體，通常都是很容易在人際間傳播的病毒，其中新興型病原體多半出現在人口經歷變遷（移民、老化）或生態改變（在前無人煙地區從事營建工程）的地區。

　　病原體要危害整個人口群有幾項要件；它們必須找到眾多容易受感染的寄主，毒力要夠強，而且還要碰上感染良機。一旦新的病原體展開無情行動，揮軍闖入我們的生活，藉時，往昔它們還沒有名字的時代，恐怕就要從我們的記憶徹底清除了。一度看似生疏、無害的罕見病原體，如今已成為我們生活中的微生物。

# 耀武揚威的病菌

新興感染型疾病之所以現身，或老疾病得以捲土重來，其中一項原因是例行生活常態出現變化。改變習慣和改變規律生活，可能爲感染原帶來一線機會。當我們改變日常作息，可能出現兩種引誘感染上門的情況：(1) 習慣改變，讓自己來到新病原體附近，(2) 提高自己遭受感染成爲寄主的傾向。

「壓力」並不是醫學正規術語。一九三六年，奧匈帝國生理學家漢斯‧薩爾耶（Hans Selye）創造出「壓力」一詞，從此在醫學界流傳，他將壓力定義爲「身體對任何改變需求所產生的非特定反應。」凡是用上「非特定」字眼的定義，全都要引人詳加審視。不久之後，科學界各學門專家開始爲「壓力」的意義吵嚷不休。薩爾耶明白這其中難處，最後發明「壓力因子」一詞，來區辨造成不適的東西和不適本身之差異（由於這項成就，薩爾耶被冠上了一個語意曖昧的「壓力之父」稱號）。

現在大家都明白壓力是什麼，不過恐怕並不知道該如何描述。有許多日常用語都和壓力扯上關係，如神經緊張、疲憊不堪、興奮激昂、洩氣、冷靜一下、先別吵了等等，有些雜誌還刊出「十大壓力因子」文章。其實醫學界本身都並未把人類和其他動物的壓力因子找全，考慮到這點，這些相關文章就很引人質疑，文章中列出的因子是否已經經過臨床證實。倒是心理學家擬出了長串清單，列出主要的社會壓力因子，同時健康風險分析家也發現，其中若干項目和感染發生機率確實有關。信不信由你，「度假」是其中一項壓力因子呢。

度假和休閒活動讓感染症找到新的入侵管道。放假出外旅行

時，你有可能睡眠不足，營養不良，讓免疫系統感到壓力。而在旅程途中和度假地區都可能和大群人接觸，病菌很容易在郵輪、遊樂園、航空站和街頭慶典活動等這些地方蔓延。大多數人在度假時，衛生習慣也跟著休假，衛生習慣一鬆懈，寄主的受感染傾向也同時提高，病原體的感染機會來了，結果就是造成度假中悽慘的一天。

## 海洋

　　許多人都把到海灘列為度假的第一選擇。海洋和湖泊中的微生物構成一個迷人生態，這或許是環境微生物學最奇妙的一環。休閒水域（海洋、灣區、湖泊和河川等）含有各種細菌、原蟲、藻類、矽藻和微型寄生體，其他還有多不勝數的類群。你大概能猜得到，其中有些正是病原體。

　　許多人認為含鹽海水能殺死病菌，其實不然。估計在一升海水當中，至少含有兩萬種細菌。游泳時喝下的一口海水，裡面約含有一千種細菌，一毫升海水可含十萬多顆微生物細胞。

　　海水含有百分之三點五鹽份，這個濃度對多數微生物並無害。海洋能承接人類文明廢棄物並自行恢復生機，於是長久以來，人類社會漫不經心，誤以為海洋可以永遠收納我們排放的廢物。現在，科學家全體呼籲，人類不能再把海洋當成馬桶。

　　每個人每天約製造出零點二到零點九公斤尿液和糞便，現今全世界有六十五億人口，其中多數住在靠海地區和主要分支流域附近。地表溢流和下水道溢出的污水，攜帶排泄物沿水道下行流往開放水域。還有不要忘了，家禽家畜和野生動物也排出大量糞便，由農莊和林地溢出，流往河川、灣區和海洋。壞細菌遲早會在好地方現身。

　　一般，我們會定期檢測灘岸水域大腸桿菌和腸球菌含量，這兩類細菌都屬於棲居腸道的球菌類群。動物所排放的致病微生物，在自然界含量多半很低，因此進行檢測得花很多錢。大腸桿菌和腸球菌的行為，和那批伺機肆虐的病原體雷同，因此水質微生物學家把它們的含量當成一項指標，來鑑定人類、動物或鳥類糞便的潛在污染情況。因此，大腸桿菌和腸球菌被稱為「指標菌」。海灘水域出現指標菌，實際上是一種跡象，顯示海水可能受了污染並含有病原體。美國環境保護總局設定的海灘含菌量上限為，每百毫升（一百克）海水不得超過三十五顆腸球菌。

　　若沙灘上鋪設排水管，排放鄰近街區和庭院溢流污水，則管道附近地區的微機體含量便較高。此外適合親子同樂的沙灘，因為風平浪靜，水也較淺，往往築有防波堤屏障，因此微機體含量也可能較高。沒有洶湧浪濤的寧靜沙灘，海浪和緩，攪不起多少海砂和微粒，這些顆粒往往黏有許多細菌，所以污染便集中在這個局部地區。微生物數量在晚春初夏和晚秋初冬時期最多，浮游植物數量也在這段期間達到高峰，由此推斷，這是所有海洋生物最活躍的時期。

　　河川流量增加和大雨都會稀釋海洋鹽度（含鹽量），若水溫合宜，加上養分充足，紅藻（一種浮游生物）就會迅速滋長，構成龐大族群。紅藻大量繁殖的現象稱為藻華，藻類在含鹽量較低，利於生長的淺層水中漂浮，吸收陽光，密集滋長，把海水染紅，這種現象則稱為赤潮。赤潮會使沙灘海水發臭，變得黏滑。紅藻還會製造一種神經毒素，嚴重刺激眼睛、皮膚，還可能引起發燒和嘔吐。人類吃下攝食紅藻的海鮮就會生病，魚類也很容易受到這種毒素感染。近年來，世界各地的各類藻華，已經造成大批魚類集體死亡，

構成所謂的魚災死亡（fishkill）事件。藻華是由多種藻類共同形成，因此「有害藻華」一詞逐漸取帶「赤潮」。其他藻類也會製造神經毒素，包括渦鞭毛藻類群的多種單細胞浮游生物。矽藻類群製造的毒素稱為軟骨藻酸，殼菜蛤含有高量軟骨藻酸，可造成魚災和海洋哺乳動物死亡。人類吃下受污染的甲殼類（可能還包括蝦、蟹）會引發軟骨藻酸中毒，這種案例經常出現。

赤潮是環境周期變遷引發的自然反應。人類幾百年前就認識這種現象，《聖經》中提到：「所有的河水都變成了血；河中的魚都死了，河水都腥臭不堪。」（〈出埃及記〉七章 20-21 節）。現代工業區和農耕地污物排放也助長藻華滋長，這些廢物都含有豐富的有機化合物，好比下水道污水、工業廢棄物，還有農務作業排出的無機、有機肥料。一旦藻華滋長到相當程度，附近水中所含氧分都被藻類耗光，這時海洋生物將窒息而死。

船艇乘員也可能為海水浴場鄰近水域帶來更多食物和糞便污染。美國環境保護總局在各遊樂區附近劃定禁止排放區，禁止下水道排流和堆卸垃圾，但問題在於法規執行上的困難，就像其他環保規章，實施效果也得視船艇乘員、健行客和露營人士的配合程度而定。

從指標菌可以局部得知浴場水中的微生物情況，但指標菌無法預測賈第鞭毛蟲和隱孢子蟲的含量，這兩類原蟲含量在都市污物排放口附近都很高。指標菌含量也不代表病毒含量，大都市附近的海灘水樣含有許多病毒，含量可達每毫米百萬顆。歷來發生過多起原因不詳，只知道和水有關的疫情，這些應該都是病毒惹的禍。休閒水域的病毒有些會危害健康，這類病毒集群或病毒類群為：A 型和 E 型肝炎病毒、環狀病毒（calicivirus）、輪狀病毒、腺病毒、諾沃克

病毒（諾羅病毒）和星狀病毒（astrovirus）。A 型和 E 型肝炎病毒普見於所有水域，而且讓公共衛生不良，內陸、海洋水體持續遭受污染的國家窮於應付。

泅水耳病（急性外耳炎）是耳道受了海水或淡水刺激，所導致的繼發型細菌感染症。耳垢是耳道的有形屏障，可以降低酸鹼值，使 pH 值約等於五，這可以抑制某些非原生菌群生長。經常游泳可能破壞了耳垢層，使皮膚屏障缺損，pH 值也提高到七。接著，耳中的常態革蘭氏陽性葡萄球菌，便遭受革蘭氏陰性菌群侵擾，其中尤以假單胞菌群為害最烈。外耳炎病例也可以檢出麴黴菌和念珠酵母菌。接下來這些伺機型微生物便引起發炎反應，從而為環境帶來濕氣和豐富養分，更進一步促進微生物成長。

游泳後切忌搔抓發癢部位，以手指搔癢或用棉花棒等器物用力搔癢，只會讓問題惡化。局部塗敷抗生素通常都能有效減少假單胞菌數，對付泅水耳病常見的變形桿菌和葡萄球菌群也很有效。抗生素多黏菌素（polymyxin）是對付假單胞菌群的良方；新黴素能對付變形桿菌和葡萄球菌類群；制黴菌素（nystatin）能對付念珠菌群。經常游泳的人可以佩戴耳塞，或使用點耳液劑來維持低酸鹼值，這樣就可以預防外耳炎。白醋加上百分之七十外用酒精，你也可以自行調配耳液劑。

## 湖泊、溪流等淡水水域

湖泊、池塘、河川和溪流都是避暑勝地，也是享受戶外生活的好去處。不幸的是，這些地方也來摻一腳，幫助水傳染型微生物為惡。淡水感染原的類型有時比鹹水中的類別更多，各種淡水水域的病原體能引發各式感染症，波及皮膚、眼睛、尿道、呼吸系統和中

樞神經系統。淡水表層水是承接雨後地上溢流的第一處積蓄站，未經處理的地下水，例如受污染的井水，也是病原體的源頭。舉個極端的例子，當公共建設缺損，輸往污水處理廠的污水便可能中途溢出，流入湖泊、溪河。

　　水傳染型微生物能夠運用各種途徑侵入人體，包括呼吸吸入、穿過健全皮膚或受損皮膚，或者由呼吸道或消化道黏膜的襯覆組織滲入。淡水感染機率有可能略高，因為民眾在淡水中游泳時，會比在冰冷海水中多待幾分鐘，因為海中含鹽，又必須耗費力氣對抗波浪，因此逗留時段通常較短。當然這只是就一般推論；從事衝浪運動，以及浮潛、水肺潛水運動，都可能在海中持續好幾分鐘到好幾小時。

　　在淡水中游泳和在海洋灣區游泳應遵守的準則相同，切莫以手觸摸臉部，游泳後應淋浴，身上有傷口或自知有感染症時絕對不要游泳。（防水繃帶無法保護傷口預防感染。）

　　淡水也可能含有可見於鹹水的各種病毒，再加上賈第鞭毛蟲和隱孢子蟲的孢囊、痢疾阿米巴原蟲，還有沙門氏菌、假單胞菌、志賀氏菌、耶爾辛氏菌和弧菌等菌群。傷寒沙門氏菌是傷寒病原體，霍亂弧菌則會引發霍亂，這種疾病已經在全球死灰復燃。假單胞菌群在鹹水中很難生存，在淡水中則普遍可見，事實上假單胞菌屬的種類構成飲水中的優勢菌群，同時也是生物薄膜菌群的一員。這類微生物和底下幾種感染症都有連帶關係，所有症狀都與接觸淡水有關：皮膚炎、毛囊炎、泅水耳病、角膜炎、尿道感染和肺炎。

　　淡水中的假單胞菌等感染型微生物有可能是原生的，也可能是種污染物，淡水污染物很多，包括賈第鞭毛蟲、沙門氏菌和 A 型肝炎病毒。游泳時把水吞下會提高腸胃病症感染機率，若是皮膚、眼

# 肝炎病毒

肝炎就是肝臟發炎症，還可能引發黃疸。Ａ型、Ｅ型肝炎和飲水受到污染有關，與休閒區污染水也有關連。這兩種肝炎都是藉由糞便口腔途徑來傳播，不過Ａ型肝炎病原體也可以藉食品和性行為來傳播，這就是全世界最普遍的病毒型肝炎病症。Ａ型肝炎病毒只需少數就足以造成感染，區區十顆就夠了。Ｅ型肝炎比較少見，免疫反應也和Ａ型肝炎不同。所有肝炎多少都會引發以下症候群：發燒、心神不寧、噁心、食慾不振和腹部疼痛。

Ｂ型肝炎感染率幾乎可以比得上Ａ型肝炎，不過在水中找不到Ｂ型肝炎病毒。Ｂ型肝炎藉血液傳染，輸血或性行為都是可能的傳染途徑。Ｄ型肝炎可藉性行為和血液對血液傳染。這型肝炎和其他肝炎的病毒都引發相同症候群，不過Ｄ型肝炎只感染帶Ｂ型肝炎的人。美國有超過四百萬人感染Ｃ型肝炎，其中百分之八十不知道自己受了感染。Ｃ型肝炎有可能藉性行為傳播，不過多數藉血液對血液途徑傳播。Ｃ型肝炎是肝臟移植的首要起因。Ｂ型、Ｃ型和Ｄ型肝炎都是慢性疾病。

目前還沒有Ｃ型肝炎疫苗，治療效果可能只達百分之五十。Ａ型和Ｂ型肝炎疫苗都能有效預防感染，至於Ｄ型肝炎則可以藉由Ｂ型肝炎免疫接種來預防。

睛或肺部受了感染還去游泳，等於是為水傳染型微生物大開方便之門，肯定會帶來繼發感染症。

美國環境保護總局訂有淡水最高容許指標菌量，其中大腸桿菌為每百毫升一百二十六顆，腸球菌為每百毫升三十三顆。就淡水而言，採大腸桿菌類群作為糞便污染指標菌的效果略佳；若是作為淡水暨海水之污染指標，則採用腸球菌類群比較適合。

## 游泳池、熱水浴缸和蒸氣室

　　溫水、打個不停的氣泡，加上澡客帶來的養分，構成細菌滋長的絕佳條件。按摩浴池、水療浴場和熱水浴缸的溫度較高，還有強烈翻攪水流，可以想見其中的微生物含量超過游泳池許多。由於水量較少，使用人卻較多，因此在水療浴場等地，水中便含有較多有機物質，而這也助長微生物滋生。

　　游泳池業主多半明白池水必須加氯消毒，因此游泳池監測情況往往優於民眾自家的熱水浴缸。游泳池的水溫較低，也較少出現翻騰水流，因此微生物較不活躍。和常有亂流的池子相比，游泳池的氯含量比較穩定，效用也維持較久。基於這項理由，水療浴場等場所的加氯消毒次數，應該比游泳池稍微頻繁一些。多數游泳池都把游離氯含量維持在一到三個百萬分率（ppm），按摩浴池和熱水浴缸應該維持在一到五個百萬分率。加氯消毒的池水，酸鹼值全都必須維持在七點二到七點六之間，若酸鹼值低於這個範圍，氯就帶有腐蝕性，若數值過高，氯的消毒效能就大幅銳減。

　　多數熱水浴缸都把溫度設在攝氏三十七點七度上下，從不超過四十度，這正是細菌感染的最佳溫度範圍。細菌和病毒都能夠耐受短暫突發高熱，而且這種溫度遠超過人類皮膚的安全耐溫上限。就以藉水傳染的 A 型和 E 型肝炎病毒為例，要殺死它們必須把水煮沸一分鐘。

　　水療場所的環境適於假單胞菌和水中常見微生物形成生物薄膜。由於大量微生物在生物薄膜中累積，若熱水浴缸或按摩浴池四壁長了生物薄膜，那麼水療池水所含微生物量便要大幅增加，因為生物薄膜對加氯消毒法的抵抗力非常強。

　　溫水休閒浴場必須時時嚴格監控水中的氯含量和酸鹼值。民眾使用熱水浴缸和蒸氣室，目的就是來享受那種溫熱，而皮膚毛孔在溫熱環境中會擴張，更利於微生物入侵，於是假單胞菌或糞生微生物等類群便得以侵染更深層皮膚。假單胞菌感染型毛囊炎和皮膚炎都有詳盡記載可查，還有一種較嚴重的病症稱為「腳熱病」（hot-foot），這種腳跟擦傷症狀和踩踏粗糙池底有關，這是微生物進入深層皮膚引發的症狀，患者腳跟病損，並出現微膿瘍引發疼痛。

　　使用蒸氣室時，可以躲開身邊四處遊蕩的千奇百怪菌群，不過蒸氣室的環境依舊很潮濕，而且有眾多陌生人頻繁使用，室內各表面不斷有人碰觸，而且使用者並沒有穿著衣物，這些因素助長細菌和酵母菌在人群間傳播。坐下時必須使用浴巾，千萬不要直接坐在長凳上，而且應該穿著拖鞋。在寄物櫃間也要穿拖鞋，淋浴時也別光腳。

　　美國各州都訂有衛生法規，條列公共泳池和休閒戲水區使用守則。這套法規包括設施受糞便污染時，業者應採取措施。各州衛生法則都可以上線查詢，也可以向美國國家游泳池基金會（National Swimming Pool Foundation）洽詢。

## 體育館和健身俱樂部

　　體育館的防微生物準則和普適於其他場合應採行的常識作法有些是相同的。運動場有許多利於病菌傳播的情況，而健身俱樂部則有許多傳播疾病的媒介（設備、毛巾、長凳等等）：流汗潮氣、許多生人共用相同表面、擦碰受傷的機率很高，還有各種狹窄空間，如淋浴間、按摩浴池、蒸氣室和三溫暖區等。汗水本身並不含微生物，不過物品沾上汗水便含有濕氣，病菌很容易藉此四處傳播。汗

水含有蛋白質和鹽份，可以滋養細菌，也助長它們在無生命物品上存活較長時間。若是病原體數量達到微生物感染劑量，那麼體育館就可能變成媒介物傳染病的蔓延場所。

體育館的最大問題大概就是使用者的分心旁鶩，多數人奮力健身的時候都不會想到衛生問題。這樣一來，體育館就像是廚房或辦公室，一旦輕忽良好衛生習慣，保證會染上別人身上的病菌。

體育館微生物學研究已經檢測出多種常見微生物類群：包括在所有設備上都可以找到的葡萄球菌、鏈球菌和革蘭氏陰性菌等類群；幾乎無處不在的大腸桿菌和其他糞生有機體；設備座椅上有念珠酵母菌；淋浴間和寄物櫃間有香港腳真菌。越來越多人在健身俱樂部染上超級葡萄球菌（抗甲氧西林金黃色葡萄球菌），由於這類體育館型「超級病菌」的侵染場合，和它經常肆虐的醫院並無關連，因此有時也稱為社區感染型（community-acquired, CA）抗甲氧西林金黃色葡萄球菌。就目前所知，抗甲氧西林金黃色葡萄球菌能夠抵抗十五到二十種抗生素。英國在二〇〇五年完成一項研究，發現至少有一百名男女在體育館和健身俱樂部染上病菌。

英格蘭和威爾斯衛生官員追溯過去二十年間，因染上抗甲氧西林金黃色葡萄球菌致死的病例，根據他們的記錄，一九九三年約有四百名死者都是因為染上普通金黃色葡萄球菌（而非抗甲氧西林金菌種）而死。到了一九九九年，當年一千名死者當中，有百分之五十死於抗甲氧西林金黃色葡萄球菌種感染。到了二〇〇四年，在一千七百名死者中，超過百分之七十死於抗甲氧西林金黃色葡萄球菌感染，不到百分之三十死於普通金黃色葡萄球菌類群。

抗甲氧西林金黃色葡萄球菌感染症狀互異，從局部皮膚感染到敗血病和休克都有。這類感染和其他感染同樣對老人、住院病患或

免疫缺損患者危害最烈，這些族群患染重症和致死風險最高。

關於體育館病菌，有個好消息是，這些病菌全都是人類體表常見菌種。不過也有個壞消息，由於許多人士頻繁接觸體育館各表面，加上彼此靠得很近，因此感染型病原體更有機會四處蔓延。體育館和其他擁擠場合沒有兩樣，為維護自己的衛生安全，每次前往運動俱樂部都必須額外謹慎。特別是在感冒和流感季節期間，或者相鄰跑步機的人有生病跡象時，都更需戒慎防範。常見的感冒徵兆為咳嗽、吸鼻涕、打噴嚏、帶痰劇烈咳嗽或嚴重鼻塞。運動時同樣要注意，別用手碰觸眼、耳或口部。

記得遵循以下防護準則來預防體育館病菌傳染：

●運動前後都應該洗手。

●運動器材使用前後都必須用體育館供應的噴劑或擦拭巾來消毒。若體育館沒有擦拭巾，要求他們提供。

●攜帶自己的毛巾，不要用毛巾擦拭器材，毛巾只可用來擦汗。

●只用雙手觸摸器材，避免以身體其他部位直接碰觸器材的任何部份。寄物櫃間長凳、三溫暖、蒸氣室和運動設備座椅，都必須先用毛巾墊好才坐下。別忘了穿拖鞋。

●體育館器材上，也有許多留心的地方：器材的座椅和握把、長凳、瑜珈墊、體操和摔角用墊、加重鐵片和藥球、槓片和啞鈴、健身球、球拍握把、籃球、跳繩握把，還有阻力帶。

●使用體育館洗手間時要同樣小心，並採行所有預防措施。

●毛巾絕對不可重複使用，用後立刻清洗，或擺進家中待洗衣物籃中，下次到體育館時，記得帶一條乾淨的毛巾。

●把健身房當成餐廳，加入會員之前先要求參觀，查看建築有沒有衛生不良跡象，包括：通風不良或完全密閉、通風管積塵或帶有污物、地板和角落有灰塵和泥巴、浴室保養不良、照明昏暗、員工制服邋遢或污穢等。

一棟體育館建築能擠進許多人，也讓病菌得以同時利用許多途徑傳染人群，從事戶外活動就不必擔心這種現象。不過從事室體育活動和團隊競技運動的時候，比平時容易擦碰受傷、撞鬆牙齒，甚至傷及眼、耳、鼻部位。不論室內戶外，體育活動傳染形態都包括人與人直接接觸、藉共用器材間接傳染，還有藉噴嚏、咳嗽或因使勁運動喘息呼出的飛沫間接傳染（圖 7-1），所有現象都常見於運動過程，從事和緩活動時較少出現。

## 郵輪和旅館

在豪華客輪和旅館中，讓人一次密集接觸到容易傳染病菌的場所包括沙灘、游泳池、水療池和健身房等。郵輪和旅館有許多半封閉空間，裡面擠了許多人，而且大家共用同一批物品和表面。在一、兩星期內，乘員和房客都只能使用同樣幾家餐廳和相同水源。我們經常可以看見媒體大肆報導，某艘郵輪爆發高傳染型疾病和食源型病原體感染症。郵輪航程固定，一旦爆發疫情，要溯源查出起因會比較容易。但儘管郵輪旅遊的公共印象不佳，病原體在這樣的環境中也有優良的生存條件，得以在船上傳播，但事實上多數航線都無感染之虞。

搭船或住旅館都必須特別注意一種細菌——嗜肺性退伍軍人桿菌。這種細菌在一九七六年得名，當年在費城一家旅館舉辦了一場

圖 7-1：這些人都明白運動時有可能受到病菌傳染（一九一八年流感大流行期間）。（著
作權單位：CORBIS）

美國退伍軍人大會，與會群眾紛紛染上肺炎，檢測發現病原體就是
這種細菌。當時共有一百八十二人受到感染，其中二十九人死亡。
嗜肺性退伍軍人桿菌聲名大噪，一種新興疾病出現了：退伍軍人
症。從此以後，研討會、旅館和郵輪這類有疫情顧慮的場合，便紛
紛採用各種新式鑑識作法來檢測退伍軍人桿菌。

　　嗜肺性退伍軍人桿菌主要以含水飛沫或液體蒸氣來傳播，吸
入肺中便可能引發感染。老年癮君子是染患退伍軍人症的最高危險
群。空調機具和冷卻水塔都有連帶關係，不過就目前所知，增濕器
和按摩浴池等含水設備散發的蒸氣，才是嗜肺性退伍軍人桿菌的主

要傳播機制。還有極少數病例是吸入水份才染上病原體，受污染水的來源包括溫泉、裝飾噴泉和含水的牙科器材。

　　現在的嗜肺性退伍軍人桿菌監控措施有助於抑制疫情。改用銅質水管能抑制微生物生長，一般的聚氯乙烯塑膠管內壁很容易黏附、滋長細菌。熱水系統若維持在攝氏五十四點四度以上，也能抑制退伍軍人桿菌滋生。此外，水處理專家還建議，非飲用水設施和輸運裝置都可以用特定化學物質來處理，施用這類生物殺傷劑可以預防微生物滋生。氯、二氧化氯、臭氧和二溴氮基丙醯胺（dibromo-nitrilopropionamide, DBNPA）粉末，都是去除非飲用水所含嗜肺性退伍軍人桿菌的最有效藥劑。

　　郵輪上爆發食源型疾病的原因和餐廳疫情起因相同。食品處理規則和良好個人衛生習慣，到了船上一樣也得遵行。目前並沒有證據顯示，船上或旅館的疫情爆發頻率高於其他的食品預備設施。

　　許多定期郵輪船隊或個別郵輪都納入船舶衛生計畫（Vessel Sanitation Program），接受美國疾病防治中心檢查。這項計畫是為因應昔日一次船上爆發皮疹流行，在二十世紀七〇年代開始實施。船舶衛生計畫官員進行環境衛生檢查、疾病監控，並檢視新船隻建造藍圖，提供船員衛生訓練。他們檢查的項目包括給水系統、水療池和游泳池、食品預備作法、員工衛生實踐，以及全船清潔狀況。志願接受船舶衛生計畫檢查的個別船隻和航線船隊，經檢視後都可以得到點數。讀者可以連上美國疾病防治中心網站，在船舶衛生計畫網址搜尋檢視各船隻的受檢結果。

# 摘要

　　預防病菌沒有假期，良好衛生習慣加上認識身邊的微生物，可以幫助你預防感染，以免愉快假日變成惡夢一場。儘管從發現抗甲氧西林金黃色葡萄球菌到現在已經過了幾十年，感染病例至今卻有增加趨勢；這是種新興病原體。民眾行爲和人口組成出現變化，都是造就新興疾病，導致疾病再現的條件和理由。新興微生物和我們的日常生活看似距離遙遠，也不會帶來威脅。然而，如今所知的病原體，在往昔也全都是料想不到的新威脅。認識病菌散播和防範感染基本原理，可以把新發現的微生物阻擋在人類社群之外，防止有害微生物進入你的生活中。

第八章

它們是未開發的資源

只要通盤考量這些資料，恐怕就不會有人等閒看待微生物的代謝現象，肯定要對那種千變萬化模式大感讚嘆。

———亞伯特・克魯維爾（Albert J. Kluyver）

看完前一章，現在你應該比較容易看出家中有哪些微生物和抗微生物作用。食品和水是微生物的兩大主要入侵窗口，不論是無害或具有潛在危害的類群，都由此進入家中。不過，許多食品都含有各式各樣的化學添加劑，可以對抗微生物污染。另有些食品則運用天然特性，來防範微生物造成腐敗。現在，你也學會了幾種作法，能降低攝取食品病原體的風險。多數家庭會在廚房洗滌槽下和醫藥櫃中，放置幾種抗微生物產品，用來防範闖空門的微生物。

好微生物到處都有，而且和病原體相比，數量甚至高達好幾千倍。地表有好幾百萬種已知、未知微生物，其中病原體種數只佔其中極微小的比例。病原體類群當中，致病型細菌約有五百四十種、真菌約為三百二十種、病毒為兩百種左右，還有不到六十種致病型原生動物。就知名度來講，多數沉默的好微生物，確實都被病原體徹底壓倒。

在烹調餐點時，根本不可能完全排除微生物衍生製成的食品、飲料。微生物的生化活動常會營造出特殊環境，讓導致腐敗的微生物或病原體難以侵入滋長。我們的皮膚菌群構成一道防線，悄悄逐退日常害菌，倘若不加管束，這批害菌就會讓人生病。腸道有幾百萬顆細菌幫助消化食物，而且它們的生物量也為人體提供蛋白質和維生素。若有某種原生型微生物趁機開始侵染，免疫系統便派出一批特化防衛細胞，這支部隊合作無間，能摧毀侵入血流的一切病原體或非病原體。

世界上沒有完美系統，偶爾人們還是要受到感染，有時則出現慘烈情況，這往往是忘了遵守良好衛生習慣才產生的後果。或許自己沒有忘記良好的衛生原則，不過坐在身邊的流感患者卻可能輕忽好習慣。的確，我們往往只能任憑無從掌控的外力支配。一旦遇上棲居家中或地方醫院的耐藥種類，我們恐怕就無力自保了。倘若年紀很大，或飽受壓力折騰，或免疫系統缺損，那麼風險還會更高。

我們身邊永遠存在著微生物風險，不過我們也時時受益於它們。現在，你已經可以從微生物學家的眼界來看這個世界，仔細端詳。其實，生活中的微生物學還不只於此，隨著生物學和技術進展日新月異，新一代微生物很快就要造福人類。

# 隱匿家中日常用品的微生物

家中使用的微生物衍生製品，有些並不像一杯葡萄酒或一片乳酪那麼容易指認。以黃原膠（xanthan gum）為例，黃原膠是野油菜黃單胞桿菌（*Xanthomonas campestris*）製造的大型分子物質，可作為增稠添加劑，成品包括個人護理製品、罐裝醬汁、瓶裝沙拉醬和冰淇淋。黃原膠還可用來製造無小麥麵包，這類產品在加工時並不添加穀蛋白（麵筋），而是採用黃原膠來增大麵包體積並提高黏性。農業界對黃單胞桿菌的感受和製造業不同，因為它是引發黑腐病的病原體，受害作物種類包括青花菜、孢子甘藍、甘藍、羽衣甘藍和花椰菜。

隱形眼鏡清潔液和阻塞不通的廚房水管有什麼共通點嗎？清潔隱形眼鏡和疏通阻塞的製品都可能含有枯草桿菌蛋白酶（subtilisin）。枯草桿菌蛋白酶最初是發現於枯草桿菌（*Bacillus subtilis*）的衍生物中，在庭院每挖起一團土壤，裡面都含有這種桿菌。如今製酶企業已經能駕馭枯草桿菌和其他微生物，大量生產這種酶並做成各種商業用途。枯草桿菌蛋白酶可用於衣物洗滌劑、除垢劑，還可製成碗盤洗潔片，發揮瓦解蛋白質的效能。把這種酶倒入阻塞的排水管，便可以分解肉、魚、乳酪和蛋等多類蛋白質。水管疏通產品還含有其他由微生物衍生製造的酶，這些酶可以化掉阻塞的脂肪和油質成份。此外還有些澱粉物料也具有消化功能。化糞池處理劑也含有枯草桿菌蛋白酶，以及其他能分解污水的酶。

毛髮會阻塞浴室排水管，而且一旦塞住就幾乎無法分解。人類毛髮含有各種角蛋白成份，並以這類蛋白質形成強韌結構。毛髮的角蛋白含量因種族而異，不過所有毛髮都很能抵抗酶的分解作用。能分解毛髮的微生物少之又少，就算有分解功能，也不能在幾分鐘之內就讓浴室排水管恢復通暢。

衣櫥裝的東西，大半是微生物反應的衍生物。皮革在做成鞋子或夾克之前，都先經過嚴密處理程序。首先去除皮面毛髮和油質，接著鞣製軟化皮質，隨後便把皮革拉伸到所需厚度，最後才進行硝皮製程。皮革業使用石灰等強烈化學物質來處理生皮，不過，細菌和真菌衍生的酶已經逐漸取代部份化學藥劑。除了芽孢桿菌製造的枯草桿菌蛋白酶之外，業界還採用其他微生物衍生製成的蛋白酶來處理皮革，這類微生物包括鏈黴菌與根黴菌（屬名：*Rhizopus*）兩類菌群，還有麴菌與青黴菌兩類黴菌。麴菌的解脂酶（lipase）能分解脂肪和油質，也具皮革加工用途。

織品也需要經過酶處理。製造織品的線料都先塗上一層保護材料，織造時可以減少損壞，布織好後，在染色前還必須先清除這層塗料，這時便可以使用（由枯草桿菌和其他幾類黴菌製造的）微生

物澱粉酶來消化織品的澱粉成份。纖維素酶可以用來為織品拋光，意思是協助去除細小絨球。牛仔布石洗法也採用微生物衍生纖維素來加工。木黴（屬名：*Trichoderma*）酵母菌類群是取得這類纖維素加工劑的優良來源。

# 高科技微生物

　　如今大批微生物資源蓄勢待發，要在往後幾年投入製造新產品，或改良現有製品。這裡舉一種真菌出芽短梗霉（*Aureobasidium pullulans*）為例，它能製造普魯蘭多醣（pullulan），這種聚合物（由眾多單醣等次級結構單位反覆串接而成的大分子）深具潛能，將來或能用來製造可分解的食品包裝材料。此外還有多類細菌也能分泌出聚合物，包括假單胞菌、產鹼菌和互營單胞菌（屬名：*Syntrophomonas*）等類群，這類聚合物也漸漸被拿來製造生物分解型塑膠。

　　廠商還利用某些微生物的特長來製造產品，而那些特長並非所有微生物都具備。舉例來說，衣物洗滌劑所含的酶，必須能夠在熱水中發揮功能。因此，製造這類酶的微生物，就是能在高溫下滋長的類群。反過來講，冷洗精所採用的酶，就是取自習慣在冰寒環境中生活的菌群，好比棲居土壤和深水層一類寒冷地帶，或冰塊內部冷凍環境的菌類。

　　有些菌種能在罕見其他生物的環境中繁衍滋長。菌群在那種環境擁有明顯優勢；競爭養分的其他生物少之又少，還可以側身其他生物完全無法滋長的區位（niche）。對人類的好處則是，我們得以運用這些特化菌群的本領。

# 嗜極微生物類群

　　嗜極微生物指擁有特殊性狀，得以在罕有微生物、動植物能夠耐受的極端情況或嚴苛環境下生存的細菌、真菌或藻類。近年來，環境微生物學家已經引進好幾種嗜極微生物，在生物技術界發揮效用，並用來清除有害廢物。

## 適極溫菌類

　　溫度是界定環境的一項特徵。每一種細菌都有偏愛的或最佳的溫度範圍，在這種溫度下，它們的生物機能效率最高。我們體表的細菌和家庭菌群偏愛的溫度，正是人類覺得舒適的溫度，這類細菌屬於嗜中溫型微生物。皮膚上的金黃色葡萄球菌，偏愛的生長溫度為攝氏十五到五十度，不過在六十三度高溫，或四度低溫時，也都能存活。當溫度落於這個範圍之外，嗜中溫微生物只能以非常緩慢速度生長，甚至完全停頓。這就能說明，為什麼烹煮食品至少要達到攝氏六十度，還有冰箱冷藏室必須維持在攝氏兩度到四度之間。細菌被冷凍時，酶系統便停止運作，一旦解凍，細菌又回復生長。反覆進行冷凍、解凍循環，比單獨一次溫度改變造成更大破壞。在這種溫度變化周期當中，每次冷凍都有冰晶在細胞內形成。最後晶體便會造成無法修復的損傷。單獨一次加熱比單獨一次冷凍造成更大破壞，超過攝氏六十三度，嗜中溫微生物便會喪命。

## 嗜熱及嗜冷微生物

　　嗜熱微生物指棲居非常高溫（達攝氏七十四度上下）環境的微

生物。超嗜熱微生物能在更高溫環境下存活，好比溫泉和間歇泉、天然溫泉池，還有火山噴發物質。有一類稱為 ε-變形菌（epsilon-proteobacteria，變形菌門之一綱）的微生物，便隸屬超嗜熱微生物類群。這類變形菌棲居太平洋和大西洋深海，曾有人在海深超過一公里半處的熱液口區發現這類菌群。熱液口溫度超過攝氏兩百五十度，相當於幾十億年前的地表溫度。ε-變形菌可不是那裡絕無僅有的生物，在海底熱液口還找得到一些古怪的管蠕蟲和甲殼動物。

嗜冷微生物指生存於寒冷環境的微生物。許多嗜冷微生物在攝氏十度左右長得最好，它們特別喜愛冷藏室的腐敗食品。另有些種類則是藉冷藏乳製品刻意培養，用來凝結牛乳蛋白質。極嗜冷微生物棲居極冷地帶，在極地冰帽和海洋最深、最冷水域都曾分離出這類生物。低溫使嗜中溫微生物的細胞膜液態部位凝結為濃稠膠質，於是酶的機能完全停頓。嗜冷微生物的細胞膜卻含脂肪化合物，低溫時依舊呈液態，因此它們的酶在凍寒低溫下仍能保持運作。

和嗜中溫微生物群相比，嗜冷或嗜熱微生物群偏好的溫度範圍都比較狹窄。嗜熱微生物的最佳溫度範圍，介於攝氏五十度到一百一十度範圍。嗜冷微生物的最佳溫度範圍同樣也要轉移，介於攝氏負七度到正十五度之間。

溫度型嗜極微生物具有商業價值，香水業已經開始試用嗜冷微生物衍生的酶，在某些製造階段投入生產，取代一般需要加溫的程序。由於加熱會改變香水的特性，相信改用較低溫生物加工製法，便可以產出優質香水。反過來講，嗜熱脂肪芽孢桿菌（*Bacillus stearothermophilus*）製造的酶能在攝氏五十五度高溫下發揮功能，因此成為洗滌劑製造商的寵兒，可用來生產熱水洗滌產品。嗜熱微生物也是生態利器，能把農莊和自然界的有機廢物轉變為堆肥。

## 嗜熱微生物和聚合酶連鎖反應

嗜熱微生物已經在生物技術界引發巨大衝擊，而且犯罪電視影集破案情節，也有相當部份是嗜熱微生物帶來的靈感。嗜熱微生物最爲人熟知的貢獻，或許就是能耐受高溫的 DNA 聚合酶。水生棲熱菌（*Thermus aquaticus*）製造的聚合酶能夠耐受攝氏七十一度高溫，於是美國化學家卡里‧穆利斯（Katy Mullis）在二十世紀八○年代進行實驗研究時，便以這種聚合酶爲關鍵要素，促成重大發現。穆利斯開發出一種技術，稱爲聚合酶連鎖反應（polymerase chain reaction, PCR），還因此榮獲一九九三年諾貝爾獎。

聚合酶連鎖反應是種基因複製法，能在幾小時之內，爲一段基因複製出好幾百萬個副本。取一小段相信含有微量 DNA 的生物檢體，和水生棲熱菌（*Thermus aquaticus*）泌出的 DNA 聚合酶混合。（這種酶有個外號，稱爲 Taq 聚合酶，名稱得自水生棲熱菌的學名縮略。）把 DNA 的基礎建材核酶酸，添入裝了聚合酶和 DNA 檢體的試管中。接著把混合液擺進溫度循環控制儀（thermocycler），這種機器大小約如烤麵包機，能反覆加熱、冷卻混合液，溫度介於攝氏七十二度到五十五度之間。

反覆加熱、冷卻期間，原本雙股互鉸的 DNA 每當進入加熱周期，都分開構成兩段單股，稱爲 DNA 解鏈（melting）作用。到了加熱完成階段，聚合酶便製造出能與原始樣本互補匹配的新股 DNA。每次冷卻周期開展，各股片段便彼此接合，構成 DNA 獨特的階梯狀構造。接著加熱階段又反覆出現，通常要進行二十五到三十次周期。每次加熱時，原始 DNA 段和它的副本都進行複製。因此，原始 DNA 段經歷這整個周期，便能增殖出爲數龐大的副本，這就稱

為DNA複製法。這套系統效率極高，能從非常少量樣本起步，產出大批DNA，不過這裡有兩項不可或缺的要素：(1) 促使階梯狀DNA解鏈、崩解的高熱，(2) 在溫度提高之後，仍然能夠製造新DNA的耐熱型酶。於是，借助聚合酶連鎖反應之力，我們才能以纖小片段DNA，複製出幾百萬個一模一樣的副本，而且這種複製過程，一天之內就能完成。

如今，聚合酶連鎖反應具有多方用途，可用來檢測血液中的人類免疫缺陷病毒和其他感染原，還可以在土壤、食品等複雜混合物中，搜尋特定的微生物。研究動、植物基因組（物種的完整基因組合）的科學家便採用聚合酶連鎖反應，來複製研究對象的特定基因。人類基因組計畫在極短時間內便完成，若是少了聚合酶連鎖反應，這項計畫就無法以如此高速，描繪出人類的DNA構造。

靠物證偵破刑事案件，這時聚合酶連鎖反應技術便不可或缺。全血、尿液、精液、毛髮、組織、骨髓和牙髓都含有DNA。（紅血球無核，因此不含DNA。）不論檢體腐壞到何等程度，或擺放多久，所含DNA都能夠複製出充分數量，足以和直接取自嫌犯的樣本精確比對。法醫科學家檢驗嫌犯基因，和從刑事現場採得的DNA進行比對，若兩者完全相符，該名嫌犯就是要找的人。若有其他相符基因，更顯示所得結果確鑿無誤。

## 嗜酸型和嗜鹼型微生物

嗜酸微生物指棲居高酸環境的微生物，有時棲所酸鹼值可低於二。嗜酸微生物可用來製造醋和德國酸菜等食品，它們讓環境變得太酸，其他菌類多半無法生存，因此還有保藏食品用途。

採礦作業排放的污水呈酸性，這種廢水會滲入土壤，流往溪河

並危害環境。氧化亞鐵硫桿菌（*Thiobacillus ferrooxidans*）也是這種酸害的幫凶。煤礦開採之後，還殘留劣等礦石，煉銅業則利用微生物製造的酸性物質，從中濾出金屬。這類生物採礦法發展成熟之前，由於提煉太過昂貴，採礦業只好放棄礦石所含金屬，相當於損失了幾百萬美元。如今生物採礦已經成為價值幾十億美元的行業。

就如嗜酸微生物，嗜鹼微生物也擅長讓本身的細胞內部保持中性，就算住在極端嚴苛鹼性環境當中也無妨。全世界的鹹水湖泊就屬於這種環境。嗜鹼微生物可用來處理皮革，還能減輕漏油污染危害。

## 高鹽環境

嗜鹼微生物也都是嗜鹽微生物，也就是住在高鹽溶液中的微生物。嗜鹽微生物必須設法抵抗含鹽環境，還要有本領耐受細胞內外的壓力差。多數微生物都能在海水中存活一段時間，海水含有高鹽成份，約為它們最合宜鹽濃度的六倍。當鹽份進入細胞內部構造，細胞內壓便會提高。為了在極高鹽濃度環境生存，嗜鹽微生物採取幾項對策，把鹽份擋在細胞外側，讓胞內維持百分之八十到九十的水份。極端嗜鹽微生物只能在高鹽環境生存。就以棲居死海的細菌為例，它們所需鹽濃度為百分之三十。

嗜鹽微生物並不侷限生存於七大洋，它們住在乾鹽湖，連農莊供應家牛、馬匹舔舐的鹽塊上都找得到它們。曾有人在高鹽滷水中分離出幾種嗜鹽微生物，而且可以拿來做動物皮革鹽漬用途。

鹽生鹽桿菌（*Halobacterium halobium*）是棲居鹹水湖的原生生物，它會製造一種紫色蛋白質，這種物質和眼中的低光度視覺色素雷同，稱為細菌視紫紅質（bacteriorhodopsin）。由於細菌視紫紅質

# 細菌和未決懸案

　　黃石國家公園的間歇泉和偵破刑事案件有哪些共通之處？這兩件事情由嗜熱微生物交織串連起來。一九六九年，印第安納大學兩位微生物學家發表一項發現，他們在黃石公園蘑菇泉攝氏七十二度熱水中找到一種極端嗜熱細菌（圖 8-1）。這種細菌命名為水生棲熱菌。隨著二十世紀八○年代聚合酶連鎖反應技術蓬勃發展，Taq 聚合酶也成為高效率高溫 DNA 複製連鎖反應標準用酶。事隔幾年，除了專業 DNA 科學界之外，其他領域也開始使用聚合酶連鎖反應。到了九○年代，聚合酶連鎖反應已經成為熱門新技術。法醫科學家很快就發現，他們手中握有一項利器，可以把嫌犯 DNA 和刑事現場串連起來。

　　二○○一年十一月三十日傍晚，一位卡車塗裝畫家下班時被華盛頓州警逮補。經過兩年法定程序，加里‧里治威（Gary Ridgway）坦承他就是格林河（Green River）連環殺手，一九八二年到一九九八年間，他在西雅圖區殺害四十八名女子。儘管他早就被列為嫌犯，但因為當年 DNA 技術不夠成熟，無法認定他和被害者有關。由於發現的物證極少，案子就這樣懸在那裡，直到二○○一年，湯姆‧嚴森（Tom Jensen）探員重新踏入封存證據室，這才出現轉機。

　　一九八七年，檢方曾經搜查里治威住家，採得少量口水。由於數量太少，無法進行精確分析，於是在四年期間，這件檢體都無人碰觸。最後嚴森探員判定，現代法醫學已經超越當年水平，那時辦不到的，現在可能辦法完成。他把口水檢體送往該州刑事鑑識實驗室。技術人員拿採自殺手的微量 DNA，還有當年以棉花棒從三名遇害者身上採得的檢體，運用聚合酶連鎖反應進行複製。結果相符。格林河殺手目前在獄中服刑，獲判連續四十八個無期徒刑，永遠不得假釋。

圖 8-1：現今用來促成聚合酶連鎖反應（從一小段 DNA 高速製造出大量 DNA 的
作法）的聚合酶，都是衍生自最早那批細菌，也就是當初採自黃石國家公
園天然溫泉池的菌群。（著作權人：Ada Piro）

　　以當年那種情況，水生棲熱菌聚合酶正是理想選擇。這種
酶只需要少量 DNA 就能展開複製，產生出足供分析的數量。此
外，就聚合酶連鎖反應來講，檢體變質並不成問題，因此二十年
前犯罪偵查採得的檢體，儘管嚴重腐壞，還是可以運用。二〇〇
三年，一組調查人員回到殺手的一處棄屍地點，找出兩根人骨。
當時法醫學已經發展出粒線體聚合酶連鎖反應，這是種精密技
術，可用來分析人類的無核組織，包括毛髮、骨頭和牙齒。粒線
體（mitochondria，或譯爲粒腺體或線粒體）是在哺乳類細胞中產
生能量的小封包，粒線體也含有 DNA。因此，粒線體聚合酶連鎖
反應，爲刑事偵查的生物檢體鑑定增添一項利器。

　　同時，那起恐怖罪行在華盛頓州逐漸曝光，第二組微生物
學家也毅然展開行動，設法從太平洋一處「黑色煙囪」（black
smoker）發掘出一件檢體。那種熱液噴口的溫度極高，無出

其右。高達攝氏四百度的海水從那裡冒出，隨即與深淵冷冽海水相遇。由於水壓極高，因此海床熱水並不沸騰，灼熱海水令溶解的鐵等礦物質，和熱液口冒出的硫化物起化學鍵結作用。結果便生成黑色的硫化亞鐵並向外翻湧，這種熱液口的外號就是這樣來的（圖8-2）。

　　超嗜熱始原菌（*Thermococcus litoralis*）便發現自黑色煙囪。由於這種細菌極端嗜熱，科學家十分興奮，希望運用它的聚合酶來促成聚合酶連鎖反應。結果發現，超嗜熱始原菌聚合酶的效用，凌駕水生棲熱菌聚合酶。複製DNA時，就算其中包含細小錯誤，水生棲熱菌聚合酶也照單全收，而超嗜熱始原菌聚合酶則能夠檢核查錯。而且它能夠耐受的溫度，高於Taq聚合酶的有效溫度範圍。超嗜熱始原菌聚合酶有可能為下一代聚合攜連鎖反應樹立效能標竿，而且不只可以發揮醫學用途，還能為執法機關清除障礙，破解最令人怯步的陳年懸案。

圖8-2：棲居海床黑色煙囪嚴苛環境的菌群，有可能是嗜熱微生物群的最極端成員。它們製造的酶已經納入聚合酶連鎖反應法，發揮實際用途。（著作權單位：William J. Brennanl SEPM）

具光敏特性，目前正在研究這種物質的生物晶片用途。生物晶片是用來處理資料的電腦晶片，不過並不採用矽材，而是以生物化合物製成。鹽桿菌（屬名：*Halobacterium*）類群的紫色蛋白質能以光速運載資訊，速率超過矽材。或許不久之後，人工智慧先進領域就會開始採用細菌視紫紅質生物晶片。

## 其他極端環境

技術界已經用上幾類嗜熱微生物、嗜冷微生物和嗜酸微生物。至於其他熱愛極端環境的微生物有什麼優點，目前還不是完全了解，不過總有一天，它們的專長終究會造福社會。

嗜壓微生物棲居高壓棲所，深海環境就是一例。棲居海床的嗜壓微生物能夠耐受一千倍大氣壓力，最近還在位於地表下三公里多，照不到陽光的礦坑裡，發現了其他幾種「深淵」微生物。

天體生物學家研究嗜冷微生物和嗜壓微生物，希望能解答地外行星是否有生命的疑點。這類微生物偏愛低溫和高壓，生存條件和銀河系其他星體的情況相符。因此，這群特化微生物可以作為太陽系和系外宇宙的生物學模型。

有些細菌十分耐命，能夠在幾乎不含養料的貧瘠環境生存下來。半導體業用來清洗電路的超純水都經過蒸餾和反覆過濾，把固體物質和顆粒、鹽份和礦物質、有機化合物和矽都徹底清除。然而，柄桿菌（屬名：*Caulobacter*）和螢光假單胞菌（*Pseudomonas fluorescens*）兩類細菌卻有可能攪亂電子產品的製造過程。這類細菌能夠由純化水中攝取足夠養分，再由大氣中吸收二氧化碳，充分滿足它們生長所需。

微生物界還有其他特化種類，包括：光能自養生

物（phototroph），也就是只需光線提供能量便能維生的微生物；還有自營生物（autotroph），這類生物只用二氧化碳來進行代謝作用。自營生物也稱爲無機營養生物（lithotroph），別名食岩菌類，它們對豐富養分來源似乎全不感興趣。

嗜旱微生物（xerophile）指所居棲所幾乎不含任何濕氣的微生物。眞菌比細菌更偏好乾旱型沙漠棲所情境。有些嗜旱微生物會破壞庫存的乾燥穀物、種子和堅果。食物加工製品往往以高糖分或高鹽分來保藏防腐，這可以減少水份，排除微生物滋長要件。不幸，嗜旱微生物在含糖或含鹽場所也活得很好，因此儘管這類食品不受其他微生物侵害，嗜旱種類依舊能帶來麻煩。

某些棲居地表極端環境之最的微生物，數量有可能十分稀少。它們的棲所稱爲稀有生物圈（rare biosphere），這種地方稀奇古怪，十分獨特，存活於此的生物，往往和我們所知的種類完全不同。或許有一天，微生物學家會找到罕見的微生物種類，並發現它們能夠進行有用的生物反應。就現在而言，光是發現、取得這類微生物，就是一項極艱困的挑戰。

# 生物降解

## 超級細菌

嗜極微生物是環境污染生物清潔法的要件。它們有本事在毒性金屬廢料和有機溶劑中生存，成爲清除污染毒性的得力助手。環境化學家已經知道，某些微生物能夠摧毀一千多種化學物質。想想看，美國環境保護總局劃定的環保超級基金整治區附近，距離不到六點五公里範圍內，總共住了兩千萬人，難怪生物復原行業不斷成

長。如今微生物已經投入各種清潔用途，還有些研究正在進行，適用清潔範圍包括表層和深層土壤、沉積區、地下水、地面水、海洋、河口灣和濕地。感測儀器日新月異，能測得土壤和液體所含的微量污染物，隨著分析敏感度提高，更多污染情況紛紛曝光，而且數量多得令人心驚。

土壤和水中含有多種能分解化學物質的天然微生物，一旦有化學物質傾倒在周圍環境，它們就會慢慢分解、中和（轉變為無毒型式）這些化學物質。但天然分解作用曠日廢時，我們的環境等不及了，因此必須使用生物工程微生物，來加速解毒進程。

微生物學家「發明」生物工程微生物之前，必須先找出能夠在污染地點生長的微生物（一號微生物）。為了在有毒土壤或有毒水中生存，有些嗜極微生物便製造能夠對有害溶劑或金屬起作用的酶。微生物學家讓微生物在試管或培養皿中製造這種酶以供研究。接下來，學者從一號微生物的 DNA 中，找出製造此種酶的基因所在位置。基因選定之後，便轉移給第二種微生物（二號微生物），這個程序叫做基因轉移。經過這道程序，二號微生物便轉變為生物工程超級細菌，只要見到污染物便胃口大開。

基因轉移有多種不同作法。首先是接合法（conjugation），由兩顆細胞相互接觸並交換 DNA。第二種方法稱為轉染法（transduction），藉由只感染細菌的病毒（噬菌體），把一類細菌的基因，導入另一類細菌體內。這種病毒的作用是運載選定的基因，接著便感染目標菌群。這樣一來，便可以把基因插入新的超級細菌 DNA 內。微生物學家還運用轉型法（transformation），把一種細菌的基因引進另一個菌種。轉型法把包含重點基因的「裸」DNA 置入液體，接著添入菌群。細菌喝下 DNA，把那段基因納入自己的

染色體內。最後便可採用電穿孔法（electroporation）來轉移基因。細胞和DNA都擺進液體，接著接通電流，電流讓細菌表面出現開孔，於是DNA便穿過細胞表層進入胞內。質粒也可以作爲基因載體，把選定的基因送往另一個微生物。這些方法多半具有侷限性，對某些細菌有效，其他的就不行，而且所有方法都不像前面所述那麼簡單，其中還牽涉到更多操控步驟。

選定基因轉移作法之後，微生物學家就根據細菌的強悍生長特性來選擇受體菌種。能形成芽孢的芽孢桿菌是很受歡迎的菌類，假單胞菌和產鹼桿菌類群也常雀屏中選，這些菌群在多種環境中都能繁茂滋長。還有某些情況則可以借助青黴菌和鐮孢菌兩類眞菌。超級細菌把天然強健本性，和納入它們DNA的特殊基因結合起來。若在實驗室中處理得當，所產生的超級細菌就不只是能在化學污染物中勉強生存；它熱愛污染。

不久之後，生物工程超級細菌就會在毒物污染區派上用場，成爲正規清毒措施的一環。如今列入開發進度的超級細菌，可用來清除以下幾種有機化學物質：苯甲酸酯、甲苯、奈（膠油腦）、辛烷、醚和木餾油，這裡列出的只是少數，有些種類能分解兩百多種有機化學物質。生物降解成功案例包括清除汽油和燃油洩漏，以及含氯有機化合物。

## 生物晶片

電腦界正與生物技術聯手偵測環境毒素，這方面至少有一起實例。螢光素酶（luciferase）是能夠讓某些有機體射出光芒的酶。倘若沒有螢光素酶，到了夏天晚上，我們便看不到螢火蟲綻放的綠色閃爍光點，這樣一來，民眾恐怕會深感遺憾。海上夜航有時可見

億兆螢光浮游生物，藉螢光素酶發光，在船後尾跡散放怪異磷光。

技術圈各界有可能運用微生物螢光素酶，製成一種開關裝置，用來顯示是否出現污染。這項構想希望能借助處理晶片的傳導特性，結合酶的生物活性，製成一種生物晶片。某些化合物能與土壤或水中的污染物結合，並釋出小股能量。若能使這類化合物附著於晶片或探針上，再加上螢光素酶，這麼一來，每當晶片感測出毒性分子，螢光素酶都會閃現光芒。設計生物晶片時，還可以讓發光強度隨污染物數量成等比增強。

## 生物降解的前景和難題

環境金屬污染有可能源自破壞地質構造的自然活動，這方面實例有地震和火山等。電氣、塗料、合金、核能還有採礦等行業也會產生金屬副產品。用來清理金屬污染的超級細菌的培育作法，和有機溶劑清理型菌類的培育法並無不同。首先，找出棲居環境和金屬有密切關連的微生物種類，把它們帶進實驗室。科學家研究各種微生物採用何種方式，來防範金屬毒性的侵害。挑出幾種最強健的微生物，採生物工程技術讓它們表現超級解毒活性。接著把幾種最有效的超級細菌施放於污染區。微生物分採若干方式來清除毒害：（1）將金屬固化，不使滲入地下或水中，或（2）製造複合物並使金屬與之結合。接著，這種含金屬化合物便由有害廢物技師動手清除。如今已經有幾種金屬毒物超級細菌列入試驗進程，要清除的金屬污染物包括以下常見種類：硒、砷、鎘、汞、錳、鋅、鎳和鉛。

除了超級細菌之外，生物薄膜也奉召投入清潔水質，去除水中所含有害金屬。生物薄膜從周圍水流吸收金屬。降解型生物薄膜就像自然生成的生物薄膜，也是由形形色色的微生物構成，不過降解

# 這是骯髒勾當，不過……

二〇〇六年，CareerBuilder.com 網站列出「科學界十大骯髒職位」。結果令人跌破眼鏡，在十大職位當中，微生物學家竟然囊括其中五項。排行榜分別有堆肥檢驗員、猩猩尿液採集員（採集尿液做繁殖研究用途）、強毒生物實驗室監察員、嗜極微生物採掘員、痢疾糞樣分析員、精液分析員（清點精子細胞數量，並保存做體外受精用途）、火山學家（監視活火山）、屠體清潔員（處理經屠宰的牲口供生產線製造肉品）瘤胃荁管專家，還有巨花魔芋（「屍花」）栽培員（栽植照料一類會散發屍臭的植物）。

| 微生物學職位 | 職掌 |
| --- | --- |
| 堆肥檢驗員 | 翻檢農場堆肥，確認無污染跡象之後才放行供農作物施肥用途。 |
| 強毒生物實驗室監察員 | 在研究炭疽等最致命病原體的專業實驗室工作，維持實驗室正常運作。 |
| 嗜極微生物採掘員 | 篩檢環保超級基金整治區、高熱溫泉和噴口以及冰點以下區域，尋找特化微生物。 |
| 痢疾糞樣分析員 | 研究患者糞樣所含病原體，充實我們的醫學知識。 |
| 瘤胃荁管專家 | 透過牛胃的手術植入開口（荁管）來研究牛隻瘤胃中的微生物和消化作用。 |

型薄膜經過控管，內含愛吃污染物的微生物。幾類細菌似乎最能清理含金屬污染水：芽孢桿菌、檸檬酸桿菌（屬名：*Citrobacter*）、節桿菌（屬名：*Arthrobacter*）和鏈黴菌等類群。念珠菌和釀母菌兩類酵母菌，也可以納入降解型生物薄膜並發揮清毒作用。

　　生態系統一天天受到污染損傷，採生物降解法將有機會遏止這種現象。有些人質疑生物工程作法，深恐製成的微生物一旦意外釋入周圍環境，超級細菌便可能擾亂自然生態系統。由於遺傳工程學引發強烈反彈，超級細菌運用進程也往後推遲。生物工程微生物已經在世界各地零星施用於污染毒害區域。一九八九年，艾克森瓦迪茲號漏油事件的善後作業，便採用低風險生物降解法來清除油害。漏油初期幾個月間，並沒有生物工程微生物奉召投入。當時的作法是在受污染海岸添加養分，由於油料上已經長了一些微生物，添加養料可以加速那批原生種類滋長。由於這種作法所採用的生物因子，已經存在於受污染的溪流、岸線地帶或土壤中，因此稱之為自然生物降解法（intrinsic bioremediation）。

　　許多人對發展生物工程微生物來清除毒物感到不安，這和農業用生物工程微生物引發的憂慮並無兩樣。倘若生物工程物種掙脫規劃界限，究竟會帶來哪些危害？果真逃脫並侵入現有生態系統，它會帶來哪些損害？風險分析學家結合數學、機率和統計技術，針對實際意外事件，評估健康危害後果。

　　儘管電影界依據遺傳怪物進入人類社會的構想，拍出幾部災難電影，不過若要引發生物災害，必須連續出現幾起事件才行。生物災害的先導事件必須依序發生如下：（1）超級細菌能夠在規劃目標區之外的環境中存活；（2）接著它要設法和已經適應那處環境的原生微生物群共同生活，並維持個體數量；（3）它要找到管道進一

步向外散佈；（4）它的人爲遺傳成份要能傷害魚、動物或人類等寄主；而且（5）它要在一處區位立足，從而在寄主族群中繁殖、蔓延。這些事件要按照特定順序發生的機會很低。

另外還有一種令人安心的「稀釋效應」現象。這種自然安全機制能夠對付超級細菌，也能對付水污染恐怖份子，而且效果一樣好。釋出外界的生物工程超級細菌，必須克服歷經漫長光陰發展出來的自然歷程。儘管超級細菌有可能因意外釋出外界，不過它們很難存活，因爲其他微生物和環境條件，會令它們動彈不得。

然而，變幻無常的生物系統，終究是充滿變數，難以預測。只要施用、監控得當，生物工程微生物並不會帶來危害。最大的風險在於人爲的錯誤，這種事例層出不窮，一旦發生，就有可能帶來生物工程浩劫。

# 高等高科技

## 基因療法

一七九八年，金納率先試驗疫苗，成就一項醫學突破。迄今疫苗生產原理並沒有多大變化。然而，過去十年之間，生物技術界已經爲保健領域帶來第二項重大進展，那就是「基因療法」，借助病毒侵入寄主細胞的本領來治療疾病。

基因療法使用的病毒，負責運載基因到體內特定組織。治療過程以一段正常基因，取代染色體中的受損、異常基因，或把一段基因插入遺缺基因段落。從生物學角度來看，病毒是最擅長侵入細胞的高手，一旦進入細胞，它們便接管寄主 DNA 的正常複製機能。基因療法能夠由 DNA 入手，擁有根治遺傳疾病的潛力。

　　美國食品及藥物管理署還沒有核准基因療法上市。第一次基因療法試驗在一九九○年完成，結果就如所有新興科學，它也面臨尚待克服的挑戰。儘管如此，這種療法已經展現前景，有可能用來治療某些免疫缺損症，如肌肉失養症和囊腫性纖維化疾病。

　　目前研究人員正設法從各方層面來改良基因療法，期望將來能發揮完整效能。他們必須先設法讓寄主 DNA 接納插入的基因段，並永遠保存下來。此外，身體不能區辨哪些是治療用的「好」病毒，哪些則是「壞」病毒。由於血流中的病毒全都是異物，身體會因應啓動發炎和免疫反應，因此注射治療用病毒時，同時也必須抑制這些反應。治療用病毒有可能回復成具感染力的類型，這點不只令人擔心，也有事實佐證。最後，有些疾病受多種基因的控制，這類多重基因型病症爲數不少，包括：糖尿病、心臟病、高血壓、阿爾茲海默氏症和關節炎。基因療法或許並非這幾種疾病的上選療法。反過來講，倘若某種病情只由少數基因來控制，那麼基因療法就有希望發揮效能。基因療法最新研究的重點課題包括：鐮刀型紅血球貧血症、血友病、第一型糖尿病的胰島素替代治療、遺傳型高膽固醇血症，還有幾種腫瘤。

## 奈米生物學

　　奈米技術是建造纖小裝置的學問，奈米裝置十分細小，能夠在細胞內操控分子。奈米製品的尺度大小不等，不過一般都不大於一千奈米。奈米生物學把電學或非電學儀器（稱爲奈米元件）和生物組件兩相結合。奈米元件可爲奈米線、微型電路或電極。奈米生物學的潛在效益包括藥物傳輸、疾病診斷或追溯疾病在細胞內的進程。

　　目前奈米生物學技術已有實際用途，可用來構築一種以細菌胞膜構造為基礎的人造膜層。這種人造雙層膜袋狀構造，在人體內不容易被摧毀，可用來運載藥物到患病的器官和組織。

　　奈米生物學將來可能會借助一種 M13 病毒，這種病毒能與金屬結合，並在無活性表面大群集結，構成有序薄片。這種 M13 集團或可用來傳導電流，也或許能發出信號，警告人體內部出現毒素。若已知某種毒素的單一分子，就能誘發 DNA 突變，那麼奈米生物學或許就能為癌症發病預測開創先河。

# 微生物對社會的影響

　　全世界人口數已經超過六十五億，隨著人口增長，更多人遷往都市核心。都市化對人體和周圍生態系統產生種種不同壓力，我們對人類改變氣候、海洋、大氣和自然資源的情況可說是後知後覺。

　　微生物和這類變化也不無關係。在居民稠密的社區當中，感染原有更多機會找到容易侵犯的寄主。高密度社區的住民，有相當比例的健康情況屬於高風險類別。由於環境受了污染，於是我們由食品、飲水和空氣接觸的毒性化學物品還要更多，而且感染型微生物也會利用這種壓力處境，趁人類和動物虛弱時入侵。當地球填滿毒性廢物，新型疾病的出現率就有可能提高。

　　然而，倘若沒有微生物，地球上的哺乳類動物大概也活不了多久。它們在生物圈扮演的角色不計其數：廢物分解、養分再循環、生產維生素、消化食物、食品的製造和保藏，還有參與製造產業用品和消費用品。

　　地球上的微生物，多數都是未開發的資源，它們可以提供酶、

蛋白質、抗生素和化療藥物。它們的潛力雄厚，能治癒疾病，還能為我們的居住空間清理毒物，至於對我們的威脅則相形較輕。嗜極微生物在微生物界根本是默默無聞，但到頭來它們卻很可能提供解答，為我們探得地球生物圈和地外行星的生物訊息。社會對新科技的抗拒，或許也束縛了微生物學的進展。縱貫人類歷史，每當科學產生重大發現，都得艱辛熬過一段負面的反彈階段。遺傳工程學、奈米技術和基因療法，都不免要引發爭議，質疑人類操控自然系統是否會帶來危害。當然，有些議題或許是正當的，畢竟現今殘破的地表景觀，正是科學技術帶來的惡果。

　　人類透過研究微生物來認識生物細胞如何適應環境，這種作法並沒有錯。然而人類卻常誤以為我們和地表其他生物並無瓜葛。甚至還有人認為，我們本來就該支配其他所有生物，這更是嚴重錯誤。人類的地位，和地球所有生物並沒有高低之別，我們和身邊的動、植物和微生物共享生活空間。倘若真有某種生物崛起，壓倒其他種類，這個優勝物種也不會是人類。就適應能力來講，微生物肯定能夠勝出，它們有本領「智取」天敵，擊敗毀滅性對手，還有辦法克服物理和化學障礙並能迅速繁衍。早在人類出現之前，微生物已經在地球上生活，而且一旦人類滅亡，它們肯定還能繼續在地表滋長。若是要選出生物界最高級的有機體，選擇單細胞健將——微生物——準沒錯。

# 五秒守則終曲

「五秒守則」的說法係採微生物學幾項核心原則作為根據。在讀完這本書之後,你已經學到這些原則,花點時間複習一下,下次失手把餅乾掉在地上,就知道該不該再撿起來吃了。

「**微生物無所不在**」,所以先假定這塊餅乾肯定會從地面沾上幾顆或幾十顆微生物,更何況,現在你已經知道,「**微生物能藉無生命物體做人際間傳染**」。五秒鐘的時間十分充裕,可以讓微生物從地板染上餅乾。就算邊檢查餅乾邊說『看來還算乾淨』也不算數,因為「**微生物是看不到的**」。所幸,「**多數微生物都不是病原體**」。若是你的餅乾上出現一、兩顆病原體,「**你的免疫防衛措施肯定能夠擊敗小規模感染**」。

不論如何,餅乾究竟有多少機會沾上致病微生物並達到「感染劑量」?現在你可以根據科學原理來權衡抉擇,不必再看那份餅乾配方含有多少巧克力角來決定了。

又或許五秒守則根本與微生物學無關。伊利諾大學曾針對五秒守則做了一個詳盡研究,其中的一項發現大概不教人吃驚。科學家發現,會從地板再撿起餅乾吃下去的人數,比撿拾花椰菜或青花菜來吃的人多得多!

（全書完）

# 二十五道最常見的問題

## 1. 肥皂會不會沾染病菌？

會，用過的肥皂表面有可能沾染細菌。這實在不令人意外，幾乎所有地方都找得到細菌，肥皂的成份，再加上含水環境，更是細菌滋長的溫床。微生物學家曾模擬一般洗手情況，測定轉移到手上的肥皂量，並據此判定，一塊肥皂上的細菌數有可能介於幾十顆到一萬顆之間。其中多數是常見於皮膚的細菌「金黃色葡萄球菌」。瓶裝洗手乳的含菌量較低，不過壓柄和出口處卻有可能受到污染。肥皂上的細菌數量遠比你手上的少。洗手可以洗掉手上和肥皂上的大半細菌。專家建議可採用「雙重生日快樂」洗手法：邊洗手邊唱〈生日快樂〉歌，唱完兩遍才算洗好。（資料來源：*Applied and Environmental Microbiology* 48:338, 1984; *Epidemiology and Infection* 101: 135, 1988; *Infection Control* 8:371, 1987）

## 2. 接種疫苗比不接種更危險嗎？

不對。全世界有幾億人還能活著，都得感謝有效的接種計畫。確實有人因注射疫苗引發併發症而死，不過這樣的案例很少見。因此整體而言，接種疫苗對健康有好處。有關疫苗的健康隱憂，主要在於疫苗有可能引發感染症和過敏反應。減毒型（弱化的）疫苗採用經過處理、已經不能引發感染的活體病毒製成。不過就目前所知，有些仍會引發副作用。減毒型痲腮風三聯疫苗（預防痲疹、腮腺炎和德國痲疹的疫苗，德國痲疹又稱為風疹）就是個例子。接受

痲腮風三聯疫苗接種的民眾，有些注射約一週後，就會出現輕度發燒或皮疹症狀，比例可達百分之十五。美國疾病防治中心建議，對蛋類蛋白質過敏人士，最好不要接種痲腮風三聯疫苗、流感疫苗和黃熱病疫苗，這些疫苗都以蛋類蛋白質為基本原料，很容易引發過敏反應。（資料來源：National Immunization Program of the Centers for Disease Control and Prevention; National Vaccine Information Center; *Morbidity and Mortality Weekly Report*, December 1, 2006）

### 3. 家裡的海棉真的會讓人生病嗎？

有可能。若是用海棉來擦拭生肉淌出的肉汁、血液，接著又用同一塊髒海棉來擦拭其他物品的表面，而這些物品表面有機會碰觸到蔬果，或者用來切麵包，這時家人就很容易從這塊海棉上染上疾病。像是抹布、砧板一類物品，一定要先用肥皂和溫水徹底刷洗，才可以再次使用。或者選用拋棄式抹布來擦拭生肉或生海鮮的污物，這麼做會比使用海棉來得安全。若使用海棉擦拭這些污物，用過之後就得記得清潔乾淨或換新的。（資料來源：Washington State University Extension Service; Community Practitioners' and Health Visitors' Association）

### 4. 男人和女人，誰比較乾淨？

大哉問。有好幾項研究，比較了男女在使用衛浴時和洗手時的習慣，結果顯示，女人和男人的衛生習慣確實不同（毫不意外）。而從微生物學角度來看，和男廁相比，女廁的微生物數量較多，女廁受微生物污染的表面較廣。但女性的洗手習慣比較好。哈里斯互動調查公司（Harris Interactive）在二〇〇五年做了一項研究，他

們在全美多處公廁觀察男女民眾的行為。有百分之九十的女性洗了
手，而只有百分之七十五的男性洗手，其他幾項相同研究觀察到男
性洗手人數甚至更低。也有研究發現，不管是男性或女性，在衛生
方面的自評都不夠誠實。該系列研究中的電話調查結果發現，百
分之九十七受訪女性表示，在使用公廁後一定會洗手或通常會洗
手，而有百分之九十六的男性也表示使用公廁後一定會洗手或通常
會洗手。（資料來源：Charles Gerba, PhD, University of Arizona; The
American Society for Microbiology; The Soap and Detergent Association;
Harris Interactive Inc.; *New York Times*, February 23, 1999）

## 5. 抗菌肥皂真的有效嗎？

　　有效，不過得依使用方式而定。科學證據顯示，抗菌肥皂可以
減少手上含菌量，而且效果比普通肥皂好。這類研究有若干瑕疵，
因為受試對象往往來自衛生專業界，和沒有受過衛生訓練的人士相
比，這群受試者更知道該如何正確洗手。另外一項缺失是，許多洗
手研究都沒有深入探究一般人的日常洗手方式。多數人的洗手時間
都不夠長，水溫也不妥當，導致肥皂（任何肥皂）不能發揮最高效
能。在這種情況下，肥皂所含抗微生物成份，將無法大量殺死微生
物或大幅減少其數量。總而言之，建議各位妥善洗手，不論使用哪
一種肥皂，都能抑制病菌的散播。（資料來源：*Journal of Community
Health* 28:139, 2003; Infection Control 8:371, 1987）

## 6. 蚊子會不會傳染愛滋病？

　　不會。引發愛滋病的病毒稱為人類免疫缺陷病毒，必須藉由
性行為或非消化道途徑（直接血液轉輸），如使用不乾淨的針頭，

才會受到感染。理由如下：（1）人類免疫缺陷病毒在蚊子體內無法複製，而藉由媒介動物傳播的病毒，必須先在昆蟲媒介體內複製才能感染人類。（2）人類免疫缺陷病毒進入蚊子體內無法長期生存，這是由於昆蟲沒有 CD4 淋巴球（這種淋巴球上含有 CD4 抗原，也就是病毒附上細胞的要件），而這種淋巴球正是人類免疫缺陷病毒的感染對象。蚊子消化血液之時，也把吸入的病毒殺死。（3）蚊子叮咬寄主時，注入人體的是唾液，並非血液。（4）世界各地都有詳盡研究，針對這個問題徹底探討，研究範圍涵括愛滋病患者比率極高、媒介昆蟲總數也十分龐大的地區。迄今沒有任何資料足以證明，人類免疫缺陷病毒的動物媒介，能夠傳播可引發愛滋病的感染劑量。（資料來源：The Centers for Disease Control and Prevention; *Journal of the Louisiana State Medical Society*. 151:429, 1999; Rutgers University Cooperative Research and Extension; Los Angeles County West Vector and Vector Borne Disease Control District）

**7. 有些衛生清潔噴霧劑自稱能夠殺死飄在空中散發臭味的細菌。空氣中的細菌真的能散發惡臭嗎？那種噴霧劑是否只是用香味來蓋過臭味？**

　　空氣裡的細菌不會散發臭味，空飄細菌通常都附著於潮濕微滴，或者附上飄浮的塵土、塵埃、花粉、葉片和毛髮等物跟著移動。細菌在空中短暫停留期間，只消化極少養分，也不會發出惡臭。然而，一旦落在表面，它們就會開始生長，最後就會發出氣味。現今市面上的空氣清潔劑都沒有接受細菌試驗，自稱能夠殺死飄在空中散發臭味的細菌的說法，是根據產品成份來推論，而這類製品往往也含有香水成份。（資料來源：The Environmental Protection

Agency; Reckitt-Benckiser Basic Microbiological Control Manual）

## 8. 使用護手衛生清潔劑來洗手，效果和肥皂加水一樣好嗎？

兩種都有用，兩種都有必要。百分之八十的感染型疾病都是藉人類接觸來傳染，而且其中多半是由手傳播。肥皂和水可以洗掉塵土、毛髮、壞死皮膚細胞和眾多微生物。在很多情況下都應該用肥皂和水洗手，包括：預備食物和進食之前、幫小孩換尿布之後、碰觸寵物之後、待在室外之後，還有上廁所之後。護手衛生清潔劑含有酒精，能有效清除微生物，不過酒精會刺激某些人的皮膚。若在找不到肥皂和水的場合，好比搭飛機或其他交通工具外出旅行、參加體育活動、露營或戶外活動等，建議使用護手衛生清潔劑來清潔雙手。至少有一項研究顯示，含酒精衛生清潔凝膠（乾洗手劑）比肥皂和水更能清除手上的病菌。（資料來源：*American Journal of Infection Control* 27:332, 1999; Charles Gerba, PhD, University of Arizona; Philip Tierno, PhD, New York University Medical Center）

## 9. 狗的嘴巴真的比人類的嘴巴更乾淨嗎？

狗的嘴巴和人的嘴巴不相同，但並沒有更乾淨。犬隻口中含有大量口腔菌群。犬類口腔菌種群和人類的不同，這或許是由於犬類飲食少含碳水化合物，以及唾液分泌模式不同所致。染患蛀齒的狗非常少，不過有些狗確實患有牙齦炎，若不加以治療，便可能轉爲牙周病，還可能導致牙齒脫落。犬類牙齒上也很容易長出牙菌斑。小狗也常會舔舐排尿和肛門部位、表皮和被毛，吃進糞生菌群。牠們還習慣舔舐爪子，爪子上的微生物更是不計其數。有些犬隻還有吃糞便的習性，也就是醫學上所說的食糞症（coprophagia）。

但是愛狗人士在親吻犬隻後，因此染上感冒的機會並不大，反而是
小狗比較容易受到感染，或許就是如此，民眾才認為狗的嘴巴很
乾淨吧。（資料來源：*The Merck Veterinary Manual*; Douglas Island
Veterinary Service LLC; Hilltop Animal Hospital）

**10. 究竟「感冒宜飽食，發燒宜禁食」對呢，或者「發燒宜飽食，感
冒宜禁食」才對？又，不論哪種作法正確，為什麼這麼做能幫助殺
死病毒呢？**

這句俗語的正確性並未被確認，連原始意義也有爭議，而且
不論採哪種方式，就醫療效用來看，始終是深受質疑！這句話源自
十六世紀，不過原句和今天這句話的意思並不相同。多年以來，醫
學專家大半贊成，感冒時最好要適度攝取養分和流質並充分休息，
因此生病時不該禁食。於是這句俗語便一度與其他幾項醫學迷思同
被束之高閣。後來在二○○二年，荷蘭一組醫學研究人員發現，均
衡飲食能助長身體製造 $\gamma$ 型干擾素，這種化合物能殺死病毒。至
於禁食則能夠刺激身體製造白細胞介素（interleukin，也稱為白介
素），這種化合物能抑制引起發燒的細菌感染。換句話說，這句老俗
語還是有醫學根據。但是這項荷蘭研究的規模很小，只有六名成年
男性志願受試者，後來也沒有更大規模的相同研究。所以，除非有
進一步發展，否則感冒時，還是多臥床休息、攝取大量流質，並且
好好享用一碗溫熱雞湯。（資料來源：Allina Health System; Indiana
University School of Medicine; Cardiff University; *Medical Hypotheses*
64:1080, 2005; *Clinical and Diagnostic Laboratory Immunology* 9:182,
2002）

## 11. 不斷使用消毒劑和衛生清潔劑好嗎，是否弊多於利呢？

這項爭議還沒有答案。證據顯示，居家經常使用消毒劑可以降低屋中的病原體數量。只是，物品在清乾淨之後往往馬上又會被使用，因此清潔劑的效用爲時短暫。持反面意見的科學家論稱，化學消毒劑會促使微生物形成抵抗力，也讓免疫系統沒有機會發展出正常功能。正、反兩派見解都已經累積許多科學論文，分別佐證己方論述。也由於爭議雙方情緒高漲，想要客觀釐清資料是越來越困難了。（資料來源：*Journal of Applied Microbiology* 85:819, 1998; *Journal of Applied Microbiology* 83:737, 1997; Reckitt Benckiser plc, The Clorox Company; Alliance for the Prudent Use of Antibiotics）

## 12. 坐馬桶會不會染上任何壞東西？

除非努力嘗試，否則是不會的。其實和浴室的其他東西相比，甚至和廚房中的物品相比，馬桶坐墊恐怕還乾淨許多。多人共用的無生物表面大都不會危害健康，馬桶坐墊也一樣。碰觸明顯髒污表面，會沾上危險的微生物，碰觸看來乾淨的表面，同樣也有機會沾上病原體。使用廁所之後以肥皂和溫水徹底洗手，而且至少洗二十秒，這樣才能降低風險，避免從廁所或浴室沾上微生物。切記，每次上完廁所後都要洗手。（Charles Gerba, PhD, University of Arizona; 以及 Nicholas Bakalar 的著作 *"Where the Germs Are"*, 2003）

## 13. 最好的狗屋消毒作法為何？

先拿走食盤、玩具，也把狗帶開！清除肉眼可見的塵土，接著用水和粗刷子刷洗所有表面。用熱水徹底沖洗乾淨。使用漂白劑或其他消毒劑（切勿混用），按照產品使用說明，以噴霧器或拖把消

毒。消毒犬隻活動場的混凝土地面時應使用適合產品，閱讀說明文字，選擇指稱能有效消毒這類表面的產品，並依循說明來使用。處理硬塑膠或金屬犬籠等無孔硬實表面時，推薦使用漂白水來消毒。取養樂多大小的塑膠瓶（一百毫升），盛裝漂白劑約八、九分滿，倒入兩公升寶特瓶，再加滿水調成漂白水備用（漂白水和水的比例為一比二十二）。在所有表面上都塗滿漂白水，並保持濕潤至少十分鐘。（若使用非漂白劑產品來清洗犬隻活動場，應遵照說明並依標籤所述的接觸時間來施用。）拿水管沖水徹底清洗狗舍，最後用橡膠刮乾工具（常用來清潔玻璃的雨刷狀清潔用具）刮去水份並通風晾乾，儘量不留任何潮氣。由於消毒劑揮發氣體會引發動物不適，因此就算產品自稱使用後不必沖洗，第一要務仍是徹底沖洗乾淨。漂白劑會腐蝕金屬表面，因此許多狗舍主人會採隔日或隔週方式，輪替使用漂白劑和其他非漂白劑產品。（資料來源：Humane Society of the United States）

## 14. 我該如何應付炭疽？

美國聯邦國土安全部（Department of Homeland Security）網頁，提供了相關網站連結，可點選瀏覽炭疽細菌與相關風險，閱讀所提建議和討論。美國疾病防治中心網站也提供炭疽問答檢索網頁，若您懷疑自己曾接觸炭疽病原體，也可以透過網站上的顧問諮詢聯絡執法機關。所有機構都建議民眾，若見到沾染任何色澤粉末的可疑包裹或信封，都應該提出舉報。

## 15. 感冒病毒可以在門把上存活多久？

這牽涉到幾項生物學定論。有些感冒病毒在門把一類表面逗

留幾分鐘之後，依舊保有活性。有證據顯示，感冒病毒在無生命堅硬表面可以熬過三天之久。觸摸廚房料理台、水龍頭、冰箱門把等共用物品之後，除非洗過手，否則不要用手或手指碰觸臉上任何部位。（資料來源：Syed Sattar, PhD, University of Ottawa; The Centers for Disease Control and Prevention）

## 16. 會不會有一天，所有細菌都能耐受所有已知抗生素？

這個問題目前沒有答案，不過這種情況或許不會成眞。世界上還有成千上萬種細菌還沒被人發現。其中有些種類，將來或許會帶來人類前所未見的新疾病。新的種類或許並不具抗生素耐藥性，不過，我們知道微生物可以迅速發展出抵抗力。此外還有大量植物和微生物尚未爲人所知，而那批資源也可能產生有效的新型抗生素。儘管普見於醫院和一般大眾的已知病原體，對現有藥物的抵抗力都越來越強，然而我們卻也認爲，技術和新發現可以讓我們領先一步戰勝威脅。

## 17. 染上感冒的人，是否在症狀顯現之前就開始散播病毒？

染上感冒病毒一天後，在症狀還沒出現前，它們就會開始在你的鼻腔襯覆黏膜裡面複製。隨著鼻中病毒量增加，你就會開始藉由雙手或唾液，向外散播病毒。不過就感冒來講，較常見的散播時機或許是在症狀最嚴重的階段。擦拭鼻涕污染雙手，接著和人握手或碰觸共用表面就會散播感冒病毒，這是已知事實。打噴嚏、流鼻水和咳嗽是最明顯的警告，表示此人是個感冒製造廠。（資料來源：The Common Cold Centre of Cardiff University）

## 18. 我該把孩子送往日間托育中心，或者該讓他待在家裡並遠離病菌，哪一種作法比較安全？

這又是一個仍有爭議的微生物學課題。只要雙親和日間托育職工都遵守優良的衛生習慣，那麼日間托育機構就是安全的。凡是有幼童群聚共用玩具、在地上爬行，還把手指和玩具擺進口中的地方，都必須更加注意清潔和個人衛生。遵守良好雙手衛生習慣的小學學童，平均每年請病假缺課日數為兩天半左右。不遵照良好衛生習慣的孩子，請病假缺課日數則超過三天。成人必須先養成衛生習慣，才能幫助學步兒童保持清潔。孩子生病就必須讓他留在家裡。兒童照顧專業人士、托育中心的廚師和清潔人員，以及父母都必須接受良好的衛生訓練。只要顧及這幾項要點，就可以安心使用日間托育服務，因為家裡也有病菌。（資料來源：*American Journal of Infection Control* 28:340, 2000; *Epidemiology and Infection* 115:527, 1995; Pediatrics 94:991, 1994; *American Journal of Epidemiology* 120:750, 1984; The Centers for Disease Control and Prevention）

## 19. 我可以維持多久不洗澡？

依情況而定。你希望自己有多少朋友？因不洗澡而影響觀瞻的程度，遠遠超過對健康的危害，不過條件是你對抗病菌的皮膚屏障沒有受損，身上沒有割傷、擦傷、皮疹或其他傷口，因為在這種情況下容易引發感染。

## 20. 旅館房間是不是到處都有病菌？

是的。旅館房間的所有表面，幾乎都有微生物。儘管旅館房間都經過打掃，但因為清潔人員因時間限制，無法徹底清潔與消毒。

旅館房間中的床罩、電話、冰箱、微波爐門把、馬桶壓柄、電視遙控器和電視遊樂器的控制裝置等，常常沒有經過消毒。很多旅行用品店都會販售一種攜帶式黑光燈（長波紫外燈），這種燈光可以激發天然磷化合物發出光芒，住旅館時可用來照出病菌。不過請注意，除了微生物之外，其他物質也含磷質，好比糞便、精液、汗水和唾液。使用黑光燈之後，你大概再也不想住旅館了。（資料來源：Charles Gerba, PhD, University of Arizona; MSNBC.com, September 29, 2006; ABC News, January 15, 2006）

## 21. 使用電話會不會染上任何疾病？

電話的表面上全都有微生物。手拿話筒對著話筒講話，這時話筒便從手上和口部沾染病菌。若在使用電話或手機後，馬上觸摸臉部，電話上的病菌就會傳染到身上。感冒和流感都是靠無生命的物品表面來散播。感冒病毒一旦染上無生命堅硬表面，儘管過了一個小時，水份已經乾燥，其中仍有百分之四十具有感染性。（資料來源：Syed Sattar, PhD, University of Ottawa; *Washington Post*, January 11, 2006; WebMD Medical News, June 23, 2004）

## 22. 壽司安全嗎？

每天都有千萬壽司食客活著見到隔日日出。相比之下，郵輪餐飲、沙拉吧和速食店漢堡，反而共同組成了美食地雷區。如今 O157 型和 O126 型大腸桿菌登上舞台，就連身為健康膳食標誌的生鮮蔬菜，似乎也帶有風險。前往壽司餐廳時，和前往其他餐廳相同，點餐前，先聚精會神檢視餐廳是否清潔，還要注意服務生和廚師是否夠衛生。食用生肉和海鮮的風險會更高一些，因為這類食品比較

容易受到微生物和寄生體感染。光顧壽司餐廳之前先探聽一下，看看餐廳檢查報告書，最好只去聲譽卓著並通過檢查的餐廳。美國食品及藥物管理署建議，免疫系統缺損或染上肝病等身處高風險健康情況的民眾，最好別吃壽司和生魚片。（資料來源：FDA Center for Food Safety and Applied Nutrition; University of Texas-Houston Medical Center）

### 23. 每次搭乘飛機後都會生病，該怎麼辦？

疾病很有可能不是在飛機上受到感染的。在擁擠的航空站或車站等待交通工具、度假、參加家庭聚會和業務會議，都是爲病菌製造散播機會。搭機的時間越長，在機上感染病菌的機會越高。搭機時儘量不要碰觸公用物品，像是雜誌、椅背托盤桌、枕頭、毯子和耳機，這些東西都可能沾了微生物。有些人會使用護手衛生清潔劑，或戴上口罩來避免病菌侵染。若有機會選擇，盡量搭乘較不擁擠的班機。在航空站時避開群眾。用餐前和上廁所之後，一定用肥皂和溫水洗手（這時護手衛生清潔劑也很好用），在航空站附設餐廳用餐時也一樣。（資料來源：World Health Organization; *Wall Street Journal*, January 6, 2006; *The Secret Life of Germs* by Philip Tierno, 2001）

### 24. 夏天天氣較熱，微生物是否比在冬天時生長較快？

是的，不過這只是總體而言。在人類合宜溫度範圍長得最好的微生物，一旦遇上較低溫度，成長速率便會減緩。若達到冰點，它們就完全停止生長。微生物在夏季攝取堆肥養料，很快就能把小鳥戲水盆的水變成綠色，連分解死屍的速率都超過寒冬時節。只是，

人體內外都很溫暖，溫度相當穩定，棲居身體內外部位的微生物，
它們在冬季和夏季都長得一樣好。

### 25. 讓我的狗從馬桶喝水沒關係嗎？

　　一般而言，狗喝馬桶水並無大礙，就連你喝了也無妨。不過殘
餘的清潔劑和清潔錠釋出的消毒劑，卻可能帶來問題，輕則導致胃
腸不適、噁心、嘔吐，重則可能引發嚴重腸胃道疾病。但馬桶水中
的菌群也是有可能讓狗生病。大腸桿菌會使人害病，一樣也會讓狗
害病。防止家中小狗喝馬桶水的辦法很簡單──蓋上馬桶蓋！（資
料 來 源：American Society for the Prevention of Cruelty to Animals;
American Animal Hospital Association; American Veterinary Medical
Association）

# 名詞淺釋

**DNA**：去氧核糖核酸；所有能自我繁殖的細胞和部份病毒的遺傳物質，DNA 為一種雙股分子。

**大腸菌群**（coliforms）：多種細菌構成的菌群，能促使乳糖發酵、產生氣體，在攝氏三十五度時能夠在四十八小時內滋長；供水業使用的糞便污染指標菌。

**公認安全**（GRAS, Generally Recognized As Safe）：有歷史證據顯示對人類安全的物質或食品。

**分子**：由成群原子構成之特定組合。

**化合物**：由至少兩種化學元素組成的物質。

**化學治劑**：用來殺死特定細胞，治療疾病的化學物質或藥品；化學療法使用之藥物。

**水華**（bloom）：微生物突然滋長出龐大數量的現象。

**水傳染型**（waterborne）：藉水傳播的。

**丙酸菌**（propionibacteria）：丙酸桿菌屬和棒桿菌屬之皮膚細菌種群泛稱。

**外毒素**（exotoxin）：由微生物製造並泌出體外的毒素類群。

**生物技術業**：以遺傳工程學為基礎的產業，發展宗旨為運用細胞和細胞化合物來製造新藥物和新產品。

**生物降解**（bioremediation）：運用微生物來消化或中和環境毒素。

**生物殺傷劑**：能殺死生物的物質。

**生物薄膜**（biofilm）：微生物與其泌出物混合構成的薄膜，黏附於有

　　液體流過的表面。

**休眠**：某些微生物的一種生活狀況，微生物休眠時代謝率非常低而
　　且不繁殖。

**先天免疫力**：出生時便具有的，能對付某些非特定抗原的抵抗力。

**再現型疾病**：原本認為蔓延情況已經受控的疾病，在族群中的發病
　　率卻再次提高或預期又將提高。

**有毒黴菌**：所有能夠製造黴菌毒素，或能導致呼吸道疾病的黴菌。

**次氯酸鹽**（hypochlorite）：一種含氯化學成份，用來製造消毒用漂白
　　劑。

**死亡率**：一族群在特定期間因罹患某種疾病致死的數量。

**污染物**：腐壞物質或使物質不適於使用的微生物或化學物質。

**血清型**（serotype）：微生物物種再依細胞組成或抗原型式細加區分
　　的類別。

**伺機型**：平常無害，不過一旦寄主感受性弱化便能造成感染。

**免疫力**：運用身體器官和細胞來對付特定感染原的能力。

**免疫系統**：身體負責對抗微生物感染的器官和細胞群。

**吞噬作用**（phagocytosis）：細胞包覆、消化顆粒或其他細胞的現象。

**局部感染**：不在皮膚四處蔓延或進入血流的感染症。

**抗生素**：能殺死微生物或抑制其生長的天然或合成物質。

**抗生素耐藥型**：具有耐受周遭抗生素的能力。

**抗甲氧西林金黃色葡萄球菌**（MRSA）：能夠耐受抗生素甲氧西林的
　　金黃色葡萄球菌。

**抗原**：細胞表面的一類化合物，身體藉此區辨自身和異物之別。

**抗原轉換**（antigenic shift）：流感病毒抗原的重大變換；流感疫苗必
　　須每年更新就是肇因於這種現象。

**抗微生物的**：殺死或抑制微生物生長。

**抗感染劑／抗感染的**：能清除微生物，常用在皮膚上的物質；也用來指稱不含微生物的環境。

**肝炎**：肝臟發炎現象，通常由感染原引發。

**赤潮**：海洋藻類突然滋長（稱為藻華）把海水染成紅色的現象。

**防腐劑**：能抑制微生物在製品中生長的合成或天然物質。

**受了污染**：包含有害微生物的情況。

**受感染傾向／感受性**（susceptibility）：對某種感染或疾病欠缺抵抗力的情況。

**固有型微生物**（resident）：天生依賴生物身體維生，或棲居其他環境的微生物；原生型微生物。

**奈米技術**：製造、使用奈米尺度物質和裝置的學問。

**抵抗力／耐受力**：承受抗微生物化學物質和藥物的能力。

**矽藻**（diatom）：含矽的藻類群。

**空氣傳染型**：附著於纖小微粒或潮濕微滴（飛沫）並藉空氣傳播的。

**肺炎球菌**（pneumococcus）：肺炎鏈球菌的泛稱。

**芽孢（細菌的）**：細菌的休眠型細胞，幾乎是堅不可摧。

**芽孢桿菌**：一類桿狀或雪茄狀細菌。

**孢子（黴菌的）**：某些黴菌的單細胞繁殖結構。

**後天免疫力**：出生之後，身體針對特定抗原製造抗體，從而對那些抗原發展出的抵抗力。

**指數型**（exponential）：以漸趨高速發生變化的情況；與「對數型」（logarithmic）意義相同。

**指標菌**：一類菌群，鑑測水樣時若發現這類菌群，便代表水中含有糞生細菌污染。

**染色體**：細胞內結構，攜帶該細胞的所有基因。

**毒力**（virulence）：病原體的感染能力。

**毒素**：微生物製造的毒物。

**洋菜**：用來培養細菌和黴菌的凝膠狀物質；以海藻製成的多醣類物質。

**疫情爆發**：疾病發生率突然提高的現象。

**突變**：DNA 基因正確序列或基因核苷酸正確序列之改動現象。

**美國食品及藥物管理署**（FDA, U.S. Food and Drug Administration）：美國聯邦機構，隸屬衛生及公共服務部，負責食品、醫藥、衛生、疾病控制等管理職掌。

**美國疾病防治中心**（CDC, Center for Disease Control and Prevention）：美國聯邦機構，隸屬衛生及公共服務部，以增進美國公民健康為宗旨。

**美國農業部**（USDA, U.S. Department of Agriculture）：美國聯邦政府內閣部門，主要職掌為擬定、執行該國農業和食品相關政策。

**美國環境保護總局**（EPA, U.S. Environmental Protection Agency）：美國聯邦政府機構，負責保障公民健康並保護自然環境。

**胞外**：位於細胞之外。

**胞溶**（lysis）：細胞的瓦解現象。

**胞器**（organelle）：細胞內部執行特定機能的部位，胞器由生物膜包覆並與其他構造區隔；細菌不具胞器。

**革蘭氏陰性菌**（Gram-negative）：經革蘭氏染色程序不保留紫色染料的菌類；染色後以顯微鏡觀察呈粉紅色。

**革蘭氏陽性菌**（Gram-positive）：經革蘭氏染色程序可保留紫色染料的菌類；染色後以顯微鏡觀察呈深藍色。

**食源型**：藉由食物媒介的。

**兼性型**（facultative）：不論在某特定條件下或無該特定條件下（好比不論含氧與否）都能生長之特性。

**原生型**（生物）：身體或某種環境的固有型（生物）。

**原生動物**（protozoa）：具有內部結構但無細胞壁的單細胞微生物，簡稱原蟲。

**核糖核酸**（RNA, ribonucleic acid）：DNA複製和蛋白質合成作用之必備單股分子。

**核苷酸**（nucleotide）：DNA的基本單元，由一單位氮化合物、一單位糖和一單位磷組成。

**消毒劑**：能殺死所有微生物（細菌芽孢例外）的一類物質。

**浮游生物**：懸浮在海水中的細小有機體和微生物，通常爲藻類。

**疾病**：導致系統、器官或組織無法發揮健全機能的可預見情況，疾病影響健康而且經常表現症候群。

**病毒**：含最少量遺傳物質的亞顯微粒子，必須感染寄主細胞才能繁殖。

**病原體**：引發人類、動物或植物疾病的微生物。

**病菌**：微生物俗名，常指稱有害微生物。

**真菌類群**：具細胞且內含孢子的酵母菌、黴菌或蘑菇。

**神經毒素**（neurotoxin）：干擾神經機能的物質。

**高傳染性**：一類疾病的形容詞，描述這類疾病能做人對人散播。

**區位／生境**（niche）：某種細胞或有機體憑藉特定性狀得以適應生存的棲所。

**基因**：攜帶指令的一段DNA，能指示細胞製造一種物質。

**基因組**（genome）：一顆細胞的一份完整遺傳物質。

**基因療法**：將體外一段基因（或多段基因）納入或取代本身 DNA，從而發揮治病效能的作法。

**基因轉移**（gene transfer）：將一段基因從某顆細胞挪到另一顆細胞的轉移過程。

**基質**（media）：用來培養微生物的培養液或洋菜配方。

**培養／培養菌**：在實驗室中栽培微生物，也指稱培養出的微生物族群產物。

**寄生體**：藉寄主生物取得養分的有機體。

**接種**：把少量微生物置入培養基的作法。

**接觸時間**：消毒劑或衛生清潔劑殺死微生物所需最短時間。

**敗血症**（septicemia）：血液中出現病原體，與傷口化膿引致的膿毒症（sepsis）有別。病原體在血液和組織中散播可導致發炎和發燒。

**桿菌**（rod）：指芽孢桿菌。

**殺**（-cide）：代表「殺」或「殺劑」之英文字尾。

**殺菌劑**：能殺死微生物的物質。

**毫升**：立方公分；等於千分之一升。

**球菌**：圓形或球形的細菌類群。

**細菌**：具細胞壁但無胞器的單細胞微機體。

**軟骨藻酸**（domoic acid）：特定矽藻製造的毒素。

**無生命的**：非生物的。

**無活性成份**：抗微生物產品中不具抗微生物功能的成份。

**發病率**：族群在特定時期染上某種疾病的數量比率。

**稀有生物圈**（rare biosphere）：地表獨一無二的或罕見的特殊生態系。

**稀釋效應**：把毒素摻入大量的水或其他液體來解除毒性。

**絕對的／專性的**（obligate）：需求特定條件的，好比絕對厭氧菌只能在含氧環境生存。

**絲狀**：具長形延伸構造，可在環境中向外生長。

**菌株**（strain）：根據某種遺傳性狀來細分的細菌或原生動物獨特型式。

**超級細菌／超級病菌**：（a）包含非原生基因（群），可表現特定預期反應的細菌，或（b）具有抗生素耐藥性或能耐受化學物質的菌種。

**黑黴菌**：生長後轉呈黑色的黴菌類群，一般指稱葡萄穗黴菌種群。

**傳播**（transmission）：病原體從某一感染源向健康人士轉移的現象。

**嗜中溫微生物**（mesophile）：在中等溫度範圍（攝氏十度到五十度之間）生長的微生物類群。

**嗜冷微生物**（psychrophile）：在低溫（通常指低於攝氏十五度）環境生長的微生物。

**嗜旱微生物**（xerophile）：棲居非常乾旱環境的微生物。

**嗜極微生物**（extremophile）：棲所條件極端偏離常態的微生物類群，極端條件常指極熱、極冷、極乾、極酸，還有含鹽量或壓力極高。

**嗜酸微生物**（acidophile）：在酸性環境中生長的細菌。

**嗜熱微生物**（thermophile）：能適應高熱環境，最佳生長溫度介於攝氏五十到六十度之間的微生物。

**嗜鹼微生物**（alkaliphile）：在鹼性環境中生長的細菌類群。

**嗜鹽微生物**（halophile）：住在高鹽含量環境的微生物類群。

**微生物載量**（microbial load）：一種食品或其他物質所含微生物總量。

**微機體**（microorganism）：即微生物；指稱細菌、黴菌孢子、酵母菌

或原生動物的細胞。

**微環境**（microenvironment）：具特殊條件可供微生物滋長的位置。

**感染**：微生物侵入身體或在體內滋長。

**感染原**：能侵染身體並引發感染症的一切微生物。

**感染劑量**：病原體引發感染症所需最少細胞概略數量。

**新陳代謝**：細胞或有機體為產生能量來維持生命的所有化學和酶反應。

**新興的**：某種疾病的新樣式或新類型，而且發病率逐漸提高或預期即將提高。

**溯源**（traceback）：確認疫情源頭的追溯歷程。

**滅菌劑**：能殺死所有微生物（包括細菌芽孢）的物質；芽孢殺傷劑（sporicide）。

**群體免疫作用**（herd immunity）：族群當中對某種感染症免疫的成員數量達到一最低比率，導致那種感染症很難在族群間蔓延的狀況。

**腸內的**（enteric）：有關消化道的。

**葡萄球菌**：叢聚生長的圓形細菌類群之泛稱。

**厭氧微生物**（anaerobe）：沒有氧氣也能生長，或只能在無氧或極低氧環境生長的微生物類群。

**對數型**：與「指數型」意義相同。

**種**（species）：生命機體學名的最後一個名字（稱為種小名或種加詞），即用來描述物種的最確切名稱。依此 Staphylococcus aureus（金黃色葡萄球菌）之 aureus 便為種小名。

**聚合酶連鎖反應**（PCR, polymerase chain reaction）：取少量原始基因，運用 DNA 聚合酶來大量製造基因副本的作法。

**酵母菌**：一類單細胞真菌。

**需氧微生物**（aerobe）：需要氧氣的微生物。

**暫居型微生物**（transient）：非天生棲居體表，也不常駐該處的微生物。

**潛伏期**：一種疾病階段，期間不表現症候群，且病原體或處於休眠狀況。

**衛生保健**：個體奉行清潔習性並保持環境衛生，從而減低感染蔓延的情況。

**衛生清潔劑**：減少菌數達安全水平的物質，通常可使菌數減少達百分之九十九點九。

**質粒**（plasmid）：位於染色體外的細小環狀 DNA 片段，見於細菌。

**養分**：含有完備化學成份，足供細胞生成能量、維持生命所需之合成物。

**噬菌體**（bacteriophage）：侵染細菌的病毒類群。

**儲存宿主／感染源**：不斷散播某種感染原的源頭。

**糞便的／糞生的**：糞便構成的或含糞便的。

**黏膜**：體腔通道直接接觸空氣之襯覆結構，通常含有黏液分泌細胞。

**離子**：帶有正、負電荷的原子。

**藥物**：施用於身體便能改動至少一種機能的任何物質。

**鏈球菌**：營成股或成串生長的圓形細菌類群之泛稱。

**懸浮微滴**（aerosol）：排入空氣中的纖小潮濕微粒。

**藻類**：營光合作用但無植物細胞結構的微生物類群。

**屬**（genus）：生物分類法中的一個級，多數物種學名之第一個部份，好比金黃色葡萄球菌的學名為 *Staphylococcus aureus*，名稱第一

個部份 *Staphylococcus* 就是這種球菌的屬名。

**黴斑**：俗稱長在潮濕環境表面，且肉眼可見之黴菌。

**黴菌**：絨毛狀眞菌菌叢。

**黴菌毒素**（mycotoxin）：眞菌類群分泌的毒素。

**酶**（enzyme）：助長生物反應進程的一類物質，通常屬於蛋白質。

# 致謝

　　我要感謝幾位人士，他們耐心審閱本書的科學專業內容。專業技術部份由多位專家審訂，包括卡洛斯・恩里克斯（Carlos Enriquez）博士、黛娜・岡札萊茲（Dana Gonzales）博士、克里斯蒂娜・梅納（Kristina Mena）博士和羅勃・拉斯金（Robert Ruskin）博士，以及理學碩士卡羅爾・帕恩斯（Carole Parnes），這裡對他們的細密心思致上謝忱。我也要謝謝許多人提供深刻洞見並指出疑點，包括：邦妮・迪克拉克（Bonnie DeClark）、普里西拉・洛伊爾（Priscilla Royal）、謝爾登・西格爾（Sheldon Siegel）、梅格・史第華特（Meg Stiefvater）和珍妮特・華萊士（Janet Wallace）。

　　本書得以從初步手稿推展完成最後作品，得歸功於凱斯・沃爾曼（Keith Wallman）、彼得・雅各比（Peter Jacoby）和珍妮佛・凱修斯（Jennifer Kasius）的大力協助和指引，我要向他們致上最高的謝意。最後，同樣讓我感懷於心的是朱狄・羅茲（Jodie Rhodes），在她眼中，良機美景俯拾皆得。

# 作者簡介

　　安妮‧馬克蘇拉克（Anne E. Maczulak）博士投入微生物學產業和學術研究歷二十年，目前是領有證照的品質保證顧問，爲生物技術、製藥、消費品和化學品公司提供諮詢服務。

　　馬克蘇拉克的微生物學生涯涉及多樣化領域。她從事馬、牛消化道的原生動物和細菌研究，還受過亨格特分離法（Hungate method）訓練，成爲微生物學界少數能以這種分離法培養厭氧微生物的專家之一。她的產業經驗豐富，包括研究滋生臭味的皮膚細菌和引致頭皮屑的頭皮酵母菌。她參與皮膚病學研究，還投入藥物、療法之臨床測試，包括：傷口癒合藥物、抗菌肥皀還有足部眞菌症療法。就消費製品業方面，她開發出數種疏通排水管的生物處理法、家戶和醫院用途消毒劑，還有淨水製品。

　　馬克蘇拉克的研究生涯廣泛涉足多種微生物環境和特化微機體類群，其中幾項列舉如下：盲腸和瘤胃的厭氧微生物群、土壤菌群的耐冷酶、生物薄膜、產甲烷菌群、能構成芽孢的菌群、家戶黴菌和眞菌、病毒，還有棲居天然水體的寄生原蟲。她曾與數支學術團隊合作進行幾項計畫，包括：在美國蒙大拿州立大學的生物薄膜工程中心（Center for Biofilm Engineering）進行生物薄膜生長研究，在賓夕法尼亞州立大學從事土壤菌群耐冷酶製作，在馬里蘭大學海洋生物科技中心（Center of Marine Biotechnology）從事水生菌群生物分解酶製作，還有在喬治亞州立大學以及南佛羅里達大學研究家戶微生物。

馬克蘇拉克擔任微生物學家職位多年，曾運用多種技術從事實驗，包括：DNA 分離和雜交法、大容量發酵培養法、聚合酶連鎖反應、凝膠電泳法、純系複製法（cloning）和單克隆抗體法（monoclonal antibody）。她發展出多種檢測法和各式特化培養基。

馬克蘇拉克博士曾向美國各相關專業組織發表微生物學演說，包括：美國微生物學學會（American Society for Microbiology）、美國皮膚病學會（American Academy of Dermatology）、環境衛生協會（Environmental Health Association）和品質保證協會（Society of Quality Assurance）。她曾發表多篇期刊論文並在大學講學。

除了持有肯塔基大學博士學位之外，她還在舊金山金門大學（Golden Gate University）研讀企管並取得碩士學位。她在奧爾巴尼（Albany）的紐約州政府衛生局完成博士後研究，她的碩士和大學研讀階段都在俄亥俄州立大學度過。

馬克蘇拉克博士的理論研究、實務知識兼備，條件得天獨厚。她深具慧眼能窺見全豹，還能以淺顯措詞說明技術課題，因此她有辦法教導非科學家，一探顯微鏡下所見的神祕世界。

# 微生物學資料來源

　　搜尋微生物和微生物學資訊時，應向富有德望的專業組織、政府機構或大學院校徵詢。倘若你對資料仍然存疑，可向同類學術機構查證相左見解。別相信網路聊天室和部落格文章，專門刊登時尚、影星和家傳秘方等題材的雜誌也不可靠。有信用的雜誌包括《科學美國人》（*Scientific American*）、《新科學家》（*New Scientist*）、《科學》（*Science*）和《國家地理雜誌》等。許多機構都設置網站，提供有憑有據的資料，包括各大學院校、世界性或國家級衛生組織，以及專業微生物學學會。

## 其他讀物

*The Secret Life of Germs* by Philip M. Tierno Jr., 2001.
*Don't Touch That Doorknob!* by Jack Brown, 2001.
*The Germ Freak's Guide to Outwitting Colds and Flu* by Allison Janse with Charles Gerba, 2005.
*Where the Germs Are* by Nicholas Bakalar, 2003.
*My Office is Killing Me!* by Jeffery C. May, 2006.
*Carpet Monsters and Killer Spores* by Nicholas P. Money, 2004.

# 參考文獻

　　本書用上了幾類文獻資源。書中大半論題多方引用的資料出處包括（1）美國疾病防治中心、美國食品及藥物管理署和美國微生物學學會的出版品和資料；（2）《基礎微生物學》（*Microbiology, An Introduction*），第八版，托爾托拉、馮喀和凱斯（Tortora, Funke, and Case）著，二〇〇四年（譯註：第六版有中譯本：《基礎微生物學》，臺北市偉明圖書公司，民91年）；（3）《消毒、滅菌和保存》（*Disinfection, sterilization, and Preservation*），第四版，布洛克（Seymour S.Block）著，一九九一年；（4）《環境微生物學》（*Environmental Microbiology*），梅爾、佩珀和格巴（Maier, Pepper, and Gerba）著，二〇〇〇年；以及（5）《消毒、保存和滅菌之原理與實務》（*Principles and Practices of Disinfection, Preservation, and Sterilization*），第三版，羅素、雨果和艾利夫（Russell, Hugo, and Ayliffe）編。各章資料出處條列如後：

## 第一章：微生物學研究什麼？

Environmental Literary Council.

University of California Museum of Paleontology.

Crick, F. Nobel lecture, December 11, 1962.

Dykhuizen, D. E. 1998. *Antonie van Leeuwenhoek* 73:25–33.

Lancefield, R. 1928. *Journal of Experimental Medicine* 47:91, 469, 481, 843, and 857.

Mullis, K. Patent No. 4,683,202, July 28, 1987.

Peltola, J., Andersson, M. A., Haahtela, T., Mussalo-Rauhamaa, H., Rainey, F. A., Kroppenstedt, R. M., Samson, R. A., and Salkinoja-Salonen, M. S. 2001. *Applied and Environmental Microbiology* 67:3269–3274.

Shelton, B. G., Kirkland, K. H., Flanders, W. D., and Morris, G. K. 2002. *Applied and Environmental Microbiology* 68:1743–1753.

Ward, B. B. 2002. *Proceedings of the National Academy of Sciences.*
Watson, J. Nobel lecture, December 11, 1962.

Wilkins, M. Nobel lecture, December 11, 1962.

## 第二章：上了新聞的微生物

American Society for Microbiology.

Environmental Literacy Council.

Marine Biological Laboratory, Woods Hole, MA.

National Foundation for Infectious Diseases.

Society for General Microbiology.

*Pure Water Handbook.* 1991. Osmonics, Inc.

Gerba, C. University of Arizona, personal communication, 1998.

Sobsey, M. University of North Carolina, personal communication, 1997.

Smith, M., Bruhn, J., and Anderson, J. 1992. *Nature* 356:428.

## 第三章：我們全部住在微生物世界

National Guideline Clearinghouse.

Agency for Healthcare Research and Quality.

American Scientific Laboratories, LLC.

American Society for Microbiology.

The Association for Science Education.

The Cleveland Clinic.

Dental Sciences, University of Newcastle upon Tyne.

United States Mint.

University of Minnesota Extension Service.

*Wall Street Journal,* January 6, 2006.

World Health Organization.

Ak, N. O., Cliver, D. O., and Kaspar, C. W. 1994. *Journal of Food Protection* 57:16 and 23.

Bart, K. J. (ed.). 1984. *Pediatric Infectious Disease Journal* 4:124.

Burge, H. A. 1990. *Toxicology and Industrial Health* 6:263.

Chamberlain, N. R. Microbiology at www.suite101.com, September 15, 2000.

Cliver, D., 1994, University of California–Davis, personal communication.

Dixon, B. *Microbe,* May 2005.

Gerba, C., *BBC News,* British Broadcasting Company, March 12, 2004.

Gerba, C., *CBS News,* Columbia Broadcasting System, September 28, 2000.

Gerba, C. 1998, University of Arizona, personal communication.

Ikawa, J. I., and Rossen, J. S. 1999. *Journal of Environmental Health,* July/August.

Kirchheimer, S. WebMD, www.medicinenet.com, July 12, 2004.

Klein, J. O. 1986. *Reviews of Infectious Diseases* 8:521.

Lillard, A. *Medical Laboratories,* University of Iowa, October 14, 1999.

Loeb, M., Craven, S., McGeer, A., Simor, A., Bradley, S., Low, D., Armstrong-Evans, M.,

Moss, L., and Walter, S. 2003. *American Journal of Epidemiology* 157:40.

Loeb, M., McGeer, A., McArthur, M., Peeling, R. W., Petric, M., and Simor, A. E. 2000. *Canadian Medical Association Journal* 162:1133.

Maibach, H. I., and Aly, R. 1981. *Skin Microbiology,* Springer-Verlag, New York.

Marston, W., *New York Times,* February 23, 1999.

Marques-Calvo, M. S. 2004. *Journal of Industrial Microbiology and Biotechnology* 31:255.

Meer, R. R., Gerba, C. P., and Enriquez, C. E. 1997. *Dairy Food and Environmental Sanitation* 17:352.

Nicolle, L. E., Strausbaugh, L. J., and Garibaldi, R. A. 1996. *Clinical Microbiology Reviews* 9:1.

Noble, W. C. 1981. *Microbiology of Human Skin,* Lloyd-Luke Ltd., London.

Osterwell, N. www.webmd.com, May 23, 2001.

Pence, A. *San Francisco Chronicle,* June 5, 2002.

Pitts, B., Stewart, P. S., McFeters, G. A., Hamilton, M. A., Willse, A., and

Zelver, N. 1998. *Biofouling* 13:19.

Pitts, B., Willse, A., McFeters, G. A., Hamilton, M. A., Zelver, N., and Stewart, P. S. 2001. *Journal of Applied Microbiology* 91:110.

Robinson, T. CTW Features, *Santa Barbara News-Press,* May 28, 2006.

Rosenberg, M. *Scientific American,* April 2002.

Sankaridurg, P. R., Sharma, S., Willcox, M., Naduvilath, T. J., Sweeney, D. F., Holden, B. A., and Rao, G. N. 2000. *Journal of Clinical Microbiology* 38:4420.

Sattar, S. 1994, University of Ottawa, personal communication.

Sharkey, J. *New York Times,* March 11, 2001.

Simmons, R. B., Noble, J. A., Price, D. L., Crow, S. A., and Ahearn, D. G. 1997. *Journal of Industrial Microbiology and Biotechnology* 19:150.

Tierno, P., *Today Show,* National Broadcasting Company, March 25, 2005.

Tierno, P., www.wavy.com.

WHO. 2006. *Tuberculosis and Air Travel: Guidelines for Prevention and Control,* 2d ed.

Yarlott, N. *Opflow,* November 2000.

Young, F. E. *FDA Consumer,* January 2003.

## 第四章：桀驁不馴的微生物

*Access,* American Water Works Association, August 2006.

American Meat Institute.

Association for Professionals in Infection Control and Epidemiology.

Center for Food Safety and Applied Nutrition, U.S. Food and Drug Administration.

Center for Global Food Issues, Hudson Institute.

Dairy Science and Technology, University of Guelph.

Department of Bacteriology, University of Wisconsin–Madison.

Department of Food Science and Human Nutrition, Washington State University.

Department of Health and Human Services.

ExtoxNet, University of California–Davis.

Minnesota Department of Health.

*Morbidity and Mortality Weekly Report,* The Centers for Disease Control and Prevention.

National Resources Defense Council.

The Ohio State University Extension.

*Opflow,* American Water Works Association, June 2006.

Physicians Committee for Responsible Medicine. *Foodborne Illness,* December 8, 2003.

*Problem Organisms in Water: Identification and Treatment,* 1995. American Water Works Association.

*Tech Brief,* National Environmental Sciences Center, Fall 2004, Spring 2006. U.S. Environmental Protection Agency.

Virginia Cooperative Extension, Virginia Polytechnic and State University.

Banwart, G. J. 1989. *Basic Food Microbiology.* Chapman & Hall, New York.

Burnett, S. L., and Beuchat, L. R. 2000. *Journal of Industrial Microbiology and Biotechnology* 25:281.

Devine, D. and Jackson, M. *Tucson Weekly,* December 8, 2005.

Gibson, G. R., and Rastall, R. A. 2004. *American Society for Microbiology News* 70:224.

Korzeniewska, E., Filipkowska, Z., Domeradzka, S., and Wlodkowski, K. 2005. *Polish Journal of Microbiology* 54 Suppl: 27.

Logsdon, G. S., Schneider, O. D., and Budd, G. C. 2004. *Journal of the American Water Works Association* 96:7.

Mollenkamp, B. *Sanitary Maintenance,* August 2004.

Romans, J. R., and Ziegler, P. T. 1994. *The Meat We Eat.* Interstate Publishers, Danville, IL.

Scott, E., and Bloomfield, S. 1993. *Letters in Applied Microbiology* 16:173.

Zhang, J. *Wall Street Journal,* November 30, 2005.

## 第五章：如你所願洗個乾淨

Alliance for the Prudent Use of Antibiotics.

Association for Assessment and Accreditation of Laboratory Animal Care International.

Center for Food Security and Public Health, Iowa State University.

Ciba Specialty Chemicals.

The Clorox Newsline, The Clorox Company.

Cosmetic, Toiletry, and Fragrance Association.

Consumer Specialty Products Association.

Minnesota Extension Service, University of Minnesota.

Akimitsu, N., Hamamoto, H., Inoue, R., Shoji, M., Akamine, A., Takemori, K., Hamasaki, N., and Sekimizu, K. 1999. *Antimicrobial Agents and Chemotherapy* 43:3042–3043.

Beck, W. C. 1984. *Association of Perioperative Nurses Journal* 40:172–176.

Chase, M. *Wall Street Journal,* January 20, 2006.

Chuanchuen, R., Beinlich, K., Hoang, T. T., Becher, A., Karkhoff-Schweizer, R. R., and Schweizer, H. P. 2001. *Antimicrobial Agents and Chemotherapy* 45:428–432.

DeNoon, D. 2001. WebMD Medical News Archive.

Entani, E., Asai, M., Tsujihata, S., Tsukamoto, Y., and Ohta, M. 1997. *Kanse Kasshi* 71:443–450.

Fraise, A. P. 2002. *Journal of Antimicrobial Chemotherapy* 49:11–12.

Gilbert, P., McBain, A .J., and Bloomfield, S. F. 2002. *Journal of Antimicrobial Chemotherapy* 50:137–139.

Glaser, A. 2004. *Pesticides and You* 24:12–17.

Gordon, S. *Healthscout,* July 25, 2000.

Juven, B. J., and Pierson, M. D. 1996. *Journal of Food Protection* 59:1233–1241.

Kiefer, R. J. 1998. *Chemical Times and Trends,* 21:48–50.

Kivanc, M., and Akgul, A. 1986. *Flavour and Fragrance Journal* 1:175–179.

Levy, S. *Scientific American,* March 1998.

Lewis, R. 1995. *FDA Consumer Magazine,* Vol. 29.

Lis-Balchin, M., and Deans, S. G. 1997. *Journal of Applied Microbiology* 82:759–762.

McMurry, L. M., Oethinger, M., and Levy, S. B. 1998. *Federation of European Microbiological Societies Microbiology Letters* 166:305–309.

Moken, M. C., McMurry, L. M., and Levy, S. B. 1997. *Antimicrobial Agents and Chemotherapy.* 41:2770–2772.

Neuman, C. 1998. *Chemical Times and Trends,* 21:35–48.

Parnes, C. A. 1997. *Chemical Times and Trends* 20:34–43.

Rusin, P., Orosz-Coughlin, P., and Gerba, C. 1998. *Journal of Applied Microbiology.* 85:819–828.

Silver, S., Phung, L. T., and Silver, G. 2006. *Journal of Industrial Microbiology and Biotechnology* 33:627–634.

Smith-Palmer, A., Stewart, J., and Fyfe, L. 1998. *Letters in Applied Microbiology* 26:118–122.

Suller, M. T. E., and Russell, A. D. 2000. *Journal of Antimicrobial Chemotherapy* 46:11–18.

Ulene, V. *Los Angeles Times,* February 6, 2006.

Wendorff, W. L., and Wee, C. 1997. *Journal of Food Protection* 60:153–156.

## 第六章：感染和疾病

Commoncold, Inc.

Immunization Action Coalition.

"Influenza 1918" Public Broadcasting System.

Karolinska Institutet.

*Medical News Today,* September 29, 2006.

National Immunization Program, CDC.

National Institute of Allergy and Infectious Disease.

National Nosocomial Infection Surveillance System, CDC.

National Vaccine Information Center.

University of Maryland Medical Center.

World Health Organization.

Burke, L. *George Mason University Alumni Magazine,* Winter 2003.

Enserink, M. *ScienceNow,* February 6, 2004, American Association for the Advancement of Science.

Gorman, C. *Time Magazine,* June 26, 2006.

Rasmussen, C. *Los Angeles Times,* November 20, 2005; March 5, 2006.

Rutala, W. A., and Weber, D. J. 1997. *Infection Control and Hospital Epidemiology.* 18:609.

Sattar, S., Jacobsen, H., Springthorpe, V. S., Cusack, T. M., and Rubino, J. R. 1993. *Applied and Environmental Microbiology* 59:1579.

Tansey, B. *San Francisco Chronicle,* December 1, 2006.

Walker, C. *National Geographic News,* March 10, 2004.

## 第七章：新興微生物的威脅

American Academy of Dermatology.

AVERT, United Kingdom.

California Department of Health Services.

Center for Biolfilm Engineering, Montana State University.

The Chlorine Chemistry Council.

*Dermatology Insights,* fall 2001.

Department of Health and Human Services News, October 31, 1996.

Directors of Health Promotion and Education.

*Eurekalert Science News,* November 27, 2006, American Association for the Advancement of Science.

Faculty of Medicine, University of Manitoba.

Global Census of Marine Life.

Infectious Diseases Society of America, www.legionella.org.

Karolinska Institutet.

Marine Biological Laboratory, Woods Hole, MA.

National Institute of Allergy and Infectious Disease.

National Oceanic and Atmospheric Administration.

National Swimming Pool Foundation.

New Jersey Medical School Global Tuberculosis Institute.

School of Biological Sciences, University of Leicester.

Sportsmedicine.about.com, New York Times Company.

University of Texas–Houston Medical School.

World Health Organization.

Barquet, N. and Domingo, P. 1997. *Annals of Internal Medicine* 127:635.

Breslin, M. M. *Chicago Tribune,* October 29, 2006.

Cromley, J. *Los Angeles Times,* June 6, 2006.

Halsey, E. Cable News Network, November 1, 1996.

Hope, J. *Daily Mail,* January 3, 2005.

Louria, D. B. 1998. In *Emerging Infections,* Scheld W. M., and Hughes, J. M. (eds), American Society for Microbiology.

McFadden, R. D. *New York Times,* December 5, 2006.

Parry, C., and Davies, P. D. O. 1996. *Journal of Applied Bacteriology* 81:23S.

Read, M. *Associated Press,* October 18, 2006.

Russell, S. *San Francisco Chronicle,* October 20, 2006.

Schlossberg, D. (ed). 2004, *Infections of Leisure,* American Society for Microbiology.

Stobbe, M. Associated Press, June 23, 2006.

Washburn, J., Jacobsen, J. A., Marston, E., and Thorsen, B. 1976. *Journal of the American Medical Association* 235:2205.

Woolhouse, M. E. J. *Microbe,* November 2006.

## 第八章：它們是未開發的資源

Bob's Red Mill Natural Foods.

Graduate College of Marine Studies, University of Delaware.

Human Genome Project.

Marine Biological Laboratory, Woods Hole, MA.

The Natural History Museum, London.

Oak Ridge National Laboratory.

*Seattle Times,* November 19, 2004.

Washington State Patrol Crime Laboratory.

www.careerbuilder.com.

Baross, J. A., and Deming, J. W. 1983. *Nature* 303:423.

Brock, T. D., and Freeze, H. 1969. *Journal of Bacteriology* 98:289.

Deming, J. W. *2nd International Colloquium of Marine Bacteriology* October 1984.

Fisher, B. A. J. 2004. *Techniques of Crime Scene Investigation,* CRC Press, Boca Raton, FL.

Perlman, D. *San Francisco Chronicle,* October 20, 2006.

Sogin, M. L., Morrison, H. G., Huber, G. S., Welch, D. M., Huse, S. M., Neal, P. R., Arrieta, J. M., and Herndl, G. J. 2006. *Proceedings of the National Academy of Sciences* 103:12115.

國家圖書館出版品預行編目資料

掉在地上的餅乾還能吃嗎？ Anne E. Maczulak著；蔡承志譯. --初版. --台北市：
　商周出版：家庭傳媒城邦分公司發行, 2008.09
　　面；　公分. --（科學新視野：85）
　參考書目：面
　含索引
　譯自：The Five-Second Rule and Other Myths about Germs：What Everyone Sould
Know about Bacteria, Viruses, Mold, and Mildew
　ISBN 978-986-6571-18-13（平裝）

1. 微生物學　2. 通俗作品

369　　　　　　　　　　　　　　　　　　97014313

科學新視野：85

# 掉在地上的餅乾還能吃嗎？ ──有關細菌、病毒和黴菌的必要知識與常識

作　　　者／Anne E. Maczulak
譯　　　者／蔡承志
總　編　輯／彭之琬
責任編輯／曹繼章

發　行　人／何飛鵬
法律顧問／台英國際商務法律事務所 羅明通律師
出　　版／商周出版
　　　　　台北市104民生東路二段141號9樓
　　　　　電話：(02) 25007008　傳眞：(02)25007759
　　　　　E-mail：bwp.service@cite.com.tw
發　　行／英屬蓋曼群島商家庭傳媒股份有限公司 城邦分公司
　　　　　台北市中山區民生東路二段141號2樓
　　　　　電話：(02) 2500-0888 傳眞：(02) 2500-1938
　　　　　讀者服務專線：0800-020-299 24時訂閱傳眞服務：02-2517-0999
　　　　　讀者服務信箱：service@readingclub.com.tw
　　　　　劃撥帳號：19833503
　　　　　戶名：英屬蓋曼群島商家庭傳媒股份有限公司城邦分公司
訂購服務／書虫股份有限公司客服專線：(02) 2500-7718；2500-7719
　　　　　服務時間：週一至週五上午09:30-12:00；下午13:30-17:00
　　　　　24時傳眞專線：(02) 2500-1990；2500-1991
　　　　　劃撥帳號：19863813 戶名：書虫股份有限公司
　　　　　城邦讀書花園 www.cite.com.tw
香港發行所／城邦（香港）出版集團有限公司
　　　　　香港灣仔軒尼詩道235號3樓… E-mail：hkcite@biznetvigator.com
　　　　　電話：(852) 25086231　傳眞：(852) 25789337
馬新發行所／城邦（馬新）出版集團【Cite (M) Sdn. Bhd. (458372U)】
　　　　　11, Jalan 30D/146, Desa Tasik, Sungai Besi,
　　　　　57000 Kuala Lumpur, Malaysia…
　　　　　電話：(603) 90563833　傳眞：(603) 90562833

封面設計／李東記
排　　版／極翔企業有限公司
印　　刷／韋懋印刷事業有限公司
總　經　銷／農學社 電話：(02) 29178022　傳眞：(02) 29156275

■2008年_9月_9日初版　　　　　　　　　　　　　　Printed in Taiwan
■2008年11月13日初版3.5刷
定價320元

城邦讀書花園
www.cite.com.tw

104　台北市民生東路二段141號2樓

英屬蓋曼群島商家庭傳媒股份有限公司城邦分公司　收

- - - - - - - - - - - - - - - - - - - - - - - - - - - - - - - - - - - - - - - - - -

請沿虛線對摺，謝謝！

書號：BU0085　　　書名：掉在地上的餅乾還能吃嗎？

 商周出版

# 讀者回函卡

謝謝您購買我們出版的書籍！請費心填寫此回函卡，我們將不定期寄上城邦集團最新的出版訊息。

姓名：＿＿＿＿＿＿＿＿＿＿＿＿＿＿＿＿＿＿＿＿＿＿＿＿

性別：□男　　□女

生日：西元＿＿＿＿＿＿＿年＿＿＿＿＿月＿＿＿＿＿日

地址：＿＿＿＿＿＿＿＿＿＿＿＿＿＿＿＿＿＿＿＿＿＿＿＿

聯絡電話：＿＿＿＿＿＿＿＿＿＿　傳真：＿＿＿＿＿＿＿＿

E-mail：＿＿＿＿＿＿＿＿＿＿＿＿＿＿＿＿＿＿＿＿＿＿

職業：□1.學生 □2.軍公教 □3.服務 □4.金融 □5.製造 □6.資訊

　　　□7.傳播 □8.自由業 □9.農漁牧 □10.家管 □11.退休

　　　□12.其他＿＿＿＿＿＿＿＿＿＿＿＿＿＿＿＿＿＿＿

您從何種方式得知本書消息？

　　　□1.書店□2.網路□3.報紙□4.雜誌□5.廣播 □6.電視 □7.親友推薦

　　　□8.其他＿＿＿＿＿＿＿＿＿＿＿＿＿＿＿＿＿＿

您通常以何種方式購書？

　　　□1.書店□2.網路□3.傳真訂購□4.郵局劃撥 □5.其他＿＿＿＿＿

您喜歡閱讀哪些類別的書籍？

　　　□1.財經商業□2.自然科學 □3.歷史□4.法律□5.文學□6.休閒旅遊

　　□7.小說□8.人物傳記□9.生活、勵志□10.其他＿＿＿＿＿＿

對我們的建議：＿＿＿＿＿＿＿＿＿＿＿＿＿＿＿＿＿＿＿＿

＿＿＿＿＿＿＿＿＿＿＿＿＿＿＿＿＿＿＿＿＿＿＿＿＿＿＿

＿＿＿＿＿＿＿＿＿＿＿＿＿＿＿＿＿＿＿＿＿＿＿＿＿＿＿

＿＿＿＿＿＿＿＿＿＿＿＿＿＿＿＿＿＿＿＿＿＿＿＿＿＿＿

＿＿＿＿＿＿＿＿＿＿＿＿＿＿＿＿＿＿＿＿＿＿＿＿＿＿＿